# 건축전기설비기술사
# 기술계산 문제해설

이국찬 저

# Preface

　국가기술자격의 최상위 자격인 기술사 종목은 다양하지만 전기관련 기술사 종목은 특별히 논리적이고 공학적인 사고가 필요하다. 단순한 암기보다는 보다 공학적이고 논리적인 답안 전개가 당락을 좌우하게 된다. 특히, 계산문제나 수식유도 등은 반드시 정복해야만 한다. 혹자는 기술계산 문제가 출제되지 않는 경향이라고들 하지만, 비록 계산문제의 비중은 적더라도 논술형의 경우 아무리 잘 풀어써도 70[%]의 점수를 획득하기 어렵지만 계산문제의 경우 거의 100[%]를 취득할 수 있기 때문이다.

　기술계산을 단순히 숫자의 결과를 도출해내는 문제라고 생각하면 큰 오산이다. 기술계산 문제에서도 고민하고 생각해보아야 할 논리가 무궁무진하고 이를 논술형으로 연결이 가능하다. 계산문제를 다소 어렵다고 하여 이 부분을 간과하게 되면 전기관련 기술사로의 길은 멀고도 험하다.

　본 해설서는 기출문제 정보를 파악할 수 있는 건축전기설비기술사 제31회부터 최근 122회까지의 문제를 각 회차별로 기술계산문제만을 해설하였다. 다만, 축전지 용량 계산, 비상발전기 용량 계산, 조명공학 등은 생략하였고, 본 해설서를 공부함에 있어 특징내지는 주의사항으로는

**첫째, 주석을 달아 부연 설명한 부분의 공부**

　실제로 답안 작성에는 필요하지 않을 수도 있으나 추가로 검토할 내용, 논리적으로 접근할 부분, 이해를 돕기 위한 기타 참고할 만한 내용, 다른 방법을 동원한 풀이, 비슷한 문제 등을 주석을 달아 부연하여 설명하였다. 이는 실제의 답안과는 무관할 수도 있으나 이를 면밀히 공부해 두면 본문을 이해하기 쉬울 것이고 유사한 문제라든지 추후 예상문제 등에 도움이 될 것으로 보인다.

**둘째, 본 해설은 모범답안일 뿐 맹신하지 말 것**

　기술사 시험의 기술계산 문제는 해석하는 방법이 다양하다. 본 해설의 방식대로만 하려고 하지 말고 다른 방법이 있는지 좀더 쉬운 방법은 있는지를 모색하기 바란다.

또한 과거의 문제는 교시별로 배점이 주어진 것이 아니라 필수문제, 선택문제 등으로 나누어서 출제된 경우가 있고 문제마다 배점이 달랐다. 이 경우에는 지문에 배점을 표기하였으며, 끝으로 보다 자세히, 쉽게 해설하려고 노력하였지만 저자의 미천한 학술적 능력으로 부족한 부분과 오류 등이 있을 것이고 아울러 자료의 출처, 인용서적 등을 자세히 나열하지 못한 부분은 이해 당사자분들께 감사와 죄송함을 전하고 아무쪼록 본 해설서가 수험생 여러분에게 조금이나마 보탬이 되기 바라며 여러분의 건투를 빈다.

저자 씀

# 전기관련 기술사 공부와 답안작성에 대한 제언

 전기관련 기술사 자격취득을 위한 공부에 있어서 저자의 경험 등을 제언하고자 한다. 저자 역시 여러 종목의 기술사를 공부함에 있어 공부하는 방법, 접근, 답안작성, Subnote 등에 대해 많은 고민을 하였으나 결론은 딱히 '이거다'라는 것에 도달할 수 없었다. 다음의 내용이 꼭 올바른 방법이라 할 수는 없지만 미약하나마 저자가 공부한 사례를 통해 독자 여러분께 공부의 방법을 전달하고자 한다.

**첫째, 기본에 충실해야 한다.**

 전기공학은 물리학을 비롯하여 역학, 수학, 화학, 전자기학, 회로이론 등을 총 망라한 학문이다. 따라서 아주 기초적인 것에 충실해야 한다. 기술사 자격시험을 단순히 암기에서 출발하여 설령 합격했다고 하더라도 진정한 기술사가 될 수 있겠는가? 예를 들어서 독자는 1[V]의 정의를 고민해 본적이 있는가? 1[V]의 정의는 「두 점 사이에서 1[C]의 전하이동으로 1[J]의 일을 하였을 때 두 점간의 전위차」라고 정의 할 수 있다. 따라서

$$V = \frac{W[\text{J}]}{Q[\text{C}]}[\text{V}]$$

가 되고 전하가 시간적으로 변화하였다면 미소전하는 $dq[\text{C}]$이고 에너지가 $dw[\text{J}]$이라 할 수 있으므로

$$v = \frac{dw}{dq}[\text{V}]$$

가 되고 전체 에너지는 $w = \int v \cdot dq[\text{J}]$이 되며, 에너지 전달이 되기 위해서는 필연적으로 전위차 즉, 전압강하가 발생되어야만 한다는 것을 알 수 있다. 일반적으로 대부분의 사람들이 전압강하가 나쁜 것으로만 생각할 뿐 에너지전달을 위해서는 필연적으로 발생한다는 것, 전압강하(전위차)가 존재해야만 에너지전달이 된다는 것을 간과하고 있다.

 또다른 예로 유도성 리액턴스 $jX_L = jwL = j2\pi fL[\Omega]$은 모두 알고 있지만 왜 각속도 $w(2\pi f)$를 곱해야 하는지와 주파수가 다르면 리액턴스 값이 왜 변하는지를 모른다. 이는 패러데이의 전자유도법칙의 역기전력은 어떻게 발생하는지? 이 역기전

력이 전류의 시간적 변화, 자속의 시간적 변화 즉, 주파수와 어떤 연관이 있는지를 전혀 고민해보지 않는데서 비롯된다.

$$e = -N\frac{d\phi}{dt} = -L\frac{di}{dt}[\text{V}]$$

위 식을 말로 풀어서 보면 「자속의 시간적 변화, 전류의 시간적 변화를 방해하는 방향으로 기전력이 발생한다.」로 말할 수 있다. 시간적 변화는 쉽게 $T = \frac{1}{f}$로 주파수가 클수록 주기는 짧아지고 이는 시간적 변화가 크다는 것을 의미하므로 역기전력은 주파수가 클수록 커진다는 것이고, 전기에서는 기본적으로 [Ω], [A], [V], [VA] 등의 기본적인 물리량으로 결정되게 되므로 이를 해결하기 위해서는 위에서와 같이 각 속도를 곱하거나 나눌 수밖에 없는 것이다.

### 둘째, 암기는 해야 하는가?

물론 일부는 암기해야 하는 부분이 많다. 그러나 이것은 반드시 이해가 동반되거나 법률과 규칙 등의 배경 등을 알아야 한다. 경험상 시험장에서 아는 것 같은데도 불구하고 몇 줄 쓰고 나면 더 이상 쓸 수 없는 사례가 종종 있는데 이것을 '암기하지 않아서 기억이 나지 않는다.' 라고 치부하면 기술사의 길은 멀고도 험하다. 몇 줄 쓰지 못하는 것은 본인의 지식의 깊이가 부족해서이지 암기하지 않아서가 아니다. 따라서 기술사 시험은 반드시 이해가 전제되어야 하고 한마디로 「이해의 반복」이라고 할 수 있다. 완전한 이해는 굳이 암기하지 않더라도 답안 작성 시 익히 알고 있는 지식들이 줄줄 흘러나오게 되고 이것이 차별화된 답안작성의 지름길이다. 물론 혹자는 암기의 편의를 위해 초성을 따서 암기하는 경우도 있는데 이것이 꼭 올바르지 않다고는 할 수는 없으나 가능한 한 이해를 권장한다.

### 셋째, 차별화된 답안을 작성하라!

기술사 답안은 본인이 알고 있다는 것을 증명하는 것이다. 기본적으로 채점자는 아무것도 모르는 사람이고 이 채점자를 설득하여 이해시킨다는 전제하에 작성하는 것이 답안의 목적이다. 물론 채점자는 고도의 지식을 가지고 있고 채점자가 충분히 이해할 수 있을 것이란 전제는 잘못된 것이고, 절대적 상대평가인 만큼 차별화된 답안 작성이 필요하다. 이것은 완벽한 이해에서 비롯된다.

예를 들어 전자 유도 장해 경감대책 중 전력선의 대책은 아래의 초성을 따서 '이고 차접' 등으로 암기하였을 경우

① 송전선로의 이격
② 고속도 지락 보호 계전방식 채택
③ 전력선과 통신선 사이에 차폐선 설치
④ 중성점 접지저항을 크게 한다.

등으로 답할 수 있지만 위 내용은 진짜 알고 있는지를 판단하기 어렵고, 기본적으로 전자 유도 장해의 원인이 무엇인지를 알고 있는지 알 수 없다. 즉, 「전자 유도=지락전류(영상전류)」라는 등식에서 출발하여야 한다. 저자라면 다음과 같이 작성할 것이다.

① 적절한 중성점 접지방식 채택
　기유도전류(지락전류)를 줄일 수 있는 비접지 방식, 소호 리액터 접지방식, 고저항 접지방식을 채택하여 지락전류를 줄인다. 그러나 지락고장 시 건전상의 전위 상승, 공진에 따른 이상전압, 보호계전, 절연비 등을 종합적으로 검토한다.

② 고속도 지락 보호 계전방식 채택
　고속도 차단방식을 채택하여 고장 지속시간을 줄여줌으로서 유도장해 발생 시간을 줄인다.

③ 전력선과 통신선 사이에 차폐선 설치
　송전선로의 경우 가공지선은 지락전류의 분류 기능이 있어 유도장해를 경감할 수 있고 유도 장해가 심한 경우 별도의 차폐선 설치를 검토한다.

④ 송전선로와 통신선의 이격
　송전선로와 통신선의 이격은 전자 유도 장해를 경감하지만 정전 유도 장해에 비해 이격거리에 따른 저감정도가 완만하므로 가장 큰 주안점은 중성점 접지방식의 선택에서 출발한다.

　다음의 답안을 상호 비교해서 무엇이 다르고 어떤 풀이가 이해가 쉬운지, 어떤 답안이 좋은 점수를 얻을 수 있는지 살펴보기 바란다.

출력 15[kW], 역률 85[%] 지상, 3상 380[V]용 유도전동기가 연결된 회로를 역률 95[%]로 개선시키기 위해 소요되는 콘덴서 용량[μF]을 구하시오.

**답안1**

1. 커패시터 용량
$$Q_C = P(\tan\theta_1 - \tan\theta_2)$$
$$= 15(\tan\cos^{-1}0.85 - \tan\cos^{-1}0.95)$$
$$= 4.366[\text{kVA}] \quad \cdots\cdots (1)$$

2. 커패시터 정전용량
$$Q_C = 3I_C E = 3wCE^2$$
$$C = \frac{Q_C}{3wE^2} = \frac{4.366 \times 10^3}{3 \times 2\pi \times 60 \times \left(\frac{380}{\sqrt{3}}\right)^2} \times 10^6 = 79.8[\mu\text{F}]$$

위 답안1에서 무엇이 부족하고 잘못되었는지 고민해보기 바란다.

**답안2**

1. 커패시터 용량

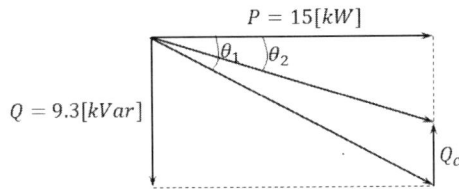

$$Q_C = P(\tan\theta_1 - \tan\theta_2)$$
$$= 15(\tan\cos^{-1}0.85 - \tan\cos^{-1}0.95)$$
$$= 4.366[\text{kVA}] \quad \cdots\cdots (1)$$

2. 커패시터 정전용량
   1) Y결선의 경우 1상당 정전용량
   $$Q_C = 3I_C E = 3wC_Y E^2$$
   $$C_Y = \frac{Q_C}{3wE^2} = \frac{4.366 \times 10^3}{3 \times 2\pi \times 60 \times \left(\frac{380}{\sqrt{3}}\right)^2} \times 10^6 = 79.8[\mu\text{F}]$$

   2) △결선의 경우 1상당 정전용량
   $$C_\Delta = \frac{C_Y}{3} = 26.6[\mu\text{F}]$$

답안 1의 경우 전력 벡터도가 없고, 정전용량을 커패시터 결선에 따른 상당 용량을 산출하지 않고 단순 계산한 것이다. 귀하가 채점자라면 어느 답안에 점수를 더 주겠는가?

### 넷째, Subnote는 작성해야 하는가?

Subnote는 작성하는 시기가 있다. Subnote를 처음 공부하는 시기에 작성하면 중간 중간 첨삭을 자주해야 하는 일이 생긴다. 따라서 Subnote의 작성 시기는 처음이 아니라 어느 정도 이해한 후에 작성하는 것이 좋으며, 굳이 작성하지 않아도 된다. Subnote를 작성하면 공부가 저절로 되기도 한다. 그러나 너무 집착하면 많은 시간을 빼앗기게 되고 차라리 그 시간을 이해하는데 시간을 할애하는 것이 좋을 것으로 보인다. 저자의 경우에는 Subnote를 전혀 작성하지 않았고 기본서 등에 약간의 메모와 간지를 넣는 정도로 충분히 해결할 수 있었다. 그림은 이와 같은 사례의 것을 스캔한 것이다.

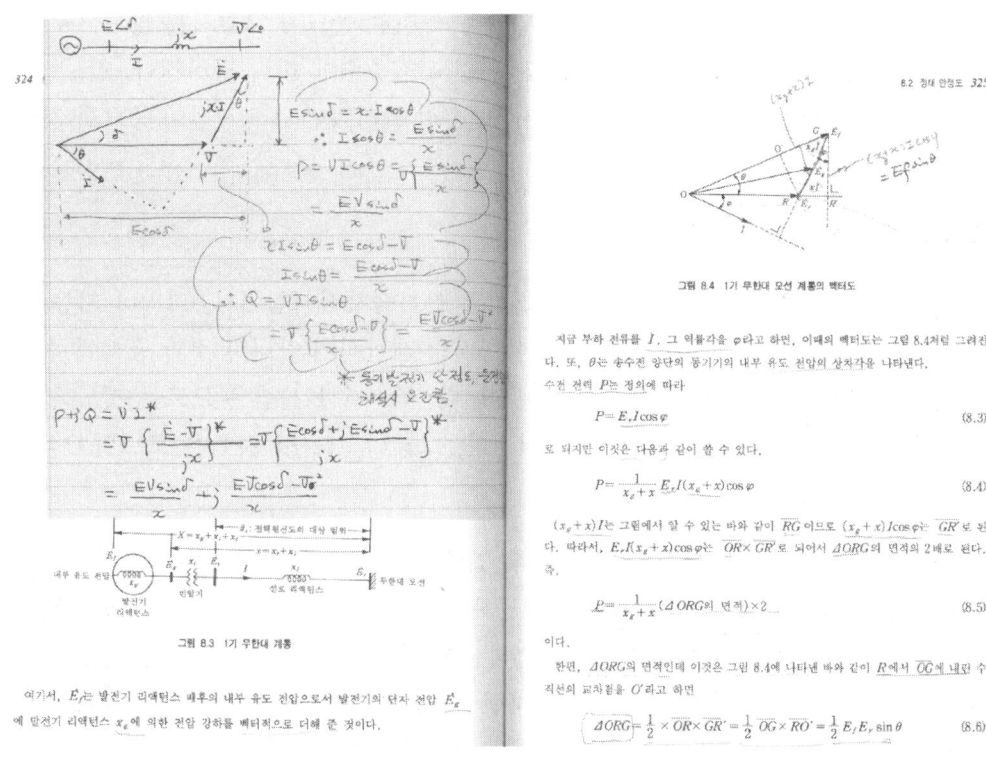

### 다섯째, 나무만 보지 말고 숲을 보라!

대부분의 서적은 각 장별로 연관된 내용이 한 장에 묶여 있다. 예를 들어 어떤 교재의 Chapter.17의 「중성점 접지와 유도장해」에서 왜 중성점 접지 방식과 유도장해를 한 장에 묶어 놓았는지? 이 장에 갑자기 '중성점 잔류전압이 왜 나오는지?'를 생각해 보아야 한다. 이것은 중성점 접지방식과 유도 장해는 밀접한 관계가 있고 잔류전압의 발생은 영상전류를 발생시키고 이것이 곧 유도장해로 이어지기 때문에 묶어 놓은 것이다. 다시 말해 모든 것을 연관 지어서 전체적으로 내용을 파악해야지 '유도장해와 방지대책' 이런 하나의 문제만으로 달달 암기하는 것은 결코 기술사로의 빠른 길이 절대로 될 수 없다.

**여섯째, 자기관리를 하라!**

  자기관리라 함은 공부하는 데에만 집중하라는 뜻이 결코 아니다. 사회생활은 여러 가지가 복합적으로 작용한다. 경조사 등을 관리하지 않고 공부만 한다는 것은 기술사 자격 하나는 얻을지 몰라도 또다른 하나는 잃게 마련이다. 따라서 이러한 것을 종합적으로 판단하여 유연하게 대처하여야 한다. 시쳇말로 네 시간 자면 합격, 다섯 시간 자면 불합격이라는 '4당 5락'이라는 말들을 하지만 반드시 그렇지는 않고 자기관리 중 가장 중요한 것은 시간 관리이지만 이것도 집중력에 따라 달라진다. 한 두 시간을 공부하더라도 집중이 필요한 것이지, 단순히 물리적인 소요시간이 중요한 것이 아니다.

**일곱째, 기술사 시험은 공학이다!**

  기술사 시험의 관리주체를 따지면 당연히 국가기술자격시험이다. 그러나 기능사, 기사 시험 등과 확연히 다른 것은 4지선다형처럼 객관식이 아니란 것과 공식에 수치를 단순히 대입하는 그런 시험이 아니란 점이다. 즉, 기사 시험은 모르는 것도 선택만 잘하면 결과는 정답과 합격으로 이어진다. 그러나 기술사 시험은 모르면 0점이 된다.

  이것은 알고 있어야만 답안을 작성할 수 있다는 것이며 결코 운으로 극복할 수 있는 문제가 아니며 논리적, 공학적으로 접근해야만 한다는 것이다. 논리적, 공학적 접근이야말로 진정한 기술사 공부이고 합격하는데 걸리는 물리적 시간도 짧아진다. 예를 들어 예상문제 300선 등으로 점쟁이처럼 '이 문제가 나올 것이다.'라는 식으로 접근해서는 안 된다. 물론 시사성 있는 문제는 예외이지만 예상문제 300선이라 하더라도 그 내용을 완벽하게 이해한다면 비슷한 다른 문제가 출제되어도 접근할 수 있을 것이지만 무작정 이를 암기하는 것은 절대 금물이며, 논리적, 공학적 접근이 곧, 답안의 차별화와 더불어 상대적으로 높은 점수를 취득할 수 있다는 것을 명심하기 바란다.

**여덟째, 자신감과 끈기를 가져라!**

합격할 수 있다는 자신감을 가지고 더욱 노력하는 자세가 필요하다. 중간 중간에 성적이 오르지도 않거나 주위의 다른 사람이 먼저 합격하는 경우를 보면 좌절할 수 있다. 그러나 이것은 합격으로 가는 과정일 뿐 결과가 아니다. 포기하지 않고 끝까지 최선을 다하면 반드시 합격의 길로 접어들게 된다.

이밖에 여러 가지 내용이 있을 수 있으나 생략한다.

# 건축전기설비기술사
# 기술계산 문제해설

### 31-1-2

그림에서와 같이 반구형의 도체를 전극으로 사용했을 때 접지저항의 산출을 구하여라. 단, 대지의 고유저항은 $\rho$이다. (35점)

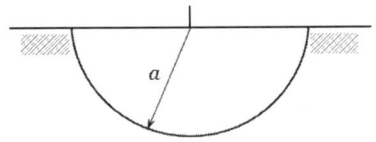

**해설**

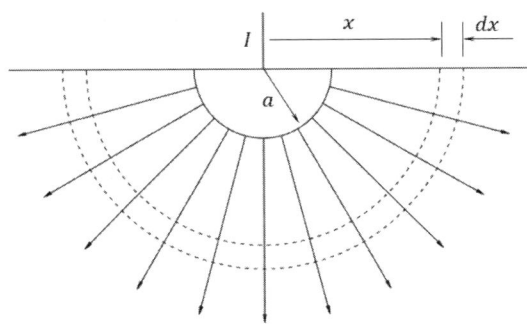

[반구형 접지전극 모델]

그림에서 균일한 토양으로 가정하면 접지전극에 흘러드는 전류는 대지에 방사상으로 균등하게 흐른다. 이때 $x[\mathrm{m}]$만큼 떨어진 지표면상의 전류밀도 $j[\mathrm{A/m^2}]$는 유입 전류를 반경 $x[\mathrm{m}]$인 반구의 표면적으로 나눈 것과 같으므로

$$j = \frac{I}{2\pi x^2} [\mathrm{A/m^2}] \quad \cdots\cdots (1)$$

대지저항률을 $\rho$라 하면 접지전극에서 $x[\mathrm{m}]$ 떨어진 지점의 대지표면상 전위는 옴의 법칙에 따라

$$E = \rho j = \frac{\rho I}{2\pi x^2} [\mathrm{V/m}] \quad \cdots\cdots (2)$$

이므로 반구형 접지전극의 중심으로부터 $x[\mathrm{m}]$ 떨어진 대지표면의 전위 경도는 무한 원점에서 $x[\mathrm{m}]$까지의 적분 값이므로

$$V_{(x)} = -\int_{-\infty}^{0} E\,dx = -\int_{-\infty}^{0} \frac{\rho I}{2\pi x^2} dx$$

$$= -\frac{\rho I}{2\pi} \int_{-\infty}^{0} x^{-2}\,dx = \frac{\rho I}{2\pi x} \quad \cdots\cdots (3)$$

한편 접지전극의 전위는 위 식의 $x$를 반경 $a$로 두면 되므로

$$V_0 = -\int_{-\infty}^{a} E\,dx = \frac{\rho I}{2\pi a} \qquad \cdots\cdots (4)$$

또한 접지전극의 접지저항은 옴의 법칙에 따라

$$R_0 = \frac{V_0}{I} = \frac{\frac{\rho I}{2\pi a}}{I} = \frac{\rho}{2\pi a}\,[\Omega] \qquad \cdots\cdots (5)^{1)}$$

이 된다.[2]

---

1) 접지전극의 중심으로부터 거리 $x$만큼 떨어진 등전위면과 두께 $dx$부분의 등전위면 사이의 전기저항 $dR$은 다음과 같이 표현된다.

$$dR = \rho\frac{dx}{2\pi x^2}$$

위 식에서 접지전극의 반경 $a$에서부터 무한원점의 거리에 대해서 적분하면

$$R = \int_{a}^{\infty} \rho\frac{dx}{2\pi x^2} = \frac{\rho}{2\pi a}$$

2) 다음과 같이 구형 접지전극에서는 접지저항이 어떻게 계산되는지 알아본다.

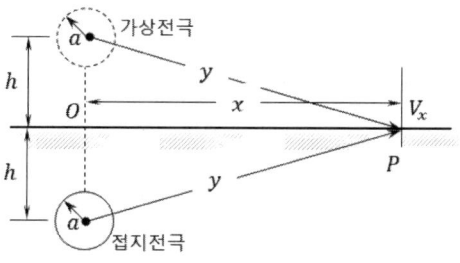

[구형 접지전극 모델]

접지전극에 전류 $I[A]$가 유입되면 접지전극에는 전위가 나타나며 이 전위에 의한 전기력선은 지표면에서 불연속으로 되므로 이 불연속의 영향을 평가하기 위해 그림처럼 가상전하를 고려하면 접지전극 중심에서 $y$만큼 떨어진 $P$점의 전위를 구할 수 있다. 한 개의 접지전극에 의한 전위경도는

$$E = \rho J = \frac{\rho I}{4\pi y^2}$$

이고 대지표면의 양쪽에는 2개의 접지전극이 대칭인 위치에 있으므로 $x$만큼 떨어진 지

점의 전위는

$$V_x = -2\int_{-\infty}^{y} \frac{\rho I}{4\pi y^2} dy = \frac{\rho I}{2\pi y} = \frac{\rho I}{2\pi \sqrt{h^2 + x^2}}$$

이 되고 구형접지전극 표면의 전위 $V_0$는

$$V_0 = -\int_{-\infty}^{0} \frac{\rho I}{2\pi y^2} dy - \int_{-\infty}^{2h-a} \frac{\rho I}{2\pi y^2} dy = \frac{\rho I}{4\pi}\left(\frac{1}{a} + \frac{1}{2h}\right) \quad \cdots\cdots (1)$$

위 식에서 마지막 우변의 ( )항 중 첫 번째 항은 구형접지전극이 무한히 깊게 매설된 것에 상당하는 전위이며, 두 번째 항은 유한 깊이로 매설된 상태에서 가상전하에 의한 값을 나타낸다. 만약 접지전극의 반경 $a$보다 매설깊이 $h$가 대단히 깊게 매설되어 있다면 위 식은

$$V_0 = \frac{\rho I}{4\pi a}$$

가 된다. 한편 구형 접지전극의 접지저항은 식 (1)에서

$$R = \frac{V_0}{I} = \frac{\rho}{4\pi}\left(\frac{1}{a} + \frac{1}{2h}\right) = \frac{\rho}{4\pi}\left(1 + \frac{a}{2h}\right)$$

### 31-2-1
그림과 같이 4단자회로에서 영상 파라미터를 구하여라. (35점)

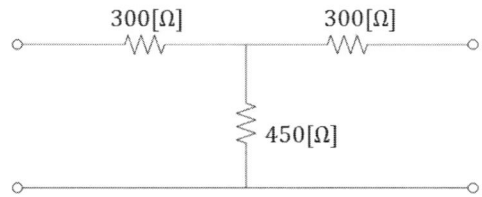

**해설**

#### 1. 4단자 정수

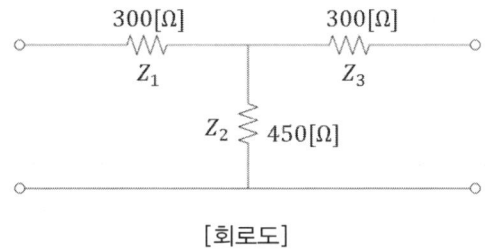

[회로도]

위 그림에서 4단자 정수는

$$A = 1 + \frac{Z_1}{Z_2} = 1 + \frac{300}{450} = 1.667$$

$$B = \frac{Z_1 Z_2 + Z_2 Z_3 + Z_3 Z_1}{Z_2} = \frac{(300 \times 450) + (450 \times 300) + (300 \times 300)}{450} = 800$$

$$C = \frac{1}{Z_2} = \frac{1}{450} = 2.222 \times 10^{-3}$$

$$D = 1 + \frac{Z_3}{Z_2} = 1 + \frac{300}{450} = 1.667 = A \qquad \cdots\cdots (1)$$

#### 2. 영상 파라미터

1) 영상 임피던스

$$Z_{01} = \sqrt{\frac{AB}{CD}} = \sqrt{\frac{B}{C}} = \sqrt{\frac{800}{2.22 \times 10^{-3}}} = 600 = Z_{02}$$

2) 영상 전달정수

$$\theta = \ln(\sqrt{AD} + \sqrt{BC}) = \ln(\sqrt{1.667^2} + \sqrt{800 \times 2.222 \times 10^{-3}})$$
$$= \ln 3 = 1.098 \qquad \cdots\cdots (2)[3]$$

**3)** 식(1)에서 4단자 정수는 다음과 같이 계산된다.

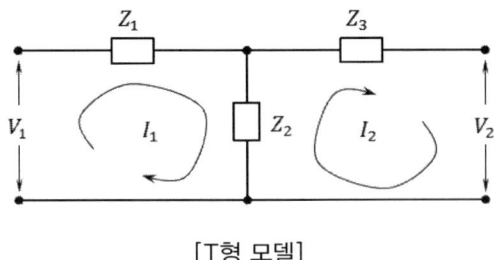

[T형 모델]

위의 그림에서

$$V_1 = AV_2 + BI_2 \qquad I_1 = CV_2 + DI_2$$

이고 2차회로(수전단)을 개방 또는 단락에 의해서 구한다.

1) 2차를 개방하면 $I_2 = 0$

$$A = \frac{V_1}{V_2}\bigg\{ I_2 = 0 \qquad \frac{(Z_1+Z_2)I_1}{Z_2 I_1} = \frac{Z_1+Z_2}{Z_2} = 1 + \frac{Z_1}{Z_2}$$

$$C = \frac{I_1}{V_2}\bigg\{ I_2 = 0 \qquad \frac{I_1}{Z_2 I_1} = \frac{1}{Z_2}$$

2) 2차를 단락하면 $V_2 = 0$

$$B = \frac{V_1}{I_2}\bigg\{ V_2 = 0$$

$$\frac{(Z_1+\dfrac{Z_2 Z_3}{Z_2+Z_3})I_1}{\dfrac{Z_2}{Z_2+Z_3}I_1} = \frac{\dfrac{Z_1(Z_2+Z_3)}{Z_2+Z_3}+\dfrac{Z_2 Z_3}{Z_2+Z_3}}{\dfrac{Z_2}{Z_2+Z_3}} = \frac{Z_1 Z_2 + Z_1 Z_3 + Z_2 Z_3}{Z_2}$$

$$D = \frac{I_1}{I_2}\bigg\{ V_2 = 0$$

$$\frac{I_1}{\dfrac{Z_2}{Z_2+Z_3}I_1} = \frac{Z_2+Z_3}{Z_2} = 1 + \frac{Z_3}{Z_2}$$

한편 영상 전달정수는 다음과 같이 계산하여도 된다.

$$\theta = \cosh^{-}\sqrt{AD} = \sinh^{-1}\sqrt{BC} = \tanh^{-1}\sqrt{\frac{BC}{AD}} = \cosh^{-1}1.67 = 1.0$$

풀이에서는 수식의 결과치에 수치를 대입하였는데 영상파라미터에 대해 자세히 알아본다.

1. 영상 임피던스(Image Impedance)란?

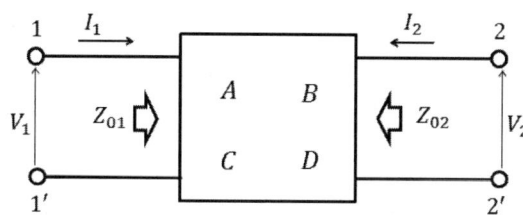

[영상 4단자망]

위 그림에서 입력측 단자 1-1'에서 출력측 단자 2-2'로 바라본 임피던스를 $Z_{01}$이라 하고 반대로 출력측에서 본 임피던스를 $Z_{02}$라고 하면 각 단자는 거울의 영상과 같은 임피던스를 갖게 되며 이 두 임피던스 $Z_{01}$과 $Z_{02}$를 영상(映像) 임피던스(Image Impedance)라 한다.

2. 영상 임피던스와 4단자 정수

단자 1-1'에서 본 $Z_{01}$ 및 $Z_{02}$는

$$Z_{01} = \frac{V_1}{I_1} \qquad Z_{02} = \frac{V_2}{I_2} \quad \cdots\cdots (1)$$

한편, 4단자 정수 정의식은

$$V_1 = AV_2 + BI_2 \qquad I_1 = CV_2 + DI_2 \quad \cdots\cdots (2)$$

이므로 식 (1)은

$$Z_{01} = \frac{V_1}{I_1} = \frac{AV_2 + BI_2}{CV_2 + DI_2} \quad \cdots\cdots (3)$$

$V_2 = Z_{02}I_2$ 이므로

$$Z_{01} = \frac{V_1}{I_1} = \frac{AV_2 + BI_2}{CV_2 + DI_2} = \frac{AZ_{02}I_2 + BI_2}{CZ_{02}I_2 + DI_2} = \frac{AZ_{02} + B}{CZ_{02} + D}$$

$$\therefore Z_{01}(CZ_{02} + D) = AZ_{02} + B$$

$$CZ_{01}Z_{02} + DZ_{01} - AZ_{02} - B = 0 \quad \cdots\cdots (4)$$

마찬가지로

$$Z_{02} = \frac{V_2}{I_2} = \frac{DV_1 + BI_1}{CV_1 + AI_1} = \frac{DZ_{01}I_1 + BI_1}{CZ_{01}I_1 + AI_1} = \frac{DZ_{01} + B}{CZ_{01} + A}$$

$$\therefore Z_{02}(CZ_{01} + A) = DZ_{01} + B$$

$$CZ_{01}Z_{02} - DZ_{01} + AZ_{02} - B = 0 \quad \cdots\cdots (5)$$

식 (4) + (5)하면

$$2CZ_{01}Z_{02} = 2B \quad \therefore Z_{01}Z_{02} = \frac{B}{C} \quad \cdots\cdots (6)$$

식 (4) − (5)하면

$$2DZ_{01} = 2AZ_{02} \quad \therefore \frac{Z_{01}}{Z_{02}} = \frac{A}{D} \quad \cdots\cdots (7)$$

식 (6), (7)에서

$$Z_{01} = \frac{\frac{B}{C}}{Z_{02}} = \frac{B}{CZ_{02}}, \quad Z_{01} = \frac{AZ_{02}}{D}, \quad Z_{01}^2 = \frac{B}{CZ_{02}} \times \frac{AZ_{02}}{D} = \frac{AB}{CD}$$

$$\therefore Z_{01} = \sqrt{\frac{AB}{CD}} \quad \cdots\cdots (8)$$

마찬가지로

$$Z_{02} = \sqrt{\frac{BD}{AC}} \quad \cdots\cdots (9)$$

만약 대칭 4단자망이라면 $A = D$ 이므로

$$Z_{01} = Z_{02} = \sqrt{\frac{B}{C}} = Z_s$$

위의 $Z_s$를 특성임피던스라 한다. 또한, $\frac{Z_{01}}{Z_{02}} = \frac{A}{D}$ 가 되고 $A = D$ 이므로 결국

$$Z_{01} = Z_{02}$$

가 되어 양측에서 바라본 임피던스는 동일하게 된다. 다음과 같은 예제를 풀어본다.

**문제** 아래 그림에서 A, B 단자에서 바라본 영상임피던스를 구하시오.

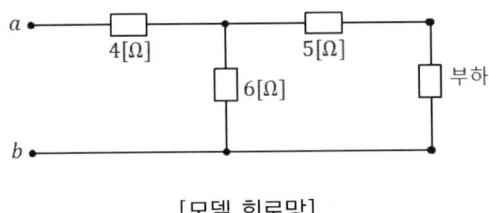

[모델 회로망]

**풀이** T형 회로의 4단자 정수

$$\begin{pmatrix} A & B \\ C & D \end{pmatrix} = \begin{pmatrix} 1 & 4 \\ 0 & 1 \end{pmatrix} \begin{pmatrix} 1 & 0 \\ \frac{1}{6} & 1 \end{pmatrix} \begin{pmatrix} 1 & 54 \\ 0 & 1 \end{pmatrix}$$

$$= \begin{pmatrix} 1+\frac{4}{6} & 4 \\ \frac{1}{6} & 1 \end{pmatrix} \begin{pmatrix} 1 & 5 \\ 0 & 1 \end{pmatrix} = \begin{pmatrix} 1+\frac{4}{6} & (1+\frac{4}{6})5+4 \\ \frac{1}{6} & 1+\frac{5}{6} \end{pmatrix}$$

$$= \begin{pmatrix} 1.667 & 12.33 \\ 0.167 & 1.833 \end{pmatrix}$$

$$\therefore A = 1.667, \ B = 12.33, \ C = 0.167, \ D = 1.833$$

A, B단자에서 본 영상 임피던스

$$Z_{01} = \sqrt{\frac{AB}{CD}} = \sqrt{\frac{1.667 \times 12.33}{0.167 \times 1.833}} = 8.2 \, [\Omega]$$

또는 특성 임피던스를 구해보면 임피던스(부하단 단락시)

$$Z = 4 + \left(\frac{5 \times 6}{5+6}\right) = \frac{74}{11}$$

어드미턴스(부하단 개방시)

$$Y = \frac{1}{Z} = \frac{1}{4+6} = \frac{1}{10}$$

특성임피던스

$$Z_w = \sqrt{\frac{Z}{Y}} = \sqrt{\frac{(74/11)}{(1/10)}} = 8.2 [\Omega]$$

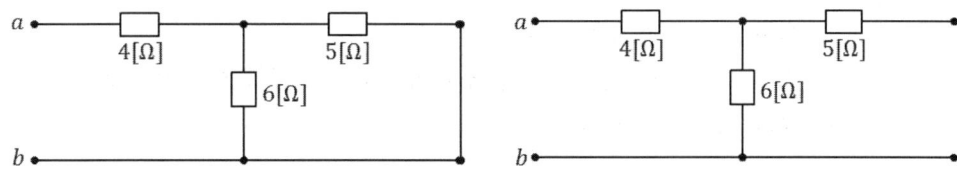

[부하단 단락과 개방]

3. 영상 전달정수

4단자망에서 입력신호의 전달비 또는 위상의 변화는 지수함수로 전압과 전류비를 각각

$$\frac{V_1}{V_2} = e^{\theta_1}, \quad \frac{I_1}{I_2} = e^{\theta_2}$$

여기서 4단자 정수식을 도입하면

$$e^{\theta_1} = \frac{V_1}{V_2} = \left(\frac{AV_2}{V_2} + \frac{BI_2}{V_2}\right) = \left(A + \frac{B}{Z_{02}}\right) = A + \frac{B}{\sqrt{\frac{BD}{AC}}}$$

$$= \sqrt{\frac{A}{D}}(\sqrt{AD} + \sqrt{BC})$$

$$e^{\theta_2} = \frac{I_1}{I_2} = \left(\frac{CV_2}{I_2} + \frac{DI_2}{I_2}\right) = CZ_{02} + D = C\sqrt{\frac{BD}{AC}} + D$$

$$= \sqrt{\frac{D}{A}}(\sqrt{AD} + \sqrt{BC})$$

여기서 $\theta_1$과 $\theta_2$의 평균을 구하면

$$\theta = \frac{\theta_1 + \theta_2}{2}$$

$$e^{\theta} = e^{\frac{\theta_1 + \theta_2}{2}} = \sqrt{e^{\theta_1} \cdot e^{\theta_2}} = \sqrt{\frac{V_1 I_1}{V_2 I_2}} = \sqrt{AD} + \sqrt{BC}$$

또한

$$e^{-\theta} = \sqrt{AD} - \sqrt{BC}$$

위 식에 양변에 ln을 취하면

$$\theta = \ln(\sqrt{AD} + \sqrt{BC})$$

이를 영상 전달정수(전파정수)라 하고 $Z_{01}$, $Z_{02}$와 더불어서 영상 파라미터라 한다.
여기서 영상 전달정수는 복소수로 표현 되는데

$$\theta = \alpha + j\beta$$

여기서 $\alpha$ : 영상 감쇠정수, $\beta$ : 영상 위상정수
$\alpha$가 클수록 출력전류는 입력전류에 비해 적어지고 $\beta$가 클수록 출력전류는 입력전류보다 위상이 늦어짐을 의미한다.

### 32-1-1

전압 22[kV], 주파수 60[Hz]인 긍장 7[km] 1회선의 3상 Y지중 배전선로가 있다. 이 3상 무부하 충전전류 및 충전용량을 구하여라. 단, 케이블 1회선당 정전용량은 0.4 [$\mu$F/km]로 한다. (30점)

**해설**

#### 1. 1상당 충전전류

전체 정전용량은

$$C = 0.4 \times 7 = 2.8[\mu F]$$

이므로 1상당 충전전류는

$$jI_C = jwCE = j2\pi \times 60 \times 2.8 \times 10^{-6} \times \frac{22,000}{\sqrt{3}} = j13.4[A] \quad \cdots\cdots (1)$$

#### 2. 3상 충전용량

$$Q_3 = 3EI_C = 3 \times \frac{22,000}{\sqrt{3}} \times 13.4 \times 10^{-3} = 511[kVA] \quad \cdots\cdots (2)^{4)}$$

---

4) 3상 충전용량은

$$Q_c = \sqrt{3}\,VI_c = \sqrt{3} \times V \times wC\frac{V}{\sqrt{3}} = wCV^2 \times 10^{-3}[kVA]$$

로 계산이 가능하다. 여기서 주의할 것은 송배전선로의 정전용량은 다음과 같이 계산된다.

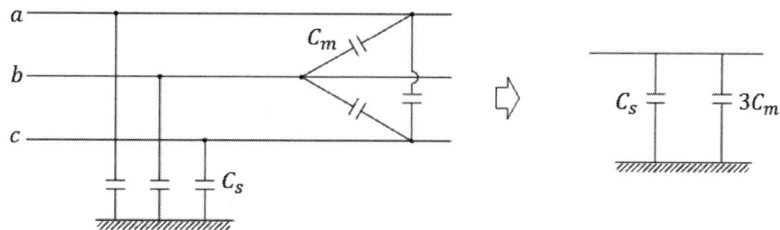

[송배전선로의 정전용량]

그림에서와 같이 선로의 정전용량은 대지정전용량 $C_s$와 선로간에 작용하는 정전용량인 $C_m$으로 구성되어 있다. 선간의 정전용량을 △-Y 등가변환하면 $3C_m$이 되고 1선당 작용 정전용량은

$$C = C_s + 3C_m \, [\text{F}]$$

이 되므로 1상당 충전전류 계산 시 중성점 접지방식과 무관하게 선간전압이 아닌 대지전압을 기준으로 계산하여야 한다. 충전용량도 마찬가지로 각상의 1선당 충전용량을 3배로 하거나 위에서 설명한 선간전압의 제곱으로 계산하여야 한다.

### 32-1-2

$L = 0.1[H]$, $R = 20[\Omega]$의 직렬회로에 115[V], 60[Hz]의 교류 전압이 인가되었다. 이 회로에서 다음을 구하여라. (30점)

① 회로의 역률
② 저항에 공급되는 평균전력
③ 회로에 공급되는 평균전력
④ 인덕턴스에 공급되는 평균전력

**해설**

#### 1. 회로의 역률

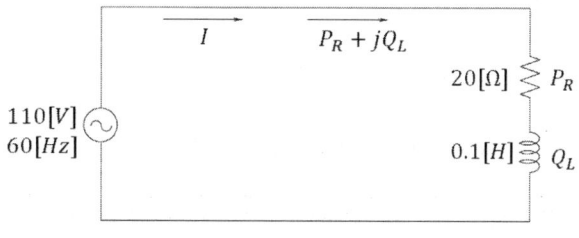

[회로도]

인덕턴스를 리액턴스로 변환하면

$$jX_L = j2\pi fL = j2\pi \times 60 \times 0.1 = j37.7[\Omega]$$

임피던스는

$$Z = R + jX_L = 20 + j37.7[\Omega]$$

이므로 역률은

$$\cos\theta = \frac{R}{Z} = \frac{20}{20 + j37.7} = 0.469 \angle -62.1°(지상)$$

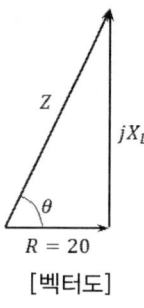

[벡터도]

#### 2. 회로의 전력

1) 부하전류

$$I = \frac{V}{Z} = \frac{110 \angle 0°}{20 + j37.7} = 2.578 \angle -62.1°[A]$$

2) 전력

회로 전체에 공급되는 전력은

$$S = P_R + jQ_L = VI^* = 110 \times 2.578 \angle 62.1° = 132.7 + j250.6[VA]$$

따라서 저항에 공급되는 전력은

$$P_R = 132.7[\text{W}]$$

인덕터에 공급되는 전력은

$$Q_L = 250.6[\text{Var}]^{5)}$$

---

5) 유·무효전력은 다음과 같이 계산하여도 된다.

$$P = I^2 R = 2.578^2 \times 20 = 133[\text{W}]$$
$$Q = I^2 X = 2.578^2 \times 37.7 = 250.6[\text{Var}]$$

로 계산하여도 되고 또다른 방법으로

$$P + jQ = VI^* = V\left(\frac{V}{Z}\right)^* = \frac{V^2}{Z^*} = \frac{110^2}{20 - j37.7} = 133 + j250[\text{VA}]$$

역률은 근본적으로는 피상전력에 대한 유효전력의 비로

$$\cos\theta = \frac{P}{P + jQ}$$

의 의미를 갖지만 이것은 결국 전류와 같다고 보면 되므로

$$\cos\theta = \frac{I_{유효}}{I_{유효} + jI_{무효}}$$

로 계산할 수도 있고 또는 부하 임피던스에서

$$\cos\theta = \frac{R}{Z}$$

로도 계산이 가능하다. 또한 이 문제에서 각 소자에 걸리는 전압은

$$V_R = IR = (2.578 \angle -62.1°) \times 20 = 24.12 - j45.57$$
$$= 51.56 \angle -62.1°[\text{V}]$$
$$V_L = jIX_L = (2.578 \angle -62.1°) \times j37.7$$
$$= 24.12 - j45.57 = 92.2 \angle 27.9°[\text{V}]$$

가 되어 이 둘의 전압은 정확히 90°의 위상차가 있음을 알 수 있고 이 둘의 합은 KVL에 따라 당연히 전원전압인 110[V]가 되며 전원전압을 기준벡터로 취한 벡터도는 다음과 같다.

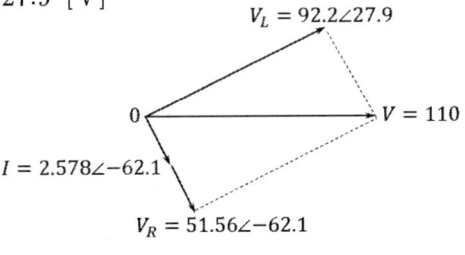

[벡터도]

### 34-1-1

그림의 회로에서 $E$, $r$, $R$, $L$ 및 주파수 $f$가 불변일 경우 $C$를 가감할 때 회로에 흐르는 전류를 최대로 하는 $C$의 값을 구하여라. (30점)

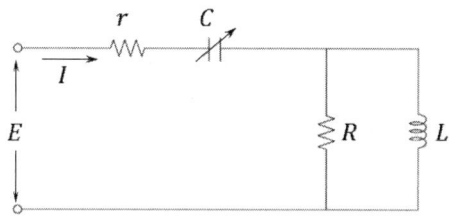

**해설**

지문에서 전류를 최대로 하는 경우이다. 이것은 단순히 전력을 최대로 하는 것과는 완전히 다르다. 즉, 전류 최대라 하면 임피던스의 최소이고 이는 공진을 의미한다. 공진은 주파수가 변화하여 임피던스가 최소가 되는 것을 의미하므로 해당되는 소자는 $L$, $C$이므로 임피던스의 허수부가 0임을 의미한다.

전체 임피던스를 구하면

$$Z = \left(r - j\frac{1}{wC}\right) + \left(\frac{jwL \cdot R}{R + jwL}\right)$$

우변의 제2항을 유리화하면

$$Z = \left(r - j\frac{1}{wC}\right) + \left(\frac{(jwLR) \times (R - jwL)}{(R + jwL) \times (R - jwL)}\right)$$

$$= \left(r - j\frac{1}{wC}\right) + \left(\frac{jwLR^2 + w^2L^2R}{R^2 + w^2L^2}\right)$$

실수부와 허수부를 분리하면

$$Z = \left(r + \frac{w^2L^2R}{R^2 + w^2L^2}\right) + j\left(\frac{wLR^2}{R^2 + w^2L^2} - \frac{1}{wC}\right)$$

여기서 우변의 제1항은 불변이므로 최대전류가 흐르기 위한 조건은 임피던스가 최소이므로 허수부가 최소이어야 한다. 따라서

$$\left(\frac{wLR^2}{R^2 + w^2L^2} = \frac{1}{wC}\right)$$

의 조건이 된다. 따라서

$$wC = \frac{R^2 + w^2L^2}{wLR^2} \qquad \therefore \quad C = \frac{R^2 + w^2L^2}{w^2LR^2} \quad {}^{6)}$$

**6)** 다음과 같은 문제를 풀어보자.

**문제** 다음 회로에서 $L$ 및 $C$의 합성회로가 주파수에 무관하게 되도록 하는 $R$값을 구하시오.

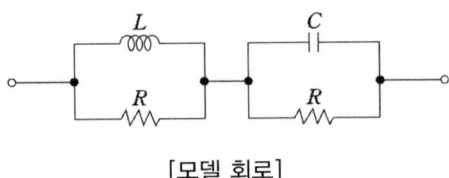

[모델 회로]

**풀이** 편의상 좌측과 우측을 서로 구분하여 각각 $Z_1$, $Z_2$라면 합성 임피던스는

$$Z = Z_1 + Z_2 = \left(\frac{R \cdot jwL}{R + jwL}\right) + \left(\frac{R \cdot \left(-j\frac{1}{wC}\right)}{R - j\frac{1}{wC}}\right)$$

$$= \frac{R \cdot jwL\left(R - j\frac{1}{wC}\right) + (R + jwL)\left(-j\frac{RC}{w}\right)}{(R + jwL)\left(R - j\frac{1}{wC}\right)}$$

$$= \frac{jwR^2L + \frac{RL}{C} - j\frac{R^2}{wC} + \frac{RL}{C}}{R^2 + jR\left(wL - \frac{1}{wC}\right) + \frac{L}{C}} = \frac{\frac{2RL}{C} + jR^2\left(wL - \frac{1}{wC}\right)}{\left(R^2 + \frac{L}{C}\right) + jR\left(wL - \frac{1}{wC}\right)}$$

$$= \frac{2wRL + jR^2(w^2LC - 1)}{(wCR^2 + wL) + jR(w^2LC - 1)} = \frac{2wLR - jR^2(1 - w^2LC)}{(wL + wCR^2) - jR(1 - w^2LC)}$$

따라서

$$\frac{2wLR}{R^2(1 - w^2LC)} = \frac{wL + wCR^2}{R(1 - w^2LC)} \rightarrow 2RL = R(L + CR^2) \rightarrow CR^3 = LR$$

$$\therefore R = \sqrt{\frac{L}{C}}$$

가 된다. 주파수와 무관하다는 것은 어떠한 주파수에서도 허수부가 0이 되므로 일정한 저항 값을 가지게 되는 정저항 회로가 된다. $L$, $C$의 임피던스를 각각 $Z_1$, $Z_2$라면

$$Z_1 \cdot Z_2 = R^2$$

$$Z = \frac{A_0 + jA_1}{B_0 + jB_1} = \frac{A_0B_0 + A_1B_1 + j(A_1B_0 - B_1A_0)}{B_0^2 + B_1^2}$$

따라서 허수부가 0인 조건은

$$A_1 B_0 - B_1 A_0 = 0 \quad \rightarrow \quad \therefore \quad \frac{A_1}{A_0} = \frac{B_1}{B_0}$$

가 된다. 한편, 이와 같은 원리로 정리하여 보면

$$Z_1 \cdot Z_2 = jwL \cdot \frac{1}{jwC} = R^2, \quad CL = R^2 \quad \therefore \quad R = \sqrt{\frac{L}{C}}$$

가 되어 앞서와 같다.

## 35-1-3
저항 4[Ω]과 리액턴스가 직렬로 연결되었을 때, 부하역률이 50[Hz]일 때 0.8이면 주파수가 25[Hz]일 때 이 역률은 얼마인가? (30점)

**해설**

### 1. 50[Hz]에서의 인덕턴스

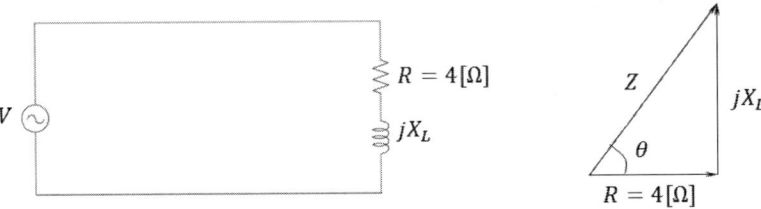

[회로도 및 임피던스 벡터도]

역률이 0.8이므로 벡터도에서

$$\cos\theta = \frac{R}{R+jX} = \frac{4}{Z} = 0.8$$

$$\therefore Z = R+jX = 5[\Omega]$$

리액턴스를 구하면

$$jX_L = \sqrt{Z^2 - R^2} = \sqrt{5^2 - 4^2} = j3[\Omega]$$

따라서 주파수가 50[Hz]에서의 인덕턴스는

$$jX_{L50} = 2\pi f L$$

$$\therefore L = \frac{X_L}{2\pi f} = \frac{3}{2\pi \times 50} \times 10^3 = 9.55[\text{mH}]$$

### 2. 25[Hz]에서의 역률

25[Hz]에서의 리액턴스는

$$jX_{L25} = 2\pi f L = 2\pi \times 25 \times 9.55 \times 10^{-3} = j1.5[\Omega]$$

$$\cos\theta = \frac{R}{Z} = \frac{R}{R+jX_L} = \frac{4}{4+j1.5} = 0.936 \angle -20.6°^{7)}$$

**7)** 이 문제는 리액턴스가 주파수 변화에 어떻게 변하는가?의 질문과 같다. 다음과 같이 인덕턴스의 정의에 대해 알아본다.

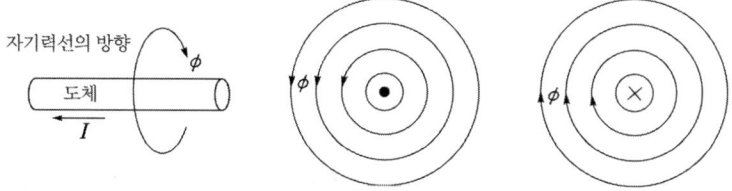

[Ampere의 오른 나사 법칙]

도체에 전류가 흐르면 도체 주면에는 자기력선이 형성된다. 자기력선은 자석에서는 N극에서 나와 S극으로 들어간다. 이때 유입되는 자기력선과 유출되는 자기력선의 양은 항상 일정하다. 도체에 전류가 흐르면 도체 중심의 동심원으로 자기력선이 형성되고 그 방향은 **Ampere의 오른 나사 법칙**의 방향이 된다. 즉, 엄지 손가락을 전류의 방향으로 설정하면 주먹을 쥐었을 때 네 손가락의 방향이 자기력선의 방향이 된다. 그림에서 ●는 전류가 나오는 방향, ×는 전류가 들어가는 방향을 뜻하며, 단순 도체에 의한 자기력선의 형성은 중심부일수록 크고 멀어질수록 작아진다. 위 그림에서 평평한 도체를 구부려서 여러 회전수를 형성한다면 그 원형 내부에서는 자기력선이 중첩되어 매우 커질 것이다. 이것이 곧 코일이 된다.

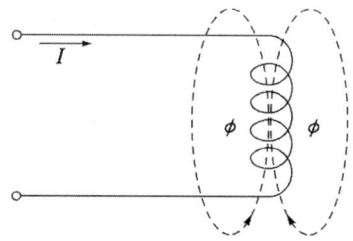

[Coil에서의 자속의 형성]

위 그림에서와 같이 자기력선은 코일 중심부에서 발생하여 외부로 나와 다시 중심부로 들어간다. 즉, 자기력선은 항상 폐회로를 구성하며, 코일에서 Turn수를 $N$, 총 자기력선을 $\phi$라면 $N$과 $\phi$는 쇄교하며 이때 쇄교자속수는

쇄교자속수 $= N\phi$

가 되고 도선에 전류 $I$를 흘렸을 때 전류에 대한 이 쇄교 자속수를 **인덕턴스 (Inductance)** $L$이라 한다. 즉,

$$L = \frac{N\phi}{I}$$

위 식에서 코일이 자기(自己) 혼자만 존재하므로 $L$을 **자기 인덕턴스(Self Inductance)**라 한다. 또한

$$LI = N\phi, \quad I = \frac{N\phi}{L}$$

이 된다. 따라서 인덕턴스 1[H]는 「전류 1[A]에 대한 1자속 쇄교수(Weber·Turn)」이라 할 수 있다. 앞서서는 코일에 전류를 인가하면 자속이 형성된다는 것이지만 만약 자석 등에서 자속이 형성되고 있을 때 이 자속 내부에 도체를 두어 이를 움직이면 자속을 자르게 되는데 이때는 반대로 전류가 흘를 수 있다는 것이 된다. 도체가 움직이면 자속밀도는 도체 쪽이 커지고 그 반대 방향은 밀도가 낮아진다. 이 밀도 차이에 따라 도체가 움직이는 반대 방향으로 전류를 흘리려고 할 것이고 이때 발생하는 것이 기전력이며 방향이 반대이므로 이를 **역기전력**이라 부른다. 또한 도체가 움직이는 것은 자속의 변화이며 이때 도체에 기전력이 형성되며 이것이 패러데이 법칙이며 기전력의 방향성을 나타내는 것이 **렌츠의 법칙**인데 보통 양자를 합쳐 **전자유도법칙**이라 부른다.

$$e = -N\frac{d\phi}{dt}[\text{V}]$$

위 식에서 역기전력은 자속의 변화량 $\frac{d\phi}{dt}$에 비례하고 (−)는 방향성인 렌츠법칙을 대변한다. 한편 선로에서는 임의의 전선에 전류가 흐르면 자속이 형성되고 자속과 전류의 변화정도가 인덕턴스가 되는데 전류가 증가하면 자속이 증가하고 이들의 비례함수인 기울기 정도라고 할 수 있다.

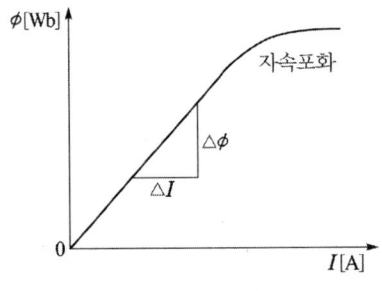

[전류와 자속의 관계]

위 그림에서

$$\text{기울기} = \frac{\Delta\Phi}{\Delta I} = -L$$

이 된다. 전류 $i$를 변화시키면 전류에 의한 자속 $\phi$가 발생하고 이 자속의 변화를 방해하려는 방향으로 기전력 $e$가 발생한다. 식에서 전선에서는 $N=1$이므로

$$e = -L\frac{di}{dt} = -\frac{d\phi}{dt}$$

$$\therefore L = \frac{\frac{d\phi}{dt}}{\frac{di}{dt}} = \frac{d\phi}{di}$$

가 된다. 위 식에서 보듯이 전선에 전류가 흐르면 전선 주위에 자속에 형성되고 이 자속에 의해 역기전력이 발생한다. 이것은 전원전압에 대한 (−)전압이므로 이것이 곧 전압강하(엄밀히 말하면 리액턴스 강하)로 나타난다. 다시 말해 인덕턴스의 본질은 역기전력이며 전력계통에서는 전압강하라 할 수 있다. 또한 전압이 상승시(페란티 현상 등) 리액터를 투입하는 것은 위에서의 역기전력을 크게 하고 전압강하를 크게 하여 정상 전압으로 낮추는 결과와 일맥상통한다. 한편, a, b 두 개의 회로가 있다면 여기에 각각 $i_a$, $i_b$의 전류가 흐른다면 이때 $i_b$에 의해 a회로에 유기되는 기전력은

$$e_a = -M\frac{di_b}{dt}$$

가 되고 마찬가지로 $i_a$에 의한 b회로의 유기기전력은

$$e_b = -M\frac{di_a}{dt}$$

가 된다. 여기서 $M$ 값은 동일하며 이를 a, b양 회로간의 **상호 인덕턴스**라 부른다.
한편, 유도성 리액턴스에서 $jwL = j2\pi fL\,[\Omega]$과 같이 주파수를 곱하여 리액턴스를 구하는 것은 위에서 말한 시간적 변화율을 곱한 것으로 $t = \frac{1}{f}$에서 주파수가 높다는 것은 주기가 짧다는 것이고 시간적 변화율은 크다는 것을 의미한다. 따라서 이때 역기전력은 더 커지는 것이고 이에 따라 유도성 리액턴스 $[\Omega]$도 커져야 만이 회로이론적으로 전류 등을 계산할 수 있음을 의미한다.

## 37-4-1

$w$를 4,000 [rad/sec]로 L형 회로 영상 파라미터로 풀으시오. (30점)

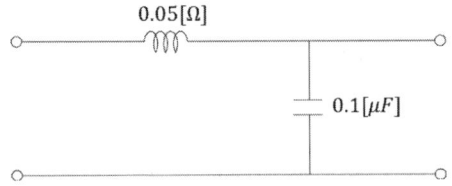

### 해설

### 1. 4단자 정수

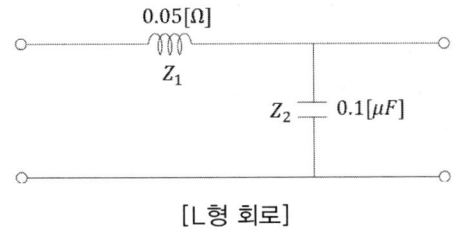

[L형 회로]

그림에서 $Z_2$는

$$Z_2 = \frac{1}{jwC} = \frac{1}{j4,000 \times 0.1 \times 10^{-6}} = -j2,500\,[\Omega]$$

4단자 정수는

$$\begin{bmatrix} A & B \\ C & D \end{bmatrix} = \begin{bmatrix} 1 & Z_1 \\ 0 & 1 \end{bmatrix} \begin{bmatrix} 1 & 0 \\ \frac{1}{Z_2} & 1 \end{bmatrix} = \begin{bmatrix} \frac{Z_1 + Z_2}{Z_2} & Z_1 \\ \frac{1}{Z_2} & 1 \end{bmatrix}$$

따라서

$$A = \frac{j0.05 - j2,500}{-j2,500} = 1 = D, \qquad B = j0.05$$

$$C = \frac{1}{-j2,500} = j4 \times 10^{-4}, \qquad D = 1$$

### 2. 영상 파라미터

1) 영상 임피던스

$$Z_{01} = \sqrt{\frac{AB}{CD}} = \sqrt{\frac{B}{C}} = \sqrt{\frac{j0.05}{j4 \times 10^{-4}}} = 3.54 \times 10^{-3}\,[\Omega] = Z_{02}$$

2) 영상 전달정수

$$\theta = \ln(\sqrt{AD} + \sqrt{BC}) = \ln(\sqrt{1^2} + \sqrt{0.05 \times 4 \times 10^{-4}}) = 0$$

## 38-3-1

그림과 같은 R-C 직렬회로에 $e = E_m \sin(wt+\theta)$ 인 교류 전압을 $t=0$인 순간에 인가하였다. 이 경우 흐르는 전류를 구하시오. 단, $C$에는 초기 충전전압이 없다.

(40점)

### 해설

전압방정식을 세우면

$$Ri(t) + \frac{1}{C}\int i(t)\,dt = E_m \sin(wt+\theta) \quad \cdots\cdots (1)$$

위 식의 양변을 $R$로 나누고 $i(t) = \dfrac{dq(t)}{dt}$, $q(t) = \int i(t)\,dt$를 적용하면

$$\frac{dq(t)}{dt} + \frac{1}{RC}q(t) = \frac{E_m}{R}\sin(wt+\theta) \quad \cdots\cdots (2)$$

여기서 위 식의 우변을 0으로 한 과도항은

$$q_t(t) = k \cdot e^{-\frac{1}{RC}t} \quad \cdots\cdots (3)$$

가 된다. 정상항은 $i_s(t) = I_m \sin(wt+\theta+\phi)$이므로

$$q_s(t) = \int i_s(t)\,dt = \int I_m \sin((wt+\theta+\phi))\,dt$$

$$= -\frac{I_m}{w}\cos(wt+\theta+\phi)$$

$$= -\frac{E_m}{w\sqrt{R^2+\left(\dfrac{1}{wC}\right)^2}}\cos(wt+\theta+\phi)$$

이 된다. 따라서

$$q(t) = q_s(t) + q_t(t)$$

$$= -\frac{E_m}{w\sqrt{R^2+\left(\dfrac{1}{wC}\right)^2}}\cos(wt+\theta+\phi) + k\cdot e^{-\frac{1}{RC}t} \quad \cdots\cdots (4)$$

이 되고 적분상수 $k$는 $t=0$일 때 $q_t(t)=0$이므로

$$0 = -\frac{E_m}{w\sqrt{R^2+\left(\frac{1}{wC}\right)^2}}\cos(wt+\theta+\phi)+k$$

$$\therefore k = \frac{E_m}{w\sqrt{R^2+\left(\frac{1}{wC}\right)^2}}\cos(\theta+\phi)$$

$$= \frac{E_m}{wZ}\cos(\theta+\phi) = \frac{I_m}{w}\cos(\theta+\phi) \quad \cdots\cdots (5)$$

이 식을 식 (4)에 대입하면

$$q(t) = -\frac{I_m}{w}\cos(wt+\theta+\phi) + \frac{I_m}{w}\cos(\theta+\phi)\cdot e^{-\frac{1}{RC}t} \quad \cdots\cdots (6)$$

가 되고 전류는

$$i(t) = \frac{dq(t)}{dt} = I_m\sin(wt+\theta+\phi) - \frac{I_m}{wCR}\cos(\theta+\phi)\cdot e^{-\frac{1}{RC}t} \quad \cdots\cdots (7)$$

가 된다. 식 (7)에서 알 수 있듯이 $\cos(\theta+\phi)=0$인 경우 즉, $(\theta+\phi)=\frac{\pi}{2}$일 때는 과도현상은 발생하지 않고 $(\theta+\phi)=0$인 경우에 과도항은 최대가 된다. [8]

---

[8] 교류회로의 과도현상에서 다음과 같이 $R-L$ 직렬회로를 해석해 보자. 이 경우는 전력계통에서 전형적인 단락고장이 되며 이때의 전류는 단락전류가 되므로 단락전류의 시간적 변화를 이해하는데 도움이 될 것이다.

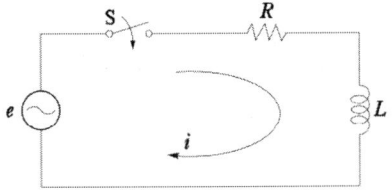

[$R-L$ 직렬회로의 투입]

그림과 같은 회로에 $e=E_m\sin(wt+\theta)$(전압을 진상, 전류를 지상으로 간주)의 전압을 인가하고 $t=0$인 순간 S를 투입하는 순간 전류를 $i(t)$라 하면 KVL에 따라

$$R \cdot i(t) + L \cdot \frac{di(t)}{dt} = E_m \sin(wt + \theta)$$

위 식에서 정상해 $i_s(t)$는

$$i_s(t) = \frac{e}{Z} = \frac{E_m}{\sqrt{R^2 + (wL)^2}} \sin(wt + \theta - \phi) = I_m \sin(wt + \theta - \phi)$$

여기서, $\phi = \tan^{-1} \frac{wL}{R}$

가 된다. 과도해 $i_t(t)$는

$$i_t(t) = K \cdot e^{-\frac{R}{L}t}$$

가 된다. 일반해는 정상해와 과도해의 합이므로 일반해 $i(t)$는

$$i(t) = i_s(t) + i_t(t) = I_m \sin(wt + \theta - \phi) + k \cdot e^{-\frac{R}{L}t}$$

여기서, $k$에 대한 초기조건 $t = 0$일 때 $i(t) = 0$이므로

$$0 = I_m \sin(\theta - \phi) + k \qquad \therefore k = -I_m \sin(\theta - \phi)$$

위 식을 대입하면

$$i(t) = I_m \sin(wt + \theta - \phi) - I_m \sin(\theta - \phi) \cdot e^{-\frac{R}{L}t}$$

이 된다. 위 식에서 우변의 1항은 정상항이고 2항은 과도항이다. 이상에서
① $(\theta - \phi) = 0$이면
　전압의 위상 $\theta$와 임피던스각 $\phi$가 동일하면 과도항은 0이 되며 과도현상은 발생하지 않는다.
② $(\theta - \phi) = \frac{\pi}{2} = 90°$인 경우
　과도항은 최대가 된다.

### 39-1-1

A점과 B점의 단락전류를 구하고, 현장에서 시판되고 있는 차단기의 용량을 구하시오. 단, 변압기 임피던스는 표준치로 임의로 정하고 선로의 임피던스를 무시한다.

(40점)

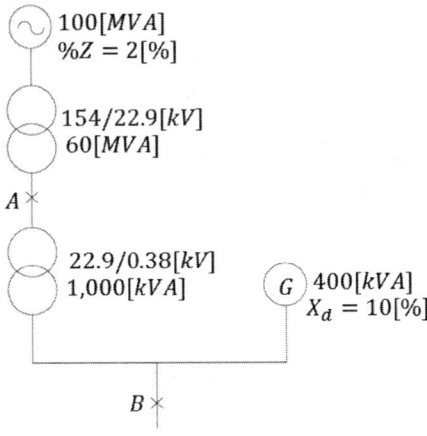

**해설**

1. **단락전류**

    1) Impedance Map

    기준용량을 100[MVA]로 두고 임피던스를 환산하면 전원측 임피던스는

    $$\%Z_s = 2.0[\%]$$

    $TR_1$의 변압기 임피던스는 154[kV]의 경우 일반적으로 11[%]이므로

    $$\%Z_{T1} = 11 \times \frac{100}{60} = 18.33[\%]$$

    $TR_2$의 변압기 임피던스는 22.9[kV]의 경우 일반적으로 5[%]이므로

    $$\%Z_{T2} = 5 \times \frac{100}{1} = 500[\%]$$

    전동기 임피던스는

    $$\%Z_M = 10 \times \frac{100}{0.4} = 2,500[\%]$$

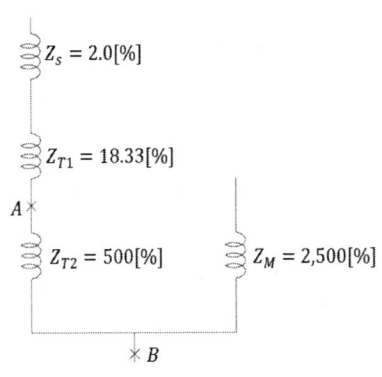

[Impedance Map]

2) 단락전류

① A점 단락전류

A점에서 본 임피던스는

$$Z_{FA} = (20.33 // 3,000) = \frac{20.33 \times 3,000}{20.33 \times 3,000} = 20.2[\%]$$

A점 단락전류는

$$I_{FA} = \frac{100 I_N}{\% Z_{FA}} = \frac{100 \times \left(\frac{100 \times 10^3}{\sqrt{3} \times 22.9}\right)}{20.2} = 12,480[A] \quad \cdots\cdots (1)$$

② B점 단락전류

$$Z_{FB} = (520.33 // 2,500) = \frac{520.33 \times 2,500}{520.33 \times 2,500} = 430.7[\%]$$

$$I_{FB} = \frac{100 I_N}{\% Z_{FB}} = \frac{100 \times \left(\frac{100 \times 10^3}{\sqrt{3} \times 0.38}\right)}{430.7} = 21,746[A] \quad \cdots\cdots (2)$$

## 2. 차단용량

1) A점 차단기

임피던스는 전원측만 해당되므로

$$P_{CB.A} = \frac{100 P_N}{\% Z_A} = \frac{100 \times 100}{20.33} = 492[MVA] \quad \cdots\cdots (3)$$

2) B점 차단기

임피던스는 병렬 합성한 값이 적용되므로

$$P_{CB.B} = \frac{100 P_N}{\% Z_B} = \frac{100 \times 100}{430.7} = 23.2[MVA] \text{ [9)]} \quad \cdots\cdots (4)$$

---

9) 식(1)에서 차단용량을 단락전류로 구해본다.

$$P_{CB.A} = \sqrt{3} \times 22.9 \times 12,480 = 495[MVA]$$

가 되어 식(3)과 약간의 차이가 난다. 이는 차단기 통과전류냐 아니면 단락점으로 모여드는 단락전류의 합으로 계산하느냐에 따라 달라진다. 물론 결과 값은 큰 차이가 없으나 차단 용량 계산시에는 전동기의 기여전류는 무시해야 한다. 따라서 A차단기이 차단용량과 차단전류는 단순히 단락전류를 적용하는 것이 아니라 차단기 설치점인 A점에서 전원측 임피던스만을 고려해야 한다. 단락점의 단락전류가 곧 그 지점의 차단용량이 되는 것이 아님에 주의하기 바란다. 다음과 같은 예제를 풀어보자.

**문제** 그림과 같은 전력계통에서 F점에서 3상 단락사고가 발생한 경우, 다음 물음에 답하시오.
단, 모선전압은 154[kV]이고 각 설비용량과 임피던스는 그림과 같다.
1) F점에 유입되는 고장전류를 구하시오.
2) 차단기 C의 차단용량을 구하시오.

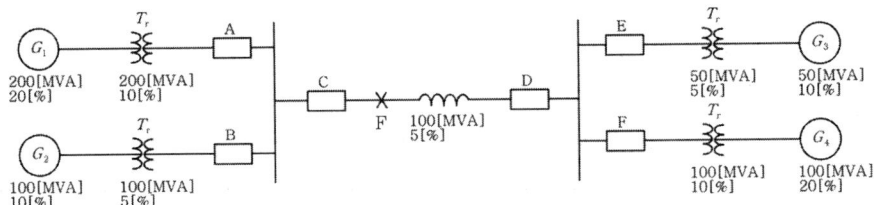

**풀이**

1. 고장전류

임피던스 환산(100[MVA] 기준)

$Z_{g1} = 20 \times \dfrac{100}{200} = 10[\%]$  $\qquad Z_{t1} = 10 \times \dfrac{100}{200} = 5[\%]$

$Z_{g2} = 10[\%]$  $\qquad Z_{t2} = 5[\%]$

$Z_{g3} = 10 \times \dfrac{100}{50} = 20[\%]$  $\qquad Z_{t3} = 5 \times \dfrac{100}{50} = 10[\%]$

$Z_{g4} = 20[\%]$  $\qquad Z_{t4} = 10[\%]$  $\qquad Z_l = 5[\%]$

$Z_F = \dfrac{7.5 \times 20}{27.5} = 5.455[\%]$

기준전류 $I_n = \dfrac{P}{\sqrt{3}\,V} = \dfrac{100 \times 10^3}{\sqrt{3} \times 154} = 375[\text{A}]$

단락전류 $I_s = \dfrac{100 I_n}{\%Z} = \dfrac{100 \times 375}{5.455} = 6,873\,[\text{A}]$

2. C차단기 차단용량

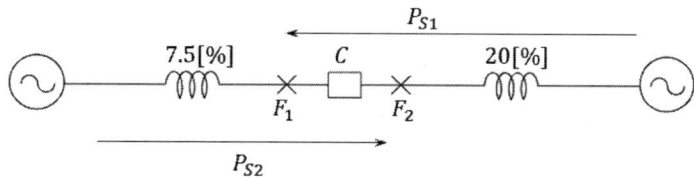

$F_1$ 고장시  $P_{s1} = \dfrac{100 \times 100}{20} = 500\,[\text{MVA}]$

$F_2$ 고장시  $P_{s2} = \dfrac{100 \times 100}{7.5} = 1,333\,[\text{MVA}]$

∴ C차단기 차단용량은 1,333[MVA] 이상을 사용한다.

### 40-3-4
다음과 같은 병렬회로에 220[V]를 가할 때

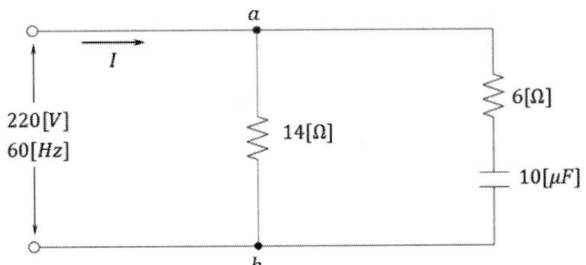

1) 전원전류 $I$[A]를 구하고
2) 단자 a, b에서 본 역률을 구하고
3) 전전력[W]를 구하시오.

**해설**

**1. 전원전류**

용량성 리액턴스는

$$-jX_C = \frac{1}{jwC} = \frac{1}{j2\pi fC} = \frac{1}{j2\pi \times 60 \times 10 \times 10^{-6}} = -j26.53[\Omega]$$

전체 임피던스는

$$Z = 14//(6-j26.53) = \frac{14 \times (6-j26.53)}{14+6-j26.53} = 10.45 - j4.71[\Omega]$$

전원 전류는

$$I = \frac{V}{Z} = \frac{220}{10.45 - j4.71} = 17.5 + j7.89 = 19.2 \angle 27.27°[A] \quad \cdots\cdots (1)$$

**2. 역률**

식 (1)에서

$$\cos\theta = \frac{17.5}{17.5 + j7.89} = 0.9116 (진상)$$

**3. 전력**

$$S = P + jQ = VI^* = 220 \times (17.5 - j7.89) = 3,850 - j1,736[VA] \cdots\cdots (2)$$

이므로 유효전력은

$$P = 3,850[W] \quad {}^{10)}$$

**10)** 한편 전력은 각 지로전류를 구하여 $I^2R$[W]로도 구할 수 있지만 이 경우가 훨씬 더 복잡하고 해설에서의 공액을 취하여 전압과 전류를 곱하는 방법으로 계산하기를 권장한다. 또한 역률은 진상이다. 식 (2)에서와 같이 복소전력(Complex Power)은 전압 또는 전류 중에서 어느 한 쪽의 공액(Conjugate)을 취한 양자의 곱으로 표시된다. 교류전력의 복소전력은 $W = P \pm jQ$ [kVA]로 표시되며 다음과 같은 의미를 갖는다.

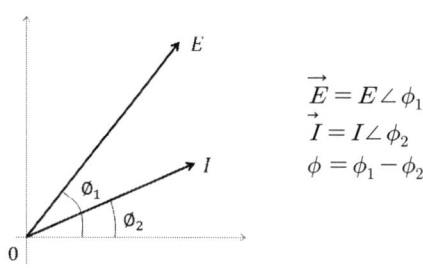

[전압, 전류 벡터도]

위 벡터도에서 전압 또는 전류의 공액을 취하지 않고 전압과 전류를 곱하면

$$W = \vec{E}\vec{I} = (E\angle\phi_1) \times (I\angle\phi_2) = EI\angle(\phi_1 + \phi_2)$$
$$= EI\cos(\phi_1 + \phi_2) + jEI\sin(\phi_1 + \phi_2)[\text{kVA}]$$

가 되지만 $(\phi_1 + \phi_2)$는 역률각이 아니므로 전력을 구할 수 없다. 따라서 다음과 같이 전압, 전류 중 어느 하나를 공액을 취해 구해야만 한다.

1) 전압 벡터 $\vec{E}$의 공액 $E^*$를 취하면

$$W = E^*I = EI\cos(\phi_2 - \phi_1) + jEI\sin(\phi_2 - \phi_1)$$
$$= EI\cos(-\phi) + jEI\sin(-\phi) = EI\cos\phi - jEI\sin\phi$$
$$= P - jQ \text{ [kVA]}$$

2) 전류 벡터 $\vec{I}$의 공액 $I^*$를 취하면

$$W = EI^* = EI\cos(\phi_1 - \phi_2) + jEI\sin(\phi_1 - \phi_2)$$
$$= EI\cos\phi + jEI\sin\phi$$
$$= P + jQ \text{ [kVA]}$$

3) 진, 지상 무효전력

① $\phi_1 < \phi_2$, 전류가 전압보다 위상이 앞선 경우의 무효전력은 진상 무효전력이다.

② $\phi_1 > \phi_2$, 전류가 전압보다 위상이 뒤진 경우의 무효전력은 지상 무효전력이다.

일반적으로 부하는 유도전동기 부하 등의 동력 부하로 대표되며 이들은 지상 무효전력을 소비하기 때문에 지상 무효전력을 정으로 한다.

이상에서와 같이 진, 지상 무효전력은 단순히 허수부의 부호가 (+), (−)인지로 판단할 수 없다. 일반적으로 대부분의 부하에서는 전류가 지상이고 전류에 공액을 취할 경우에만 (+)가 지상무효전력일 뿐이다. 국내에서는 보통 전류의 공액을 많이 취하지만 해외에서는 전압의 공액을 취하여 계산한 경우도 많으니 무효전력의 (+), (−)를 착각해서는 안 된다. 쉽게 생각해서 100원의 채권자는 다른 말로 −100원의 채무자가 될 수도 있다는 것이다.

### 41-3-1

다음과 같이 300[V] 전원에 늦은 역률 0.8, 소비전력 240[kW]의 부하와 늦은 역률 0.6, 소비전력 120[kW]의 2개의 부하가 병렬로 접속되어 있다. 이 회로의 전부하 전류와 합성 역률을 구하시오. (30점)

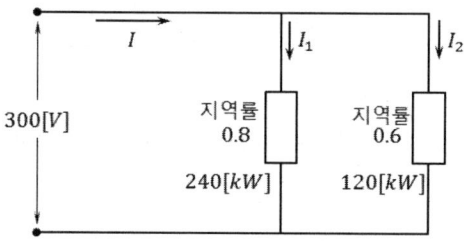

**해설**

**1. 전부하 전류**

피상전력을 복소전력으로 변환하면

$$P_1 + jQ_1 = 240 + j\left(\frac{240}{0.8}\right)\sin\theta_1 = 240 + j180 [\text{kVA}]$$

$$P_2 + jQ_2 = 120 + j\left(\frac{120}{0.6}\right)\sin\theta_2 = 120 + j160 [\text{kVA}]$$

전체전력 $P + jQ = 360 + j340 [\text{kVA}]$ ······ (1)

전류 $I = \dfrac{(P+jQ)^*}{V} = \dfrac{(360 - j340) \times 10^3}{300}$

$\qquad = 1,200 - j1,133 = 1,650 \angle -43.36° [\text{A}]$ ······ (2)

**2. 합성역률**

식 (1)에서

$$\cos\theta = \frac{P}{P + jQ} = \frac{360}{360 + j340} = 0.727 \angle -43.36° (\text{지상})$$

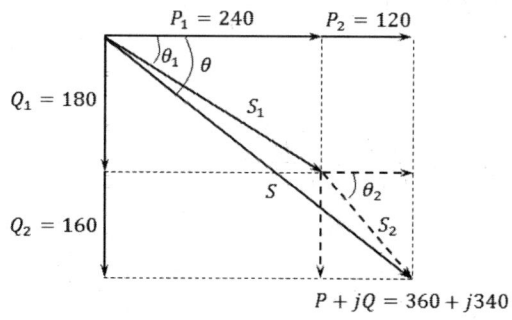

[전력 벡터도] [11]

**11)** 이 문제는 굳이 복소전력으로 표현하지 않고 전류로 계산해도 된다. 지문에서 각 지로 전류를 구하면

$$I_1 = \frac{S_1}{V}(\cos\theta_1 - j\sin\theta_1) = \frac{\frac{240 \times 10^3}{0.8}}{300}(0.8 - j0.6) = 800 - j600 [\text{A}]$$

$$I_2 = \frac{\frac{120 \times 10^3}{0.6}}{300}(0.6 - j0.8) = 400 - j533 [\text{A}]$$

$$I = 1,200 - j1,133 [\text{A}]$$

$$\cos\theta = \frac{1,200}{1,200 - j533} = 0.727$$

### 42-1-15 다음 그림의 영상 임피던스는 얼마인가? (5점)

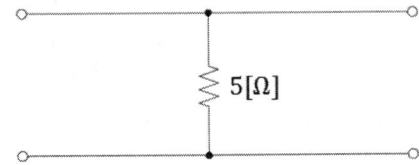

**해설**

4단자 정수는

$$\begin{bmatrix} A & B \\ C & D \end{bmatrix} = \begin{bmatrix} 1 & 0 \\ \frac{1}{Z} & 1 \end{bmatrix} = \begin{bmatrix} 1 & 0 \\ \frac{1}{5} & 1 \end{bmatrix}$$

영상 임피던스는

$$Z_{01} = \sqrt{\frac{AB}{CD}} = \sqrt{\frac{B}{C}} = \sqrt{\frac{0}{\frac{1}{5}}} = 0$$

## 49-1-4

콘덴서에 직렬 Reactor를 설치하는데 직렬 Reactor를 설치하는 주된 이유와 Reactor가 콘덴서 용량의 5[%]일 때, 콘덴서 단자전압은 몇 [%]인가? (10점)

### 해설

**1. 직렬 리액터의 설치 목적**

----- 생략 -----

**2. 콘덴서의 단자전압**

그림에서 KVL을 적용하면

$$V_C = \left| \frac{-jX_C}{j(X_L - X_C)} \right| \times V$$

$$= \left| \frac{-j1.0}{j(0.05 - 1.0)} \right| V = 1.0526\,V\,[\text{pu}]$$

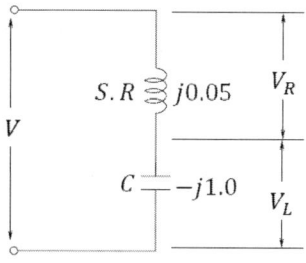

[직렬리액터 설치 회로도]

이므로 콘덴서 단자전압은 전원전압에 비해 5.26[%] 상승한다.

한편 용량의 변화는

$$Q_C = wCV_C^2 = wC \times 1.0526^2 = 1.108wC$$

이므로 용량은 약 10.8[%] 증가하는 결과를 초래한다. [12]

---

12) 직렬리액터의 용량을 콘덴서 용량의 5[%]를 적용한 것은 제5고조파에 대한 대책이고 만약, 제7고조파에 대한 직렬 리액터를 설치했다면 위 현상은 더욱 심화되어 콘덴서의 최고 허용 단자전압을 상회하여 소손될 우려가 있으며, 용량도 대폭 커져서 자칫 역률이 과보상 될 수도 있어 주의가 필요하다.

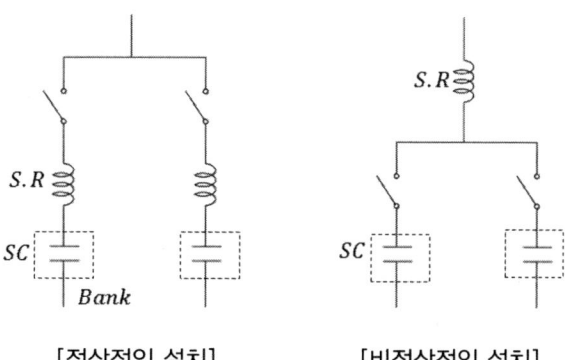

[정상적인 설치]  [비정상적인 설치]

한편, 직렬리액터 설치시에는 반드시 콘덴서 뱅크와 동시에 개폐되도록 설치하여야 한다. 위 그림에서와 같이 다수의 콘덴서 용량에 상응하는 직렬리액터를 직렬로 하나를 설치할 경우 및 콘덴서 뱅크를 부분 개폐할 수 있도록 차단기를 두었다면 콘덴서의 개폐 등으로 콘덴서 용량이 줄어들면 직렬 리액터의 용량도 줄어들어 특정 고조파에 대해 효과가 없게 된다. 제5고조파에 대해서 직렬리액터 용량을 6[%]를 설치한 경우 콘덴서의 부분개폐로 콘덴서 용량이 1/2로 줄었다고 가정하면 용량성 리액턴스는

$$-jX_C = \frac{1}{jwC}$$ 이므로 $-jX_C = -j2.0[\text{pu}]$

가 된다. 여기서, 각 단자전압은 각각

$$V_L = \left|\frac{j0.06}{j(0.06-2.0)}\right|V = 0.0309[\text{pu}]$$

$$V_C = \left|\frac{-j2.0}{j(0.06-2.0)}\right|V = 1.031[\text{pu}]$$

가 되므로 리액터 용량과 콘덴서 용량은 다음과 같이 바뀌게 된다.

$$Q_L = \frac{V_L^2}{X_L} = \frac{0.0309^2}{0.06} = 0.0159[\text{pu}]$$

$$Q_C = \frac{V_C^2}{X_C} = \frac{1.031^2}{2.0} = 0.531[\text{pu}]$$

이므로 용량비는 $k = \frac{Q_L}{Q_C} = \frac{0.0159}{0.531} = 0.02999 = 3[\%]$가 되어 최초 6[%]인 리액터가 3[%]에 불과하여 제5고조파에 대해서는 효과가 없음을 알 수 있다.

### 51-1-2

단상2선식 220[V]로 공급되는 전동기가 절연 열화로 인해 외함에 전압이 인가될 때 사람이 접촉하였다. 이때의 접촉전압은 몇 [V]인가? (단, 변압기 2차측 접지저항은 9[Ω], 전로의 저항은 1[Ω], 전동기외함의 접지저항은 100[Ω]이다.)

**해설**

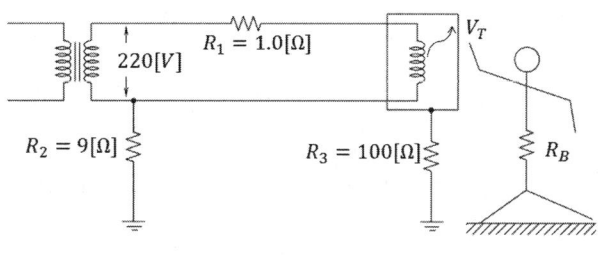

[개요도]

위 계통을 등가회로도로 그리면 다음과 같다.

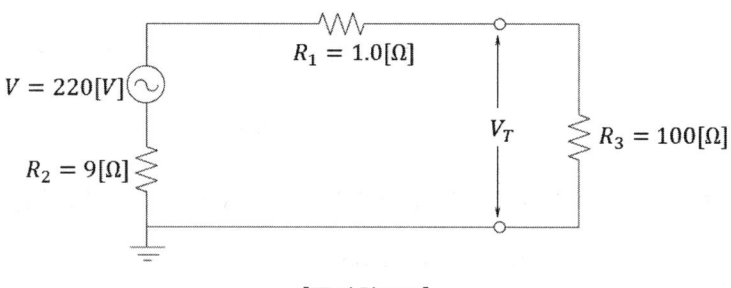

[등가회로도]

그림에서 KVL에 따라

$$V_T = \frac{R_3}{R_1 + R_2 + R_3} V = \frac{100}{1.0 + 9 + 100} \times 220 = 200 [\text{V}]^{13)}$$

---

13) 허용접촉전압의 한계와 제3종 접지저항

[접촉상태에 따른 허용접촉전압의 한계]

| 접촉종별 | 접촉상태 | 허용 접촉전압 | 비 고 |
|---|---|---|---|
| 제1종 접촉 | 인체의 대부분이 수중에 있는 경우 500[Ω] | 2.5[V] 이하 | 이탈전류 5[mA] 기준 |
| 제2종 접촉 | 인체가 현저하게 젖어 있는 상태 500[Ω] | 25[V] 이하 | 심실세동 전류 50[mA] 기준 |
| 제3종 접촉 | 건조 상태, 위험성이 높은 상태 1000[Ω] | 50[V] 이하 | 심실세동 전류 50[mA] 기준 |
| 제4종 접촉 | 건조한 상태, 위험성이 없는 상태 | 제한 없음 | |

위의 표에서 제1종 접촉의 경우 허용 접촉전압은 다음과 같이 계산된 것이다. 인체의 대부분이 수중에 있는 경우이므로 500[Ω]이므로 이탈전류를 5[mA]로 두면 이때의 접촉전압은 $E_{touch.1} = R_B I_B = 500 \times 5 \times 10^{-3} = 2.5\,[\text{V}]$ 이 된다.

위의 회로에서 인체의 저항을 1,000[Ω]으로 두고 인체 통전전류를 구해보면

$$I_B = \frac{V_T}{R_B} = \frac{200}{1,000} \times 10^3 = 200\,[\text{mA}]$$

가 되어 심실세동전류 50[mA]를 넘어서서 전격의 위험이 발생한다. 만약 감전보호목적으로 심실세동전류 50[mA]에 안전율 1.67을 감안하면 이때의 통전허용전류는 30[mA]가 되는데 이 허용전류로 제한하기 위한 제3종 접지저항은 다음과 같다.

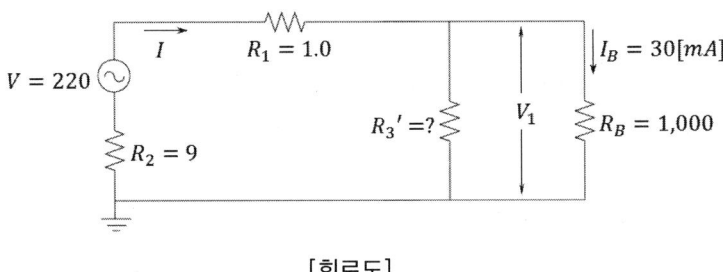

[회로도]

인체 접촉 시 인체에 흐르는 전류를 30[mA]가 흐르므로 전압 $V_1$은

$$V_1 = I_B R_B = 0.03 \times 1,000 = 30\,[\text{V}] \quad \cdots\cdots (3)$$

이므로

$$V = \left(\frac{V_1}{R_3{'}} + I_B\right) \times (R_1 + R_2) + V_1$$

$$220 = \left(\frac{30}{R_3{'}} + 0.03\right) \times 10 + 30$$

$$220 = \left(\frac{300.3}{R_3{'}}\right) + 30, \quad 190 = \left(\frac{300.3}{R_3{'}}\right)$$

$$\therefore R_3{'} = \frac{300.3}{190} = 1.58\,[\Omega]$$

가 된다.

이상에서 보면 국내의 제3종 접지저항의 기준은 100[Ω]으로 되어 있으나 이 경우 접지저항만으로는 감전보호가 이루어지지 않는다는 것을 알 수 있고 위의 회로에는 추가적으로 누전차단기에 의한 감전보호가 이루어져야 한다는 것을 알 수 있다.

## 52-3-4

출력 15[kW], 역률 85[%] 지상, 3상 380[V]용 유도전동기가 연결된 회로를 역률 95[%]로 개선시키기 위해 소요되는 콘덴서 용량[μF]을 구하시오.

### 해설

**1. 커패시터 용량**

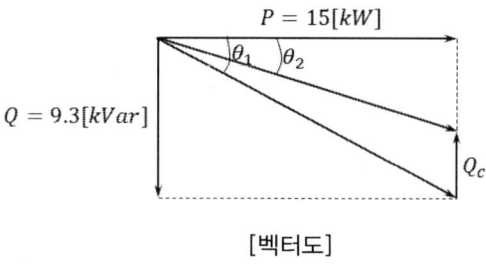

[벡터도]

$Q_C = P(\tan\theta_1 - \tan\theta_2)$

$\quad = 15(\tan\cos^{-1}0.85 - \tan\cos^{-1}0.95)$

$\quad = 4.366[kVA]$ ······ (1)

**2. 커패시터 정전용량**

1) Y결선의 경우 1상당 정전용량

$Q_C = 3I_C E = 3wC_Y E^2$

$C_Y = \dfrac{Q_C}{3wE^2} = \dfrac{4.366 \times 10^3}{3 \times 2\pi \times 60 \times \left(\dfrac{380}{\sqrt{3}}\right)^2} \times 10^6 = 79.8[\mu F]$

2) △결선의 경우 1상당 정전용량

$C_\Delta = \dfrac{C_Y}{3} = 26.6[\mu F]$ [14)]

**14)** 위 문제에서는 콘덴서 용량을 [F]으로 구하라고 제시하였다. 용량만을 구하라면 △결선, Y결선을 불문하고 그냥 구하면 된다. 그러나 비록 용량은 동일하더라도 정전용량은 결선에 따라 다르다. 3상 용량인 동일한 $Q$ [kVA]로 두었을 때 소요 정전용량에 대해 알아본다.

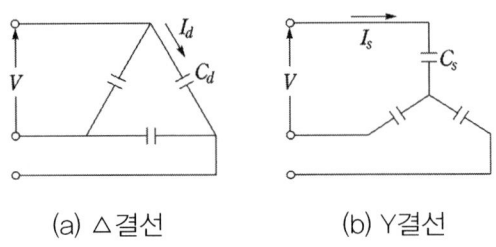

(a) △결선        (b) Y결선

**[역률개선용 콘덴서의 결선]**

1) △결선의 경우

$$Q_\Delta = 3VI_d = 3 \times wC_d V^2$$

$$\therefore C_\Delta = \frac{Q}{3wV^2} [\text{F}]$$

2) Y결선의 경우

$$Q_Y = \sqrt{3}\,VI_s = \sqrt{3} \times V \times wC_s E = \sqrt{3} \times wC_s \frac{V^2}{\sqrt{3}} = wC_s V^2$$

$$\therefore C_s = \frac{Q}{wV^2} [\text{F}]$$

이와 같이 △결선시 콘덴서 용량은 Y결선시의 $\frac{1}{3}$로 충분하고 또 콘덴서의 정전용량 $C$는 전압의 제곱에 반비례하므로 고압측에 설치하는 것이 저압측에 설치하는 것보다 정전용량을 줄일 수 있다.

### 56-1-5

피뢰기를 변압기의 15[m]전방에 설치하고, 피뢰기의 제한전압을 65[kV]로 하였을 때 변압기에 걸리는 전압은 얼마인가? 단, 침입파의 뇌전압은 250[kV/$\mu$s]이고 서지전파 속도는 250[m/$\mu$s] 이다.

**해설**

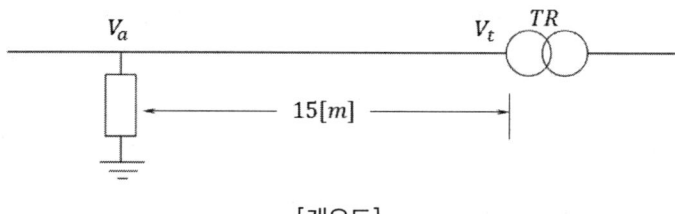

[개요도]

그림에서 변압기에 걸리는 전압 $V_t$는

$$V_t = V_a + 2St = V_a + 2S\frac{l}{v}[\text{kV}] \quad \cdots\cdots (1)$$

여기서, $V_a$ : 피뢰기의 제한전압
  $S$ : 파두준도[kV/$\mu$s]
  $l$ : 피뢰기와 변압기간의 이격거리[m]
  $v$ : 서지의 전파속도[m/$\mu$s]

수치를 대입하면

$$V_t = 65 + 2 \times 250 \times \frac{15}{250} = 95[\text{kV}]^{15)}$$

---

**15)** 식 (1)의 유도과정은 생략하였으나 다음과 같은 의미를 갖는다.

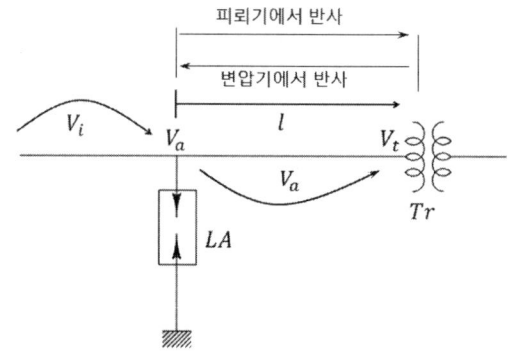

[반사와 재반사]

위 그림에서 피뢰기로 입사한 입사파 $V_i$는 일단 피뢰기에서 제한전압 $V_a$로 파고치는 낮추어진다. 이 제한전압은 변압기에서 보면 또다른 입사파가 된다. 이 입사파가 변압기 단자에서 소멸된다면 거리와는 무관할 것이다. 그러나 피뢰기로 낮추어진 전압인 $V_a$는 변압기에서 반사한 후 반사파가 되어 피뢰기로 진행한다. 피뢰기측에서는 최초 입사파의 반대방향의 또다른 입사파가 내습한 것과 같으며 이것이 다시 반사파가 되어 변압기로 향하게 된다. 이 과정은 여러 번 반복되지만 일부는 투과하므로 그 크기가 급속히 반감하게 된다. 이때 피뢰기의 제한전압 $V_a$와 변압기에 도달한 제한전압이 피뢰기로 반사한 후 피뢰기에서 재반사한 값이 비로소 변압기 단자에 걸리는 전압이 된다.(여기서는 급속한 감쇄를 감안한 것으로 2회 반복만 취급한다.) 따라서 왕복한 입사파의 크기는 파두준도 $\dfrac{dV}{dt}$에 왕복시간을 곱한 것이 되므로

$$\frac{dV}{dt} \cdot t = S \cdot t$$

가 되는데 이때 왕복시간은 $2t$이므로

$$2S \cdot t$$

가 되고 이 전압이 최초에 변압기로 입사한 피뢰기의 제한전압과 중첩되므로

$$V_t = V_a + 2St = V_a + 2S\frac{l}{v}$$

가 된다.

## 56-1-6

대지저항률 100[Ω·m]인 대지의 반지름 20[cm]의 반구형 접지극을 설치하고 지락전류 100[A]로 방전하였을 때 접지극으로부터 1[m]떨어진 점의 보폭전압은 얼마인가? 단, 신발과 대지간의 저항 등 접촉전압은 무시한다.

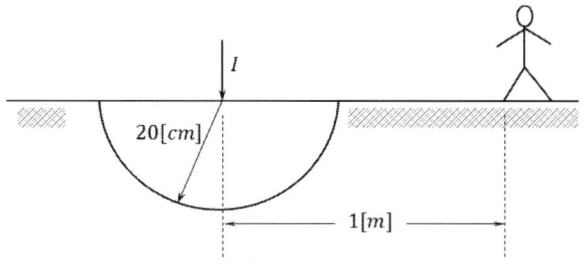

### 해설

반구형 접지전극의 접지저항은 $R = \dfrac{\rho}{2\pi r}$

이므로 접지전극의 전위는 $V = I_g R = \dfrac{\rho I_g}{2\pi r}$

에서 $x \gg r$로 두면 $V_x = \dfrac{\rho I_g}{2\pi x}$

1[m] 떨어진 지점의 전위는

$$V_1 = \dfrac{\rho I_g}{2\pi x_1} = \dfrac{100 \times 100}{2\pi \times 1} = 1{,}591.5\,[\text{V}]$$

보폭전압은 양발에 걸리는 전압이므로 간격을 1[m]로 두면

$$V_2 = \dfrac{\rho I_g}{2\pi x_2} = \dfrac{100 \times 100}{2\pi \times 2} = 795.8\,[\text{V}]$$

따라서 양발에 걸리는 보폭전압은

$$V_{STEP} = V_1 - V_2 = 795.8\,[\text{V}]^{16)}$$

---

16) 보폭전압은 다음과 같이 그 구간을 적분하여 계산할 수도 있다.

$$V_s = \int_1^2 \dfrac{d}{dx} V_x\, dx = \int_1^2 \dfrac{\rho I}{2\pi x^2}\, dx = \dfrac{\rho I}{2\pi} \int_1^2 x^{-2}\, dx$$
$$= \dfrac{\rho I}{2\pi}\left[-\dfrac{1}{x}\right]_1^2 = 796\,[\text{V}]$$

참고로 병렬접지의 집합효과에 대해서 알아본다. 접지전극 설치 시 접지저항을 낮추기 위해 병렬로 여러 개의 전극을 설치하는 경우가 있는데 이 경우 이론적으로는 병렬개소 만큼 접지저항이 낮아져야 하는데 실제로는 그렇게 되지 않고 그 효과가 반감되는 사례를 볼 수 있다. 이에 대해 알아본다.

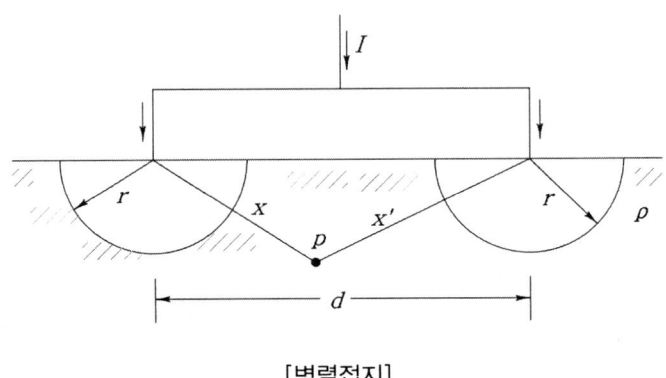

[병렬접지]

위 그림에서 각 접지전극에는 각각 $\dfrac{I}{2}$가 유입된다. 지금 임의의 점 $p$를 설정한 후 이 지점의 전위는

$$V_p = \dfrac{\rho \dfrac{I}{2}}{2\pi x} + \dfrac{\rho \dfrac{I}{2}}{2\pi x'} \quad \cdots\cdots (1)$$

이 된다. 여기서 $p$점을 한쪽 접지전극의 표면으로 옮기면($x' = d$)

$$V = \dfrac{\rho I}{4\pi}\left(\dfrac{1}{r} + \dfrac{1}{d}\right) \quad \cdots\cdots (2)$$

이 접지전극의 접지저항은

$$R = \dfrac{V}{I} = \dfrac{\dfrac{\rho I}{4\pi}\left(\dfrac{1}{r} + \dfrac{1}{d}\right)}{I} = \dfrac{\rho}{4\pi}\left(\dfrac{1}{r} + \dfrac{1}{d}\right) = \dfrac{\rho}{4\pi r}\left(1 + \dfrac{r}{d}\right) \quad \cdots\cdots (3)$$

가 되는데 우변의 괄호 내의 두 번째 항은 $r \ll d$인 경우만 무시되므로 실질적으로는 존재할 수 없기 때문에 접지저항은 $\dfrac{1}{2}$로 줄지 않고 이보다 큰 값을 가지게 된다. 따라서 병렬 접지전극은 이격거리가 무한대인 경우만 병렬효과를 기대할 수 있음을 말한다. 이와 같은 현상을 "병렬접지의 집합효과"라 한다.

일반적으로 이격거리 $d$가 $20r$인 경우에 집합효과에 따른 접지저항 증가는 5[%]로 거의 무시할 정도가 되어 경제성 등을 감안하여 전극의 길이보다 약 20배 정도를 이격하여 설치하는 것을 기준으로 삼고 있다.

[집합효과에 따른 접지저항의 증가]

| 병렬접지 이격거리 배수 $\dfrac{d}{r}$ | 집합효과에 따른 접지저항의 증가 $1+\dfrac{r}{d}$ |
|:---:|:---:|
| 2 | 1.500 |
| 5 | 1.200 |
| 10 | 1.100 |
| 20 | 1.050 |
| 40 | 1.025 |
| 50 | 1.020 |
| 100 | 1.010 |

### 60-1-13

그림과 같은 불평형 Y회로에 평형 3상 전압을 가할 때 중성점의 전압 $V_N$을 구하시오.

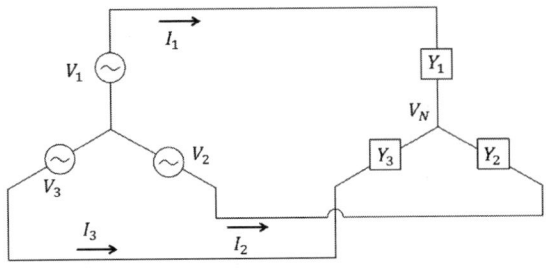

**해설**

각 상의 전류는

$$I_1 = Y_1(V_1 - V_N)$$
$$I_2 = Y_2(V_2 - V_N)$$
$$I_3 = Y_3(V_3 - V_N)$$

중성점에 키르히호프의 전류법칙을 적용하면

$$I_1 + I_2 + I_3 = Y_1(V_1 - V_N) + Y_2(V_2 - V_N) + Y_3(V_3 - V_N) = 0$$

$V_N$을 이항하여 정리하면

$$Y_1V_1 + Y_2V_2 + Y_3V_3 = (Y_1 + Y_2 + Y_3)V_N$$

$$\therefore V_N = \frac{Y_1V_1 + Y_2V_2 + Y_3V_3}{Y_1 + Y_2 + Y_3} = \frac{\sum YV}{\sum Y} [\text{V}]$$

가 된다. 위 수식은 전형적인 밀만의 정리식이 되며 만약 전압을 각각 120°의 위상차를 주어 $V_a, V_b, V_c$로 두고 $Y$를 대지정전용량 $Y = jwC$로 두면 중성점 잔류전압(Residual Voltage) 식이 된다.[17]

17) 중성점 잔류전압식 유도

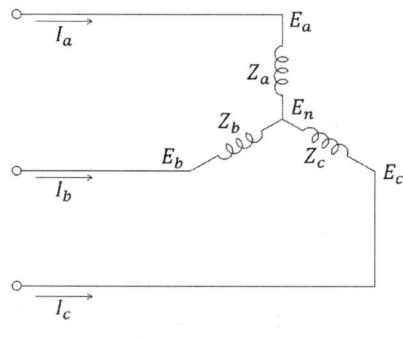

[Y결선 회로]

중성점 잔류전압이란 중성점을 접지하지 않았을 때 중성점에 나타나는 전압을 말한다. 대지정전용량만을 감안한 중성점 잔류전압식은 위 회로도에서 중성점에 KCL을 적용하면

$$I_a + I_b + I_c = 0$$

위 식을 다시 쓰면

$$\frac{E_a - E_n}{Z_a} + \frac{E_b - E_n}{Z_b} + \frac{E_c - E_n}{Z_c} = 0$$

$$\frac{E_a}{Z_a} + \frac{E_b}{Z_b} + \frac{E_c}{Z_c} = \left(\frac{1}{Z_a} + \frac{1}{Z_b} + \frac{1}{Z_c}\right)E_n$$

그러므로 중성점 전위 $E_n$은

$$E_n = \frac{\dfrac{E_a}{Z_a} + \dfrac{E_b}{Z_b} + \dfrac{E_c}{Z_c}}{\dfrac{1}{Z_a} + \dfrac{1}{Z_b} + \dfrac{1}{Z_c}} = \frac{Y_a E_a + Y_b E_b + Y_c E_c}{Y_a + Y_b + Y_c} \text{ [V]}$$

여기서, $Y_a = jwC_a$, $Y_b = jwC_b$, $Y_c = jwC_c$ 일 경우

$$E_n = \frac{C_a E_a + C_b E_b + C_c E_c}{C_a + C_b + C_c} \text{ [V]}$$

$E_a$, $E_b$, $E_c$ 가 평형일 경우 $E_a = E = \dfrac{V}{\sqrt{3}}$ 라 두면

$$E_b = a^2 E = \left(-\frac{1}{2} - j\frac{\sqrt{3}}{2}\right) \times \frac{V}{\sqrt{3}}$$

$$E_c = aE = \left(-\frac{1}{2} + j\frac{\sqrt{3}}{2}\right) \times \frac{V}{\sqrt{3}}$$

따라서 중성점 전위 $E_n$

$$E_n = \frac{C_a + a^2 C_b + a C_c}{C_a + C_b + C_c} \times E$$

$$= \frac{\left(C_a - \dfrac{C_b}{2} - \dfrac{C_c}{2}\right) - j\dfrac{\sqrt{3}}{2}(C_b - C_c)}{C_a + C_b + C_c} \times \frac{V}{\sqrt{3}} \quad \cdots\cdots (1)$$

위 식의 실수부와 허수부에 제곱하여 $E_n$의 크기를 구하면

$$|E_n| = \frac{\sqrt{\left(C_a - \dfrac{C_b}{2} - \dfrac{C_c}{2}\right)^2 + \dfrac{3}{4}(C_b - C_b)^2}}{C_a + C_b + C_c} \times \frac{V}{\sqrt{3}}$$

$$= \frac{\sqrt{C_a^2 + \dfrac{C_b^2}{4} + \dfrac{C_c^2}{4} - C_a C_b + \dfrac{C_b C_c}{2} - C_a C_c + \dfrac{3}{4}(C_b^2 - 2C_b C_c + C_c^2)}}{C_a + C_b + C_c} \times \frac{V}{\sqrt{3}}$$

$$= \frac{\sqrt{C_a^2 + C_b^2 + C_c^2 - C_a C_b - C_b C_c - C_c C_a}}{C_a + C_b + C_c} \times \frac{V}{\sqrt{3}}$$

$$\therefore \ |E_n| = \frac{\sqrt{C_a(C_a - C_b) + C_b(C_b - C_c) + C_c(C_c - C_a)}}{C_a + C_b + C_c} \times \frac{V}{\sqrt{3}} \ [V]$$

한편, 정전용량의 평형을 위해 연가를 하게 되면 각상의 정전용량은 $C_a = C_b = C_c$가 되므로 식(1)에서

$$E_n = \frac{C_a + a^2 C_b + a C_c}{C_a + C_b + C_c} \times E = \frac{(1 + a^2 + a)C}{3C} \times E$$

에서 벡터연산자 $(1 + a^2 + a) = 0$이므로 결국 $E_n = 0$이 되어 중성점 잔류전압은 발생되지 않는다. 만약 중성점 잔류전압이 발생하고 있는데 여기에 중성점을 접지하면 잔류전압에 상응하는 전류가 중성점을 통해 대지로 흐르게 되는데 이 전류가 전자유도장해를 일으키는 것이다. 따라서 전자유도장해의 대책은 무엇보다도 이러한 지락전류를 어떻게 제한하느냐 하는 계통 구성에서 최우선적으로 접근하여야 하며 비접지, 고저항 접지 등이 대책으로 해당된다.

### 60-3-5
퍼센트 임피던스(%Z)에 대하여 설명하고, 전력설비에 미치는 영향에 대하여 설명하시오.

**해설**

1. **% 임피던스의 정의**

$$\%Z = \frac{\text{정격주파수의 정격전류에 의한 내부 임피던스강하}}{\text{정격 상전압}} \times 100 [\%]$$

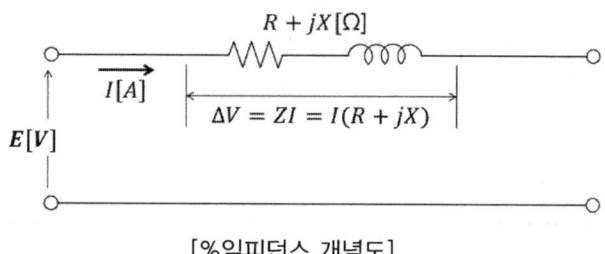

[%임피던스 개념도]

전압강하분 $\Delta V = ZI[\text{V}]$가 회로의 정격전압 $E[\text{V}]$에 대해서 몇 [%]에 해당되는가를 나타내는 식으로 $E[\text{V}]$에 대한 $ZI[\text{V}]$의 비를 [%]로 나타낸 것. 즉,

$$\%Z = \frac{Z \cdot I}{E} \times 100 [\%]$$

2. **Ω임피던스와의 관계**

정격 선간전압 $V = \sqrt{3} E \times 10^{-3} [\text{kV}]$로 정격용량 $P = \sqrt{3} VI [\text{kVA}]$로 두면

$$I = \frac{P}{\sqrt{3} V} [\text{A}], \quad E = \frac{V \times 10^3}{\sqrt{3}} [\text{V}]$$

$$\%Z = \frac{Z \cdot I}{E} \times 100 [\%] = \frac{Z \times \frac{P}{\sqrt{3} V}}{\frac{V}{\sqrt{3}} \times 10^3} \times 100$$

$$= \frac{\sqrt{3} ZP \times 100}{\sqrt{3} V^2 \times 10^3} = \frac{Z[\Omega] \times P[\text{kVA}]}{10 (V[\text{kV}])^2} [\%]$$

만일 용량을 $P[\text{MVA}]$로 %Z를 단위법으로 표시하면

$$Z[\text{pu}] = \frac{\%Z}{100} = \frac{\frac{ZP \times 10^3}{10 V^2}}{100} = \frac{ZP \times 10^3}{1000 V^2} = \frac{Z[\Omega] \times P[\text{MVA}]}{(V[\text{kV}])^2}$$

## 3. 전력설비에 미치는 영향
----- 생략 -----[18]

---

**18)** %임피던스는 일정하지 않다. 정의 식에서 알 수 있듯이 어디까지나 정격주파수, 정격전류 하에서만 존재할 뿐이다. 일반적으로 모든 전력설비는 정격운전 중으로 보고 고장 계산 등에 적용하면 문제가 없다고 할 수 있다. 전력 계통에서 %임피던스를 집계한다는 것은 그 회로에 정격 전류를 흘렸을 때 임피던스 강하를 집계하는 것과 같다. 이는 정의 식에서 알 수 있듯이 정격전류 $I$[A]를 동일하게 취급하는 것과 같고 [kVA]에 비례함을 알 수 있다. %임피던스를 집계할 때는 임의의 기준용량으로 환산한 후 이를 직·병렬 합성하면 된다. 다시 말해 임의의 %임피던스 값은 기준용량이 변하면 비례해서 변하는 것이다. 임의의 용량 $P$[kVA]에서의 %임피던스를 $\%Z$라 하고 기준 용량 $P_n$[kVA]에서의 $\%Z'$이라면

$$\%Z' = \%Z \times \frac{P_n}{P}$$

가 되고 전압이 변하면 전류도 변하므로

$$\%Z' = \%Z \times \left(\frac{V}{V_n}\right)^2$$

이 된다. 만약, 위의 기준용량과 기준전압이 모두 변하였을 경우에는 당연히

$$\%Z' = \%Z \times \frac{P_n}{P} \times \left(\frac{V}{V_n}\right)^2$$

으로 계산하면 된다. 다음 그림의 예를 들어 계산해 본다.

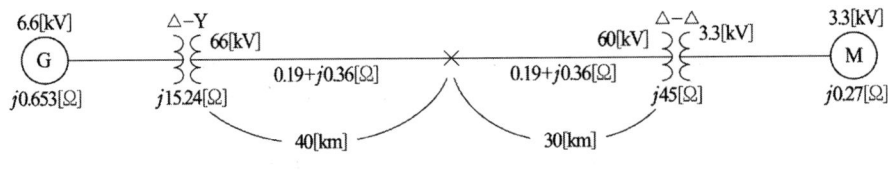

[전압이 다른 계통도]

그림에서 [Ω]임피던스는 전압비만 감안해 주면 되고 $\%Z$는 전압의 기울기가 다르므로 기준전압으로 환산하면 된다. 특히, 수전단 변압기는 $\Delta-\Delta$이므로 Y로 변환하여 1/3 값으로 계산하면 된다.

(1) [Ω]임피던스

① $Z_A$

전원측 변압기 전압비

$$a = \frac{V_1}{V_2} = \sqrt{\frac{Z_1}{Z_2}} = \frac{6.6}{66} \qquad \therefore Z_2 = \frac{Z_1}{a^2}$$

$Z_G = j0.653 \times \left(\frac{66}{6.6}\right)^2 = j65.3 \quad Z_{ts} = 15.24$

$Z_{LA} = (0.19 + j0.36) \times 40 = 7.6 + j14.4$

$\therefore Z_A = 7.6 + j94.94$

② $Z_B$

부하측 변압기 전압비

$$a = \frac{V_1}{V_2} = \sqrt{\frac{Z_1}{Z_2}} = \frac{60}{3.3} \qquad \therefore Z_1 = a^2 Z_2$$

$Z_M = j0.27 \times \left(\frac{60}{3.3}\right)^2 = j89.26 \quad Z_{tr} = \frac{j45}{3} = j15$

$Z_{LB} = (0.19 + j0.36) \times 30 = 5.7 + j10.8$

$\therefore Z_B = 5.7 + j115.1$

③ $Z_F = Z_A // Z_B = 3.447 + j52.04$

(2) %$Z$(66[kV], 10[MVA] 기준)

① %$Z_A$

$Z_G = \frac{ZP}{10V^2} = \frac{j0.653 \times 10 \times 10^3}{10 \times 6.6^2} = j14.99$

$Z_{ts} = \frac{j15.24 \times 10 \times 10^3}{10 \times 66^2} = j3.5$

$Z_{LA} = \frac{(0.19 + j0.36) \times 40}{10 \times 66^2} = 1.74 + j3.31$

$\therefore Z_A = 1.74 + j21.8$

② %$Z_B$

$Z_M = \frac{j0.27 \times 10 \times 10^3}{10 \times 3.3^2} \times \left(\frac{60}{66}\right)^2 = j20.49$

$Z_{tr} = \frac{\frac{j45}{3} \times 10 \times 10^3}{10 \times 60^2} \times \left(\frac{60}{66}\right)^2 = j3.44$

$$Z_{LB} = \frac{(0.19 + j0.36) \times 30 \times 10 \times 10^3}{10 \times 66^2} = 1.31 + j2.48$$

∴ $\%Z_B = 1.31 + j26.41$

③ $\%Z_F = Z_A // Z_B = 0.7986 + j11.94[\%]$

위 식을 [Ω]임피던스로 환산해 보면

$$Z_F = \frac{\%Z_F \times 10\, V^2}{P} = \frac{(0.7986 + j11.94) \times 10 \times 66^2}{10 \times 10^3} = 3.44 + j52.01[\Omega]$$

이 되어 앞서의 값과 동일하다.

## 61-4-5  3상 유도전동기와 단상 유도전동기의 회전자계 발생 원리를 비교하여 설명하시오.

### 해설

#### 1. 단상 유도전동기의 회전자계[19]

1) 전류와 자계의 관계

   도선에 전류가 흐르면 도선 주위에 자속이 형성되고 이는 전류의 크기에 비례한다.

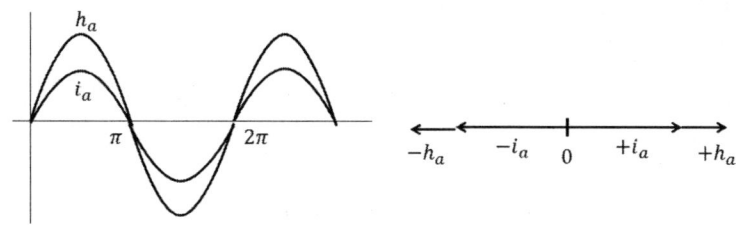

[교번전류와 자계]

전류와 자계는 동상이므로

$$i_a = I_m \sin wt \Leftrightarrow h_a = H_m \sin wt$$

따라서 자계는 전류의 교번에 따라 (+), (−)를 반복하여 단상 유도전동기에서는 회전자계가 발생하지 않는다.

2) 단상 유도전동기의 회전자계

   단상 유도전동기는 회전자계가 없어 전압 인가시 스스로 기동할 수 없어 인위적으로 위상차를 주어 회전자계를 만든다. 다음은 분상 기동법(Split phase type)의 예를 든 것이다.

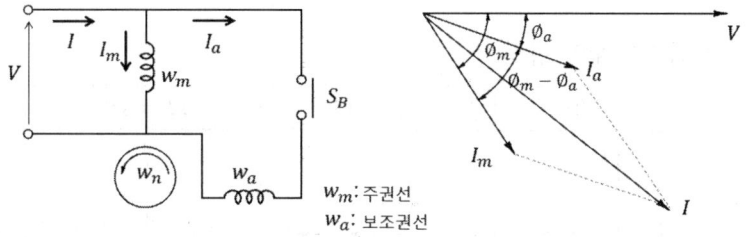

[단상유도전동기 회전자계]

---

[19] 단상 유도전동기 기동법에는 분상 기동형, 반발 기동형, 콘덴서 기동형, 세이딩 코일형 등이 있으며 3상 유도전동기와는 달리 회전자계가 없어 인위적으로 주권선과 보조권선에 위상차를 주는 방식으로 기동된다.

① 보조권선 $w_a$는 주권선 $w_m$의 Turn수는 1/2이고 권선은 가늘다.
② 즉, 보조권선은 주권선에 비해 저항은 크고 인덕턴스는 작다.
③ 주권선 역률 $\phi_m$ > 보조권선 역률 $\phi_a$이므로 이들의 위상차 $\phi_m - \phi_a$만큼 주 권선 역률이 뒤진다.
④ 따라서 보조권선에서 주권선으로 회전자계에 의한 토크가 발생한다.
⑤ 동기속도의 75~80[%] 정도에 도달하면 $S_B$를 개방하여 보조권선을 제거

### 2. 3상 유도전동기의 회전자계

1) 3상 전류와 자계

3개의 전기자 권선을 공간적으로 각각 120°를 주어 배치하고 3상 전류를 흘리면

$$i_a = I_m \sin wt \Leftrightarrow h_a = H_m \sin wt$$
$$i_b = I_m \sin(wt - 120) \Leftrightarrow h_b = H_m \sin(wt - 120)$$
$$i_c = I_m \sin(wt - 240) \Leftrightarrow h_c = H_m \sin(wt - 240)$$

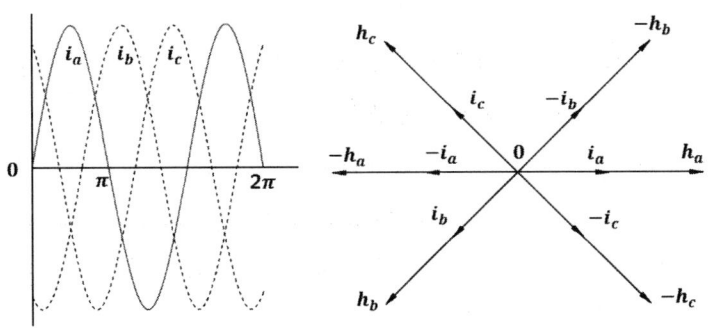

[3상 전류와 자계]

2) 회전자계의 형성

| $wt = 0$ | $wt = 90$ | $wt = 180$ | $wt = 270$ |
|---|---|---|---|
| | | | |

① $wt = 0$일 때

$i_a = 0$, $i_b$는 (−), $i_c$는 (+)가 되며 자계도 마찬가지로 다음과 같이 합성된다.

② $wt = 90$일 때

$i_a$는 최대가 되며 $i_b$와 $i_c$는 크기가 같으며 (−)가 되며 자계도 마찬가지로 위와 과 같이 합성된다.

③ $wt = 180$일 때

$i_a = 0$는 최대가 되며 $i_b$는 (+), $i_c$는 (−)가 되며 자계도 마찬가지로 위와 같이 합성된다.

④ $wt = 270$일 때

$i_a$는 (−)최대가 되며 $i_b$, $i_c$는 (+)가 되며 자계도 마찬가지로 위와 같이 합성된다. 이상에서 자계 $h_0$는 시계방향으로 회전하는 것을 알 수 있고 곧, 회전자계가 된다. 교번자계 $h_a, h_b, h_c$의 $x, y$축 성분을 $h_x, h_y$라 하면

$$h_x = h_{ax} + h_{bx} + h_{cx} = h_a + h_b\cos(-120) + h_c\cos(-240)$$

$$= H_m \sin wt + H_m \sin(wt-120)\left(-\frac{1}{2}\right) + H_m \sin(wt-240)\left(-\frac{1}{2}\right)$$

$$= H_m \sin wt + H_m \left\{(\sin wt \cos 120 - \cos wt \sin 120)\left(-\frac{1}{2}\right)\right\}$$

$$+ H_m \left\{(\sin wt \cos 240 - \cos wt \sin 240)\left(-\frac{1}{2}\right)\right\}$$

$$= H_m \sin wt + \frac{1}{2}H_m \sin wt = \frac{3}{2}H_m \sin wt$$

$$h_y = h_{ay} + h_{by} + h_{cy}$$

$$= 0 + H_m \sin(wt-120)\sin(-120) + H_m \sin(wt-240)\sin(-240)$$

$$= H_m \left\{(\sin wt \cos 120 - \cos wt \sin 120)\left(-\frac{\sqrt{3}}{2}\right)\right\}$$

$$+ H_m \left\{(\sin wt \cos 240 - \cos wt \sin 240)\left(\frac{\sqrt{3}}{2}\right)\right\}$$

$$= \frac{3}{2}H_m \cos wt$$

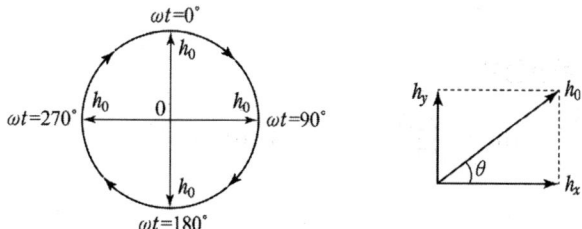

[회전자계의 형성과 크기]

### 62-3-2
어떤 3상 회로 선간전압이 각각 80[V], 50[V], 50[V]이다. 이 경우 전압의 대칭분과 불평형률을 구하시오.

**[해설]**

1. **전압의 대칭분**

   $V_a$를 기준벡터로 취한 벡터도는 다음과 같다.

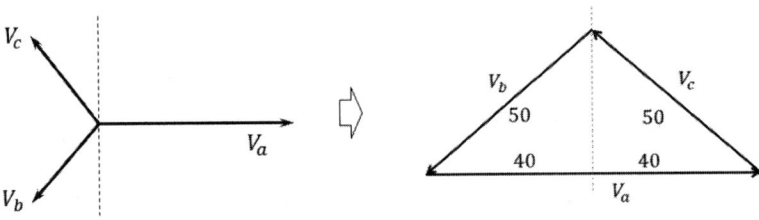

   [전압벡터도]

   $$V_a = 80[\text{V}], \quad V_b = -40 - j30[\text{V}], \quad V_c = -40 + j30[\text{V}]$$

   전압의 대칭분은

   영상분 $V_0 = \dfrac{1}{3}(V_a + V_b + V_c) = \dfrac{1}{3}(80 - 40 - j30 - 40 + j30) = 0$

   정상분 $V_1 = \dfrac{1}{3}(V_a + aV_b + a^2V_c)$

   $\qquad = \dfrac{1}{3}\left\{80 + \left(-\dfrac{1}{2} + j\dfrac{\sqrt{3}}{2}\right)(-40 - j30) + \left(-\dfrac{1}{2} - j\dfrac{\sqrt{3}}{2}\right)(-40 + j30)\right\}$

   $\qquad = 57.3[\text{V}]$

   역상분 $V_2 = \dfrac{1}{3}(V_a + a^2V_b + aV_c)$

   $\qquad = \dfrac{1}{3}\left\{80 + \left(-\dfrac{1}{2} - j\dfrac{\sqrt{3}}{2}\right)(-40 - j30) + \left(-\dfrac{1}{2} + j\dfrac{\sqrt{3}}{2}\right)(-40 + j30)\right\}$

   $\qquad = 22.7[\text{V}]$

2. **전압 불평형률**

   $\epsilon = \dfrac{V_2}{V_1} \times 100 = \dfrac{22.7}{57.3} \times 100 = 39.6[\%]$ [20]

**20)** 이 문제는 근본적으로 풀 수 없다. 왜냐면 전압의 크기만 주어졌을 뿐 위상이 주어지지 않아서 그렇다. 지문에는 전압의 크기만 주어졌을 뿐 위상각이 주어지지 않았고 풀이에서는 벡터도도 닫힌 삼각형으로 그렸다. 닫힌 삼각형에서는 영상분이 당연히 존재하지 않는다. 만약 위 문제를 각각 120° 위상을 가지고 있고 크기만 다르다면 대칭분은 어떻게 되는지 계산해 본다.

$$V_a = 80 \angle 0 [V] \quad V_b = 50 \angle 240 [V] \quad V_c = 50 \angle 120 [V]$$

$$V_0 = \frac{1}{3}(V_a + V_b + V_c) = \frac{1}{3}\{(80 \angle 0) + (50 \angle 120) + (50 \angle 240)\}$$
$$= 10 \angle 0 [V]$$

$$V_1 = \frac{1}{3}(V_a + aV_b + a^2V_c)$$
$$= \frac{1}{3}\{80 + (50 \angle 240)(1 \angle 120) + (50 \angle 120)(1 \angle 240)\} = 60 [V]$$

$$V_2 = \frac{1}{3}(V_a + a^2V_b + aV_c)$$
$$= \frac{1}{3}\{80 + (50 \angle 240)(1 \angle 240) + (50 \angle 120)(1 \angle 120)\} = 10 [V]$$

대칭분을 중첩하여 실제의 전압이 나오는지 확인해 본다.

$$V_a = V_0 + V_1 + V_2 = 10 + 60 + 10 = 80 [V]$$
$$V_b = V_0 + a^2V_1 + aV_2 = 10 + 60 \angle 240 + 10 \angle 120 = 50 \angle -120 [V]$$
$$V_c = V_0 + aV_1 + a^2V_2 = 10 + 60 \angle 120 + 10 \angle 240 = 50 \angle 120 [V]$$

이 되어 주어진 전압과 동일하게 나옴을 알 수 있다.

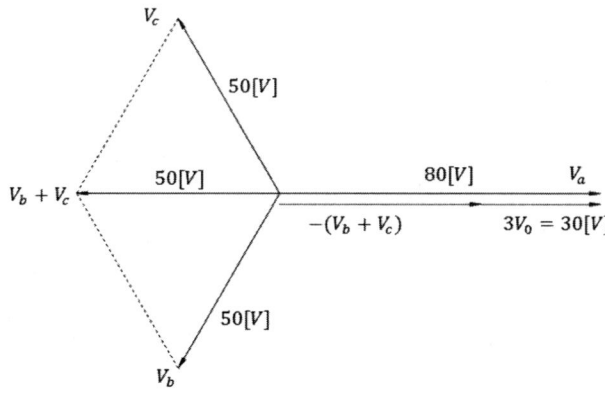

[벡터도]

위의 벡터들을 평행 이동시켜 합성해 보면 다음과 같다.

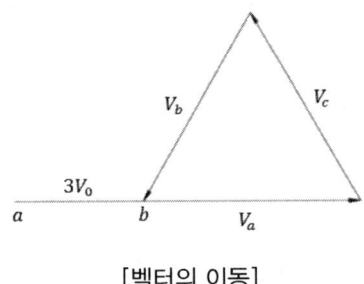

[벡터의 이동]

위 벡터는 벡터의 머리와 꼬리가 모두 연결되지 않는다. 이와 같은 경우에만 영상분이 존재한다는 것을 알 수 있다. 이상에서 보듯이 크기가 다르고 120° 위상만을 주었을 경우 영상분이 존재한다. 지문에서 전압을 벡터로 주어지지 않고 단순한 스칼라 값만 주어지게 되면 대칭분은 사실상 계산할 수 없다. 거의 대부분의 3상 회로에서는 전압의 불평형은 크더라도 지문에서처럼 위상이 그렇게 많이 변하지 않는다. 본인이 보기에는 위상각은 120°라는 전제 조건을 두고 후자의 방법이 옳은 풀이로 보인다.

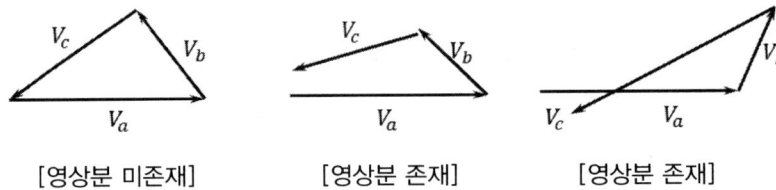

[영상분 미존재]　　　[영상분 존재]　　　[영상분 존재]

### 62-4-6

아래 수변전 계통에서 $VCB_1$과 $VCB_2$의 규격을 선정하시오.
(3상 단락용량은 전원측 임피던스는 무시하고 변압기 %$Z$만 고려하며 구입하기 쉬운 표준 규격품 중에서 선택하시오)

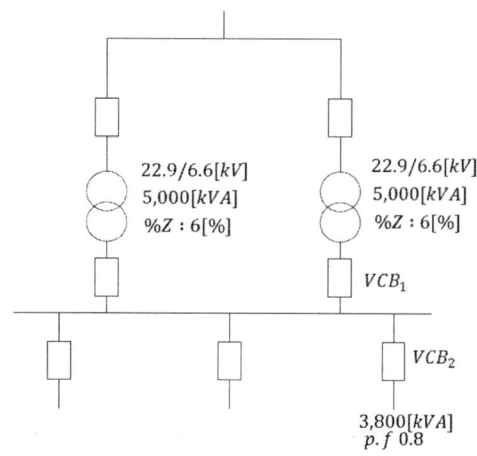

**해설**

1. $VCB_1$

   $VCB_1$은 변압기가 병렬운전 중이라 하더라도 차단기 통과전류는 테브난의 정리에 의해 전원측만 고려하면 된다.

   $$VCB_1 = \frac{100 P_N}{\%Z} = \frac{100 \times 5}{6} = 83.3 [\text{MVA}]$$

   또는 $I_S = \dfrac{100 I_N}{\%Z} = \dfrac{100 \times \left(\dfrac{5,000}{\sqrt{3} \times 6.6}\right)}{6} = 7,290 [\text{A}]$

   $$\therefore VCB_1 = \sqrt{3}\, VI_S = \sqrt{3} \times 6.6 \times 7,290 = 83.3 [\text{MVA}]$$

2. $VCB_2$

   $VCB_2$는 변압기의 병렬 임피던스를 감안해야 하므로

   $$VCB_2 = \frac{100 P_N}{\%Z} = \frac{100 \times 5}{6/2} = 166.6 [\text{MVA}]$$

   정격전류, 정격 차단전류 등 차단기 규격은 독자 스스로 확인해 볼 것[21]

**21)** 위 문제에서 병렬운전중인 변압기의 %임피던스가 다른 경우의 $VCB_1$의 차단용량을 구해본다. 변압기 용량은 동일하고 $\%Z_A = 4.0[\%]$, $\%Z_B = 6.0[\%]$로 두고 계산해 본다.

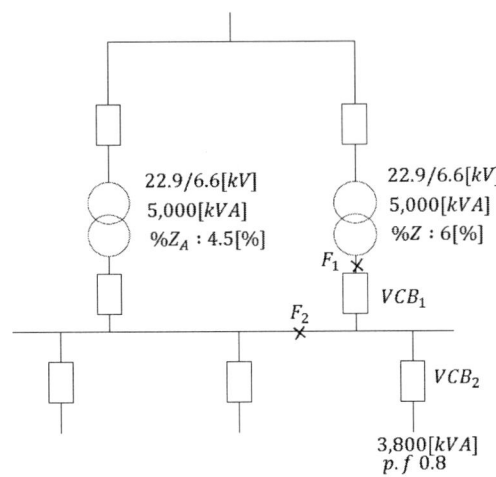

위 그림에서 변압기가 병렬운전 중이므로 $VCB_1$의 차단조건은 $VCB_1$의 양측 고장 모두에 대해서 보호할 수 있어야 한다. 즉, $F_1$ 및 $F_2$점 고장시 보호할 수 있어야 한다. 만약 $F_1$에서 고장이 발생한 경우 $VCB_1$에 흐르는 전류는 A계통(A변압기측)에서 공급하는 단락전류 및 B계통에서 공급되는 단락전류에 모두 응동하여 차단하여야 한다. 이 경우 $F_1$ 및 $F_2$점으로 모여드는 단락전류 크기는 동일하다. 그러나 차단기가 보호해야 하는 고장전류(차단기 통과전류)는 크기가 다르다.

① $F_1$점 고장 시

이때는 A변압기에 의해 지배되므로 차단용량은

$$VCB_1 = \frac{100P_N}{\%Z_A} = \frac{100 \times 5}{4.5} = 111.1[\text{MVA}]$$

② $F_2$점 고장 시

이때는 B변압기에 의해 지배되므로 차단용량은

$$VCB_1{'} = \frac{100P_N}{\%Z_B} = \frac{100 \times 5}{6} = 83.3[\text{MVA}]$$

위 두 용량 중에서 큰 용량을 선택하면 된다.

### 66-3-1
3상 교류발전기에서 2상 단락과 3상 단락을 수식적으로 비교하고 임피던스 변화에 대해 설명하시오.

**해설**

1. 2상 단락전류

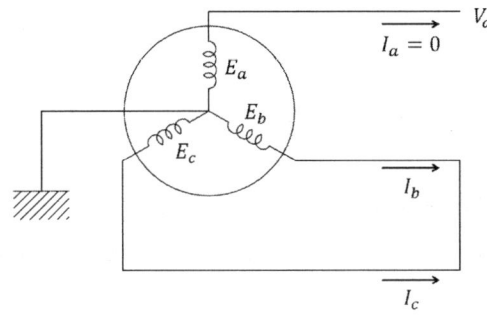

고장조건(기지량)은

$$I_a = 0, \quad V_b = V_c, \quad I_b = -I_c \rightarrow I_b + I_c = 0 \qquad \cdots\cdots (1)$$

대칭분 전류는

$$I_0 = \frac{1}{3}(I_a + I_b + I_c) = 0$$

$$I_1 = \frac{1}{3}(I_a + aI_b + a^2 I_c) = \frac{1}{3}(aI_b + a^2 I_c) = \frac{1}{3}(aI_b - a^2 I_b) = \frac{1}{3}(a - a^2)I_b$$

$$(\because I_b = -I_c)$$

$$I_2 = \frac{1}{3}(I_a + a^2 I_b + aI_c) = \frac{1}{3}(a^2 I_b + aI_c) = \frac{1}{3}(a^2 I_b - aI_b)$$

$$= \frac{1}{3}(a^2 - a)I_b = -\frac{1}{3}(a - a^2)I_b = -I_1$$

$$\therefore I_0 = 0, \quad I_1 = -I_2, \quad I_2 = -I_1 \qquad \cdots\cdots (2)$$

대칭분 전압은

$$V_0 = 0$$

$$V_1 = \frac{1}{3}(V_a + aV_b + a^2 V_c) = \frac{1}{3}\{V_a + (a + a^2)V_b\} \quad (\because V_b = V_c)$$

$$V_2 = \frac{1}{3}(V_a + a^2 V_b + aV_c) = \frac{1}{3}\{V_a + (a^2 + a)V_b\} = V_1 \quad (\because V_b = V_c)$$

$$\therefore V_0 = 0, \quad V_1 = V_2 \qquad \cdots\cdots (3)$$

발전기 기본식과 연립과 연립하면

발전기 기본식 $V_1 = E_a - Z_1 I_1$, $V_2 = -Z_2 I_2$

식(3)에서 $E_a - Z_1 I_1 = -Z_2 I_2 \rightarrow E_a - Z_1 I_1 = Z_2 I_1 \rightarrow E_a = Z_1 I_1 + Z_2 I_1$

$$\therefore I_1 = \left(\frac{E_a}{Z_1 + Z_2}\right), \quad I_2 = -\left(\frac{E_a}{Z_1 + Z_2}\right)$$

따라서 2선 단락전류는

$$I_b = I_0 + a^2 I_1 + a I_2 = (a^2 - a) I_1 = \frac{(a^2 - a)}{Z_1 + Z_2} E_a = -I_c \quad \cdots\cdots (4)$$

## 2. 3상 단락전류와 비교

2선 단락전류를 3상 단락전류와 비교해 보면 식(4)에서 일반적으로 $Z_1 \fallingdotseq Z_2$ 이므로

$$I_b = \frac{(a^2 - a)}{Z_1 + Z_2} E_a = \frac{a^2 E_a - a E_a}{2 Z_1} = \frac{E_b - E_c}{2 Z_1} = \frac{V_{bc}}{2 Z_1} = \frac{\sqrt{3} E_a}{2 Z_1} = \frac{\sqrt{3}}{2} I_s$$

가 되어 2상 단락전류는 3상 단락전류의 $\frac{\sqrt{3}}{2}$ 배가 된다.

## 3. 고장상 전압

$$V_b = V_c = V_0 + a^2 V_1 + a V_2 = (a^2 + a) V_1$$
$$= -V_1 = -V_2 \ (V_0 = 0, \ V_1 = V_2)$$
$$= Z_2 I_2 = -\frac{Z_2 E_a}{Z_1 + Z_2} = \frac{Z_1 E_a}{2 Z_1} = \frac{1}{2} E_a$$

∴ 고장상 전압은 건전상 전압의 1/2이 된다.

## 4. 발전기 임피던스의 시간적 변화

----- 생략 ----- [22]

---

[22] 대칭좌표법은 불평형 고장계산을 할 때 사용하는 수식적인 방법으로 미국 G.E사의 엔지니어들에 의해 개발되었으며 현재도 유용하게 사용하고 있으며 아직도 이 방법에 대해 그 누구도 반론을 제기하지 않고 있는 대단한 방법이라 해도 과언이 아닙니다. 어떻게 하여 이런 이론이 도출되었는지를 알아보면 불평형 고장계산이 한결 쉬워지리라 보고 이에 대해 설명한다.

## 1. 상순, 위상 및 Vector Operator

그림은 전형적인 3상 평형 계통의 전류 벡터도이다. 3상 평형이라 함은 a, b, c상의 전류 크기는 동일하고 각 전류 또는 전압의 위상차가 각각 120°의 위상차를 가지고 있음을 의미한다. 그림에서 상순(상회전) 방향은 기본적으로 시계방향으로 회전한다. 즉, 그림의 ⓐ처럼 a, b, c상 순으로 120°씩 위상차를 두고 회전한다. 반면, 위상은 그림 ⓑ처럼 반시계방향으로 설정하여 기준벡터 $I_a$보다 얼마만큼 앞서는지를 표현한다.

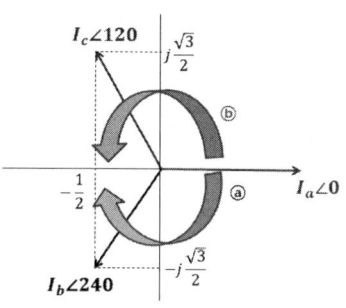

[평형 3상의 전류 벡터도]

따라서 c상 전류 $I_c$는 기준벡터 $I_a$보다 120° 위상이 앞서고, b상 전류 $I_b$는 기준벡터 보다 240°앞선다.(또는 120° 뒤진다) 만약 기준벡터 $I_a = 1.0[\mathrm{pu}]$로 두게 되면

$$I_a = 1.0 \angle 0[\mathrm{pu}], \quad I_b = 1.0 \angle 240[\mathrm{pu}], \quad I_c = 1.0 \angle 120[\mathrm{pu}]$$

가 된다. 즉, b상 전류는 크기는 같고 기준벡터보다 240° 앞선 페이저가 되고 c상 전류는 기준벡터보다 120° 앞선 페이저가 된다. 이러한 내용을 보다 편리하게 하기위해 동원한 것이 Vector Operator $a$이다. Vector Operator $a$의 표현은 다음과 같다.

$$a = 1 \angle 120° = -\frac{1}{2} + j\frac{\sqrt{3}}{2} \rightarrow 기준\ 벡터보다\ 120°\ 앞선\ 회전\ 페이저$$

$$a^2 = 1 \angle 240° = 1 \angle -120° = -\frac{1}{2} - j\frac{\sqrt{3}}{2}$$

$$\rightarrow 기준\ 벡터보다\ 240°\ 앞선\ 회전\ 페이저$$

다시 말해서 Vector Operator $a$는 위에서와 같이 직각좌표 형식으로 표현할 수 있으며 오일러 공식을 동원하면

$$a = 1 \angle 120° = \cos 120 + j \sin 120 = -\frac{1}{2} + j\frac{\sqrt{3}}{2}$$

가 된다. 이들 3상 오퍼레이터의 연산은

$$1 + a + a^2 = 1 + \left(-\frac{1}{2} + j\frac{\sqrt{3}}{2}\right) + \left(-\frac{1}{2} - j\frac{\sqrt{3}}{2}\right) = 1 + (-1) = 0$$

$$a + a^2 = \left(-\frac{1}{2} + j\frac{\sqrt{3}}{2}\right) + \left(-\frac{1}{2} - j\frac{\sqrt{3}}{2}\right) = -1$$

위 수식의 연산은 고장계산에서 반드시 필요한 부분이니 알아두기 바란다.

## 2. 대칭분 전류

1) 3상 평형인 경우

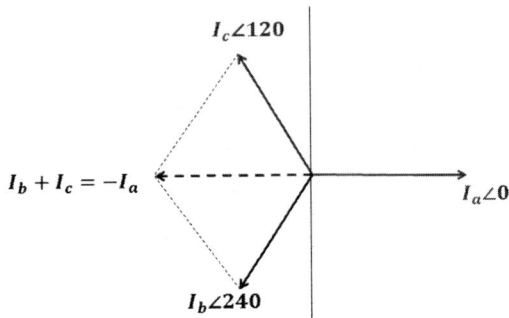

[3상 평형 계통의 전류 합성]

그림에서 3상 평형인 경우 3상의 각 전류 벡터 합은 0이 된다. 즉,

$$I_a + I_b + I_c = 1.0 + 1.0\left(-\frac{1}{2} - j\frac{\sqrt{3}}{2}\right) + 1.0\left(-\frac{1}{2} + j\frac{\sqrt{3}}{2}\right) = 0$$

또는

$$I_a + I_b + I_c = 1.0 \angle 0 + 1.0 \angle (-120) + 1.0 \angle 120 = 0$$

위 수식의 의미는 평형 3상 계통에서는 3상전류의 벡터 합이 0이며 영상분, 역상분 전류는 존재하지 않고 다만 정상분 전류만 존재함을 의미한다.

2) 불평형 전류의 대칭분 분해

그렇다면 정상, 영상, 역상전류는 무엇인가? 다음과 같은 불평형 3상전류에서 생각해 본다.

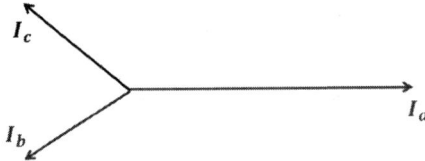

[불평형 전류 벡터도]

위 벡터도에 상순이 a-b-c인 정상분 전류 즉, 크기가 같고 위상차가 120°인 임의의 전류를 합성시켜 본다.

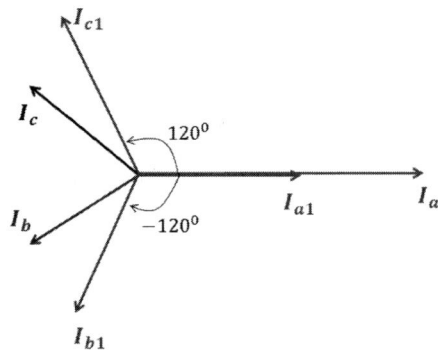

[3상 불평형 전류의 정상분 전류 벡터도]

이것은 기준벡터 $I_{a1}$과 크기는 같으며 b상 전류는 120° 뒤지고 c상 전류는 120° 앞서는 임의의 전류이다. 또한 상순이 반대인 임의의 전류, 역상분을 그려본다.

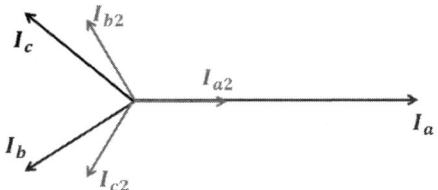

[3상 불평형 전류의 역상분 전류 벡터도]

이것은 기준벡터 $I_{a2}$과 크기는 같으며 b상 전류는 120° 앞서고 c상 전류는 120° 뒤지는 정상분과는 상회전이 반대인 임의의 전류이다. 또한 각 상전류의 벡터합을 구해본다. 이것이 영상전류이다.

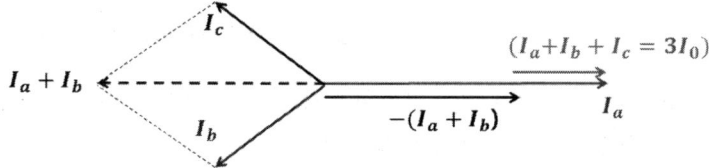

[3상 불평형 전류의 영상분 전류 벡터도]

이제 앞서서 구한 정상, 역상, 영상분 전류를 모드 벡터 합성해 본다. 이때 영상분이 $3I_0$이므로 3등분하여 각상에 배치하여 본다.

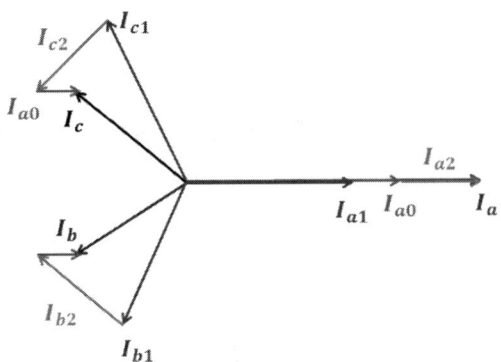

[3상 불평형 전류의 대칭분 합성 벡터도]

위 그림에서 보듯이 3상 불평형전류 $I_a$, $I_b$, $I_c$는 각각 벡터의 방향이 동일한 영상분과 상회전이 정상(시계방향)인 정상분과 역상(반시계 방향)인 역상분으로 이루어져 있음을 알 수 있다.

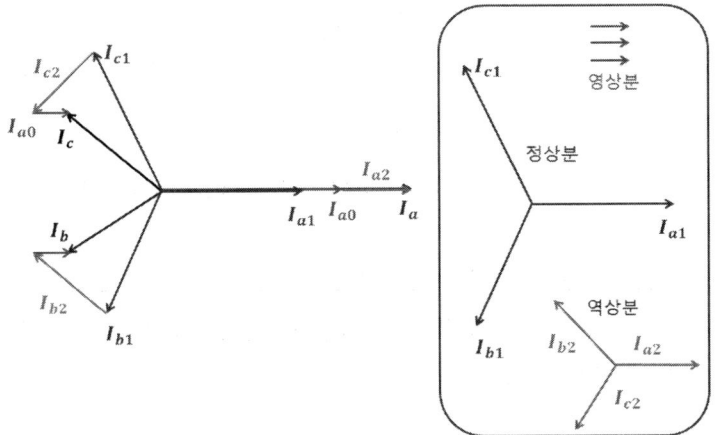

[3상 불평형 전류의 대칭분 분해]

이것은 임의의(미지의) 불평형 전류가 존재한다고 했을 때 위에서와 같이 각각의 대칭분 전류로 분해할 수 있음을 이야기한다.

3) 대칭분 성분의 의미
   ① 영상분 전류
   앞서의 벡터도에서 각상의 전류에 포함되어 있는 영상분의 경우 벡터의 위상각이 동일한 성분이다. 따라서, "단상 성분"이라고 부르는 것이다. 기타 유도장해 등은 기본서를 참고하고 생략한다.

② 정상분 전류

정상분 전류는 상회전 방향이 시계방향이고 위상차가 120°인 전류 성분이다. 이 전류가 전동기에 흘렀을 때 시계방향으로 회전자계를 만들고 전동기는 시계방향으로 회전할 것이며 정상 회전 Torque에 해당된다.

③ 역상분 전류

정상분 전류와는 반대로 상회전 방향이 반시계 방향이고 위상차가 120°인 전류 성분이다. 이 전류가 전동기에 흘렀을 때 반시계방향으로 회전자계를 만들고 전동기는 반시계방향으로 회전할 것이며 제동Torque에 해당된다. 물론, 역상분이 정상분보다 클 경우 전동기는 역회전한다.

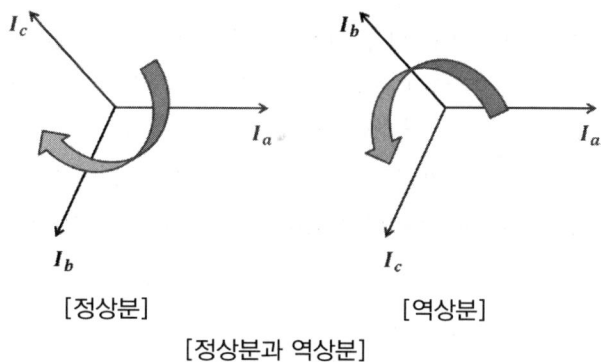

[정상분과 역상분]

그림에서 상회전이 a-b-c순으로 가정하면 정상분의 경우 a-b-c순으로 시계방향으로 회전한다. 그러나 역상분의 경우 a-b-c순서가 반시계방향으로 회전한다. 그림을 자세히 보면 정상분과 역상분의 b, c상이 서로 바뀐 위치에 있는 것을 알 수 있으며 3상 전원에서 전동이 역회전시 두 개의 상을 서로 바꾸면 정상 회전하는 것과 같다. 또한 전동기 제동방법에서 역상제동이 있는데 이는 순간적으로 두 개의 상을 바꾸어 역상분 전류를 흘리면 전동기는 역Torque를 발생시키고 제동작용을 한다.

이상에서와 같이 어떤 경우라도 불평형 전류는 대칭분 전류로 분해가 가능하고 분해한 전류를 다시 합성하면 실제의 불평형 전류를 구할 수 있을 것이다. 이를 응용한 것이 대칭좌표법이라 할 수 있다.

## 3. 대칭좌표법 응용

앞서서는 영상분, 정상분, 역상분 전류가 무엇인지? 이들은 전력계통에서 어떤 역할을 하는지? 를 알아보았다. 만약, 이들 전류가 계통에 유입될 경우 임피던스는 어떻게 되는지 알아보고 그 응용도 알아본다.

1) 3상 계통의 대칭분 임피던스

앞서서 대칭분전류를 알아보았고 이 전류를 각각 a-b-c상에 어떻게 흘릴 것이며 이때 나타나는 임피던스 강하는 얼마인가? 이것이 곧 대칭분 임피던스라 할 수 있다.

① 영상임피던스 $Z_0$

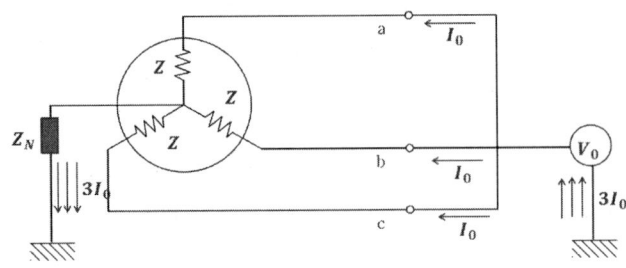

[영상분 임피던스]

영상분 전류에서 언급했듯이 a-b-c상이 모두 동상인 전류이므로 현실적으로 3상을 일괄하여 여기에 단상전압을 인가해야만 가능하다. "3상 일괄 후 단상전원 인가 시 흐르는 범위의 회로"라 함이 이런 의미이다. 위 회로도에서는 각 상별로 영상전류 $I_0$가 흐르고 중성점에는 위상이 동일하므로 이들의 스칼라 합인 $3I_0$가 흐른다. 한편 선로 및 발전기측의 각 상은 3개의 병렬상태로 되며 이와 $Z_N$은 직렬이 되고 중성점은 3배의 전류가 흐르므로 임피던스 또한 3배 취급한다. 따라서 영상분 임피던스는

$$Z_0 = Z + 3Z_N$$

이 된다. 영상 임피던스 집계 시 주의할 점은 영상전류는 귀로가 없으면 해당사항이 없다는 점이다. 즉, 변압기가 △결선이나 비접지 계통인 경우 해당사항이 없고 반드시 귀로가 있어야 만이 해당된다는 사실이다. 다음의 계통을 예로 들어 본다.

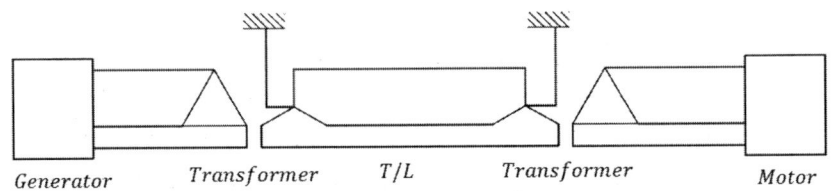

[전형적인 송전계통 모델]

그림의 계통에서 영상 임피던스에 해당되는 기기는 중성점 접지방식에 따라 달라진다. 위 계통에서는 "송전단 변압기-선로-수전단 변압기"만 영상 임피던스를 구성하고 있다. 즉, 발전기, 전동기는 영상회로에 포함되지 않는다. 변압기에서 △결선에 흐르는 전류는 위상차가 없으므로 권선을 순환할 뿐 외부로 유출되지 않으므로 제외한다.

② 정상임피던스 $Z_1$

정상 임피던스는 상순이 a-b-c순으로 위상각을 주어 전압을 인가했을 때 정상전류가 흘러가는 범위의 회로이다.

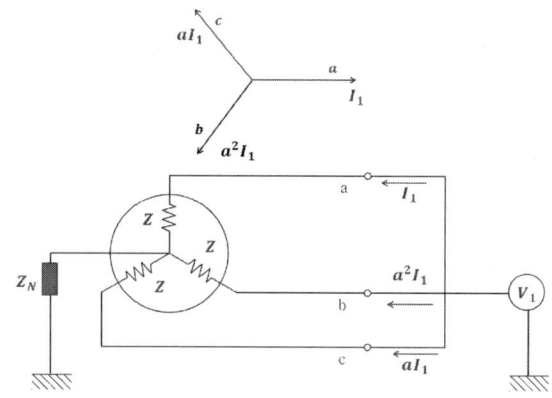

[정상분 임피던스]

그림과 같이 정상분 전류를 흘릴 때는 a상을 기준벡터도 하면

  a상 전류 $I_1$

  b상 전류는 기준 벡터보다 240° 빠른 위상 즉, $I_1 \angle 240 = a^2 I_1$

  c상 전류는 기준 벡터보다 120° 빠른 위상 즉, $I_1 \angle 120 = a I_1$

이 흐르는 범위의 회로이며 $Z_N$은 포함되지 않는다. 왜냐면

$$I_N = I_1 + a^2 I_1 + a I_1 = I_1(1 + a^2 + a) = 0$$

이므로, 앞서서 벡터 연산자 연산에서 $(1 + a^2 + a) = 0$이기 때문이며 이들은 단상 등가회로로 표현하기 때문에 각 선당 임피던스만 해당된다. 따라서

  $Z_1 = Z$

③ 역상임피던스 $Z_2$

역상 임피던스는 정상 임피던스와 반대로 위상각만 a-b-c가 아닌 a-c-b의 상회전으로 해석하면 되므로 생략한다. 다만, 정지기인 변압기, 선로 등은 $Z_1 = Z_2$의 관계가 성립하지만 회전기인 발전기, 전동기 등은 $Z_1 \neq Z_2$란 사실에 주목하기 바란다.

앞서서는 영상분, 정상분, 역상분 전류가 무엇인지? 이들은 전력계통에서 어떤 역할을 하는지? 를 알아보았다. 또한, 모든 불평형 전류는 대칭분 전류로 분해가 가능하다는 것을 알 수 있었다. 이제는 이들을 어떻게 응용하는지 알아본다.

2) 대칭성분의 중첩

불평형 전류를 대칭분으로 분해가 가능하다는 것은 역으로 대칭분을 합성하면 불평형 전류를 알 수 있다는 이야기가 된다. 즉, 위 벡터도에서

$$I_c = I_{c0} + I_{c1} + I_{c2}$$

이 되며 이는 우리가 모르는 전류 $I_c$를 각각 3개의 대칭분 성분으로 분해하여 더하면 된다는 뜻이다. 위 그림에서 a상을 기준벡터로 했을 때 a상전류 $I_a$는 대칭분 성분 $I_0$, $I_1$, $I_2$가 동일방향 즉, 스칼라 합이 된다.

$$I_a = I_0 + I_1 + I_2$$

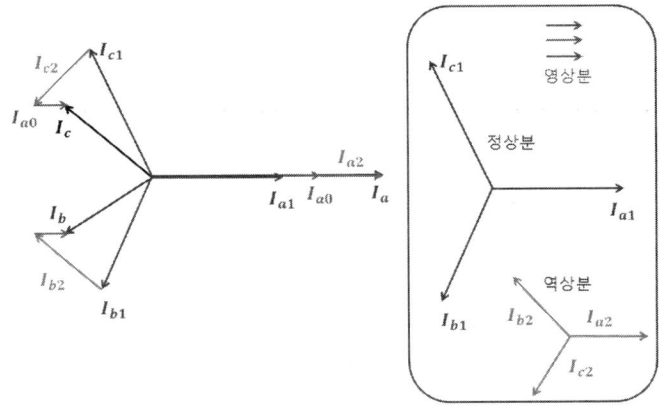

[불평형 전류의 대칭분 분해]

b상전류 $I_b$는 영상분에다 240° 앞선 정상분 전류 및 120° 앞선 역상분 전류의 합이 된다. 위 그림의 b상을 벡터도로 다시 그리면 쉽게 알 수 있다.

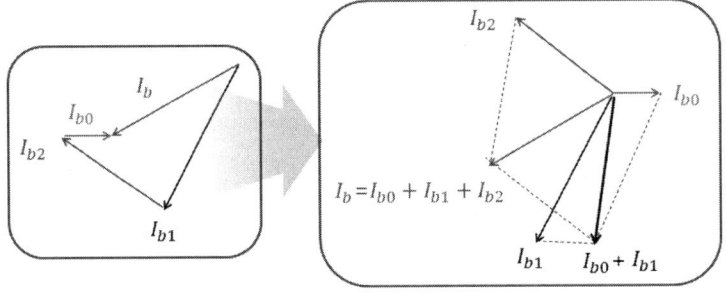

[b상 대칭분 전류의 합성]

위 벡터도에서 영상전류를 기준벡터로 했을 때 역상분전류 $I_{b2}$는 120° 앞서고 정상분 전류 $I_{b1}$은 240° 앞선 전류이고 이들의 벡터합은 실제의 전류 $I_b$가 되므로

$$I_b = I_0 + a^2 I_1 + a I_2$$

가 된다. 이것은 비단 전류뿐만 아니라 전압에서도 마찬가지 결과를 얻는다. 한편 c상 전류는 동일한 원리로

$$I_c = I_0 + a I_1 + a^2 I_2$$

가 된다. 이상의 과정을 "대칭성분을 중첩한다"고 한다.

한편 3상 단락 고장 계산시 3상 단락전류 계산시에는 정상분 임피던스만 고려하면 되는데 그 이유를 대칭좌표법으로 설명하면 다음과 같다. 3상 단락전류는

$$I_s = \frac{E}{Z_1} = \frac{V}{\sqrt{3}\, Z_1}\ [\mathrm{A}]$$

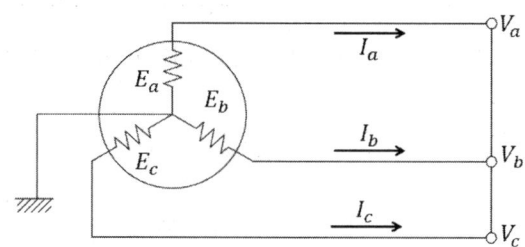

[3상 단락]

고장조건은

$$V_a = V_b = V_c \ \text{및}\ V_a + V_b + V_c = 0 \quad I_a + I_b + I_c = 0$$

대칭분 전압, 전류는

$$V_0 = \frac{1}{3}(V_a + V_b + V_c) = 0$$

$$V_1 = \frac{1}{3}(V_a + a V_a + a^2 V_c) = 0$$

$$V_2 = \frac{1}{3}(V_a + a^2 V_a + a V_a) = 0$$

$$I_0 = \frac{1}{3}(I_a + I_b + I_c) = 0$$

발전기 기본식에서

$$V_0 = -Z_0 I_0, \quad V_1 = E_a - Z_1 I_1, \quad V_2 = -Z_2 I_2$$

$$\therefore I_1 = \frac{E_a - V_1}{Z_1} = \frac{E_a}{Z_1}, \quad I_2 = \frac{-V_2}{Z_2} = \frac{0}{Z_2} = 0$$

위 식에 따라서 3상 단락전류는 영상분, 역상분은 존재하지 않고 정상분만 존재하므로 정상분 임피던스만 고려하면 된다.

해설에서는 생략하였으나 고장전류의 시간적 변화를 알아본다.

고장전류의 크기와 위상은 테브난의 정리에서와 같이 고장점에서 본 전원측 임피던스에 따라 좌우된다. 즉, 고장전류 $I_F = (E_a/Z_F)$에서 $Z_F = (R_F + jX_F)$이고 전력계통의 전원측 임피던스는 발전기, 변압기 등으로 이루어져 있어 대부분이 리액턴스 성분이므로 고장전류는 위상이 90° 가까이 뒤지게 되므로 고장전류는 매우 저역률 대전류이고 고장 발생시 공급되는 전력은 대부분이 무효전력임을 알 수 있다.

한편, 전력 계통에서 고장이 발생한 경우 고장전류는 비대칭인 전류가 흐르며, 이 전류는 횡축에 대하여 **대칭(Symmetrical)분** 교류전류와 DC 성분으로 나누어진다. 고장전류 속에 포함되어 있는 직류 성분은 회로정수(X/R비)에 따라 크기가 정해지며, 시간이 지남에 따라 시정수에 따라 감쇄한다. 고장전류의 공급원은 대부분이 발전기이므로 발전기의 고장전류의 순시전류는 다음과 같이 표현된다.

$$i_s = E_m \cos(wt - \alpha) \left\{ \left( \frac{1}{X_d''} - \frac{1}{X_d'} \right) \cdot e^{-\frac{t}{\tau''}} + \left( \frac{1}{X_d'} - \frac{1}{X_d} \right) \cdot e^{-\frac{t}{\tau'}} + \frac{1}{X_d} \right\}$$

$$+ \frac{E_m}{X_d''} \cos\alpha \cdot e^{-\frac{t}{\tau_a}} \, [\text{A}]$$

여기서, $\alpha$ : 고장발생 순간 전압의 위상, $X_d''$ : 초기 과도 리액턴스

$X_d'$ : 과도 리액턴스, $X_d$ : 동기 리액턴스

$\tau''$, $\tau'$ : 계자권선의 시정수, $\tau_a$ : 전기자 권선의 시정수

위 식 우변의 { }는 돌발고장시 리액턴스가 초기 과도 리액턴스에서 과도 리액턴스 및 동기 리액턴스로 변하는 과정에서 발생되는 전류이고 { }밖의 전류는 시간적 변화 $wt$와 무관하지만 시정수 $\tau_a$로 감쇄하는 전류로 이것이 곧, 직류성분이 된다.

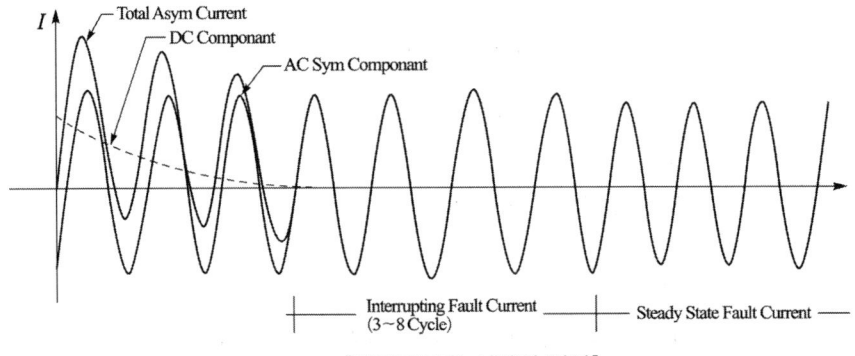

[단락전류의 시간적 변화]

고장 발생 후 1/2 Cycle 시점의 고장전류를 First Fault Current, 차단기가 동작하는 3~8Cycle의 고장전류를 Interrupting Fault Current, 회전기에 의한 영향이 없어지는 즉, 임피던스가 안정된 후의 고장전류를 Steady State Fault Current라 한다. 각각의 적용방법과 용도는 다음과 같다.

(1) First Fault Current

고장 발생 후 초기 1/2 Cycle 시점에서 가장 크며, 발전기, 전동기, 계통 등 모든 단락전류에 대하여 고려한다. 모든 회전기기는 차과도 리액턴스 $xd''$를 적용하여 계산하고 이것은 케이블의 굵기 검토, 변성기의 정격 검토, 보호계전기의 순시 Tap, 저압 차단기 용량 선정, 고압 FUSE의 용량 선정 등에 사용한다.

(2) Interrupting Fault Current

차단기가 접점이 열리는 시점(3~8Cycle)의 고장전류를 말하며, 발전기는 차과도 리액턴스 $xd''$를 적용하며, 기타 회전기는 과도 리액턴스 $xd'$를 적용하고 이 전류는 고압 및 특별고압 차단기의 차단용량 선정에 적용한다.

(3) Steady State Fault Current

계통의 임피던스 변화가 안정된 시점의 고장전류를 말하며 특히, 보호계전기 동작시점의 고장전류를 특별히 **30Cycle Fault Current**라 한다. 이 전류는 발전기, 계통의 단락전류, 발전기는 과도 리액턴스 $xd'$를 적용하고 보호계전기의 한시 Tap 선정에 사용한다.

고장발생시 고장전류의 시간적 변화 그래프에서와 같이 고장전류의 크기는 고장발생시의 전압 위상에 따라 다르며, DC성분이 존재하는 동안에는 AC 대칭성분과 DC성분의 합이 나타난다. 이로 인해 고장전류는 그림과 같이 횡축에 대해 비대칭형 파형이 된다. 이상을 표로 정리하면 다음과 같다.

[고장전류 종류와 적용]

| 용어 | First fault current | Interrupting fault current | Steady state fault current |
|---|---|---|---|
| 발생시기 | 고장 발생후 $\frac{1}{2}$ cycle | 차단기접점이 열리는 시점의 고장전류 | 계통의 임피던스가 안정된 시점의 고장전류 |
| 경과시간 | $\frac{1}{2}$ cycle에서 가장 큼 | 3~8 cycle | 30cycle 이후 |
| 적용 리액턴스 | 회전기기 : $x_d''$ | 발전기 : $x_d''$<br>기타 회전기기 : $x_d'$ | 발전기 : $x_d'$ |
| 용도<br>(적용) | 보호계전기 순시 Tap<br>저압차단기<br>고압 Fuse<br>변성기 정격 | 차단기 차단용량 선정 | 보호계전기 한시 Tap |

### 68-1-5
그림의 회로에서 전압 인가 시 과도현상에 대하여 전류식과 시정수를 유도하시오.

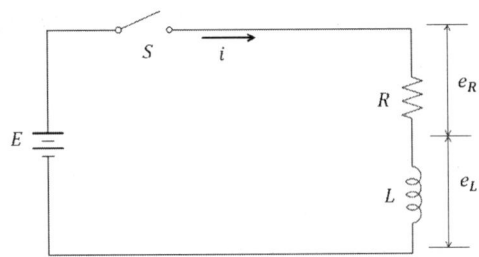

**해설**

위 회로에서 $t=0$인 순간 $SW$를 투입하여 직류전압 $V$를 인가하면 $KVL$에 따라 다음식이 성립한다.

$$Ri + L\frac{di}{dt} = V \quad \cdots\cdots (1)$$

위 식(1)은 $i$에 대한 미분방정식으로 그 해는 특수해(정상해) $i_s$와 보조해(과도해) $i_t$로 구성된다. 즉,

$$i = i_s + i_t \quad \cdots\cdots (2)$$

직류전압을 인가하였으므로 정상해는 반드시 직류가 되어야 하므로 식(1)의 $L\frac{di}{dt} = 0$이 성립하므로 위 식(1)에서

$$Ri_s = V, \quad \therefore i_s = \frac{V}{R} \quad \cdots\cdots (3)$$

과도해는 $V=0$로 두면 구할 수 있으므로 식(1)은

$$Ri_t + L\frac{di_t}{dt} = 0$$

위 식을 이항하고 양변을 $L$로 나누면

$$\frac{R}{L}i_t = -\frac{di_t}{dt} \quad \cdots\cdots (4)$$

식(4)를 변수분리하면(즉, $i_t \leftrightarrow dt$ 한다.)

$$\frac{di_t}{i_t} = -\frac{R}{L}dt$$

위 식의 양변을 적분하고 지수함수로 고치면

$$\ln i_t = -\frac{R}{L}t + a \text{ (단, } a : \text{적분상수)}$$

$$i_t = e^{\left(-\frac{R}{L}t+a\right)} = e^a \cdot e^{\left(-\frac{R}{L}t\right)} = A \cdot e^{\left(-\frac{R}{L}t\right)} \quad \cdots\cdots (5)$$

식(3), (5)를 (2)에 대입하면

$$i = i_s + i_t = \frac{V}{R} + A \cdot e^{\left(-\frac{R}{L}t\right)} \quad \cdots\cdots (6)$$

여기서 $t = 0$인 순간 $i = 0$이므로

$$i = \frac{V}{R} + A \cdot e^{\left(-\frac{R}{L}t\right)} = 0 \quad \therefore \frac{V}{R} + A = 0 \quad \therefore A = -\frac{V}{R} \quad \cdots\cdots (7)$$

이를 식(6)에 대입하면

$$i = \frac{V}{R} - \frac{V}{R} \cdot e^{\left(-\frac{R}{L}t\right)} = \frac{V}{R}\left(1 - e^{\left(-\frac{R}{L}t\right)}\right) = \frac{V}{R}\left(1 - e^{\left(-\frac{t}{\tau}\right)}\right)$$

따라서 시정수 $\tau = \frac{L}{R}$이 된다. 이상을 그래프로 그리면 다음과 같다. [23]

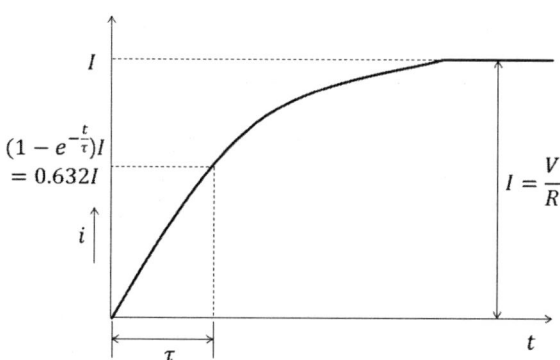

---

**23)** 라플라스 변환을 이용한 풀이

**[step 1] 미분방정식을 동원한 전압방정식**

그림과 같은 회로에서 전압방정식을 세운다. 전압방정식은 KVL에 따라

$$R \cdot i(t) + L\frac{di(t)}{dt} = E$$

[step 2] 미분방정식을 라플라스 변환한다.

전압방정식을 라플라스 변환한다.

$$\boxed{R \cdot \underbrace{i(t)}_{I(s)} + L\underbrace{\frac{d\,i(t)}{dt}}_{s} = \underbrace{1}_{\frac{1}{s}}E}$$

우변의 $E$에는 1이 있고 또는 $E$는 상수이므로 라플라스변환 공식에서 이는 $\frac{E}{s}$ 이 된다.

위에서와 같이 $\frac{d}{dt} = s$, 단위 계단 함수 $1 = \frac{1}{s}$ 이므로

$$RI(s) + LsI(s) = \frac{E}{s}, \quad I(s)\{R+sL\} = \frac{E}{s}$$

[step 3] 부분분수 전개가 용이하도록 변환한다.

식을 부분분수 전개가 용이하도록 변환한다.

$$I(s) = \frac{\frac{E}{s}}{R+sL} = \frac{E}{s(R+sL)}$$

식의 우변의 분모, 분자를 각각 $L$로 나누면

$$I(s) = \frac{E}{s(R+sL)} = \frac{\frac{E}{L}}{s\left\{s+\frac{R}{L}\right\}}$$

[step 4] 부분분수의 전개

$$I(s) = \frac{\frac{E}{L}}{s\left\{s+\frac{R}{L}\right\}} = \frac{K_1}{s} + \frac{K_2}{\left\{s+\frac{R}{L}\right\}}$$

에서

$$K_1 = [sI(s)]_{s=0} = \left[\frac{\frac{E}{L}}{\left(s+\frac{R}{L}\right)}\right]_{s=0} = \frac{\frac{E}{L}}{\frac{R}{L}} = \frac{E}{R}$$

$$K_2 = \left[s+\frac{R}{L}I(s)\right]_{s=-\left(\frac{R}{L}\right)} = \left[\frac{\frac{E}{L}}{s}\right]_{s=-\left(\frac{R}{L}\right)} = \frac{\frac{E}{L}}{-\frac{R}{L}} = -\frac{E}{R}$$

[step 5] 부분분수 값의 대입

부분분수의 계수를 식에 각각 대입하면

$$I(s) = \frac{\frac{E}{R}}{s} + \frac{-\frac{E}{R}}{\left\{s + \frac{R}{L}\right\}} = \frac{E}{R}\left\{\frac{1}{s} - \frac{1}{s + \frac{R}{L}}\right\}$$

[step 6] 라플라스 역변환

식을 라플라스 역변환 공식을 이용하여

$$1 \leftrightarrow \frac{1}{s} \quad e^{-at} \leftrightarrow \frac{1}{s+a}$$

$$\boxed{\frac{1}{s}} - \boxed{\frac{1}{s + \frac{R}{L}}}$$

$$\mathcal{L}^{-1}I(s) = i(t) = \frac{E}{R} - \frac{E}{R}e^{-\frac{R}{L}t} = \frac{E}{R}\left(1 - e^{-\frac{R}{L}t}\right)[\text{A}]$$

이 되어 고전적인 미분방정식의 해와 동일한 값을 가지며 라플라스 변환 공식과 간단한 부분분수 전개방법만 알고 있으면 아주 간단하게 미분방정식의 해를 구할 수 있으며, 고전적인 미분방정식의 해를 구하는 것보다 훨씬 간단하게 구할 수 있음을 알 수 있다.

## 68-2-3, 83-1-8, 84-3-3 전압강하 계산방법을 설명하시오.

**해설**

### 1. 등가회로도 및 벡터도

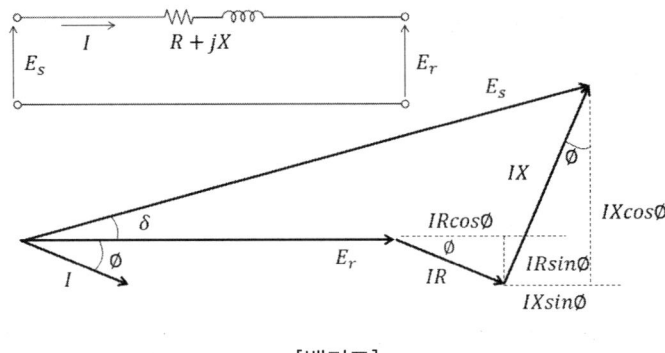

[벡터도]

### 2. 전압강하식 유도

송전단 전압

$$E_s = E_r + IZ$$
$$= (E_r + IR\cos\phi + IX\sin\phi) + j(IX\cos\phi - IR\sin\phi)$$
$$= \sqrt{(E_r + IR\cos\phi + IX\sin\phi)^2 + (IX\cos\phi - IR\sin\phi)^2}$$

여기서 $\sqrt{\phantom{a}}$ 내의 제 2항은 1항에 비해 미미하므로 무시하면

$$E_s = E_r + I(R\cos\phi + X\sin\phi)$$

따라서 전압강하는

$$\Delta E = E_s - E_r = I(R\cos\phi + X\sin\phi)$$

선간 전압으로 고치면

$$\Delta V = \sqrt{3}\, I(R\cos\phi + X\sin\phi)^{24)}$$

---

24) 위에서 결과로 도출된 수식은 송전단 전압의 크기 중 허수부를 무시한 것이다. 다시 말해 송전단전압의 위상을 무시한 채 실수부만을 고려한 것이 불과하다. 그러나 벡터도의 전압 상차각 $\delta$가 일반적으로 매우 적어 무시할 정도가 되므로 이와 같이 계산한 것이다. 한편 위의 전압강하식을 약간 변형해 보면

$$\Delta V = \sqrt{3} I (R\cos\phi + X\sin\phi)$$

$$\Delta V = \frac{V_r \cdot \sqrt{3} I (R\cos\phi + X\sin\phi)}{V_r}$$

$$= \frac{\sqrt{3} V_r I \cos\phi \cdot R + \sqrt{3} V_r I \sin\phi \cdot X}{V_r}$$

$$= \frac{PR + QX}{V_r}$$

가 된다. 또한 위 식에서 $R \ll X$로 두고 $V_r = 1.0[pu]$로 두면

$$\Delta V = X Q_x$$

가 된다. 위 수식에서 무효전력의 아래 첨자 $x$는 Capacitor일 경우 전압이 상승함을 이야기하고 유도성 부하나 리액터일 경우 전압이 저하함을 의미한다. 한편, 전압강하율은

$$\epsilon = \frac{\Delta V}{V_r} \times 100 = \frac{RP + XQ}{V_r^2} \times 100 [\%]$$

이 된다. 위 식에서 주의할 점은 $P$, $Q$는 어디까지나 수전단에 도달한 유무효전력을 말하고 송전단이나 중간의 유무효전력이 아니다.

전압강하 계산 약산식으로 전압강하와 전압 등을 계산할 것인지 아니면 정식 계산식으로 할 것인지의 선택은 당연히 전압의 상차각에 따라 달라진다.

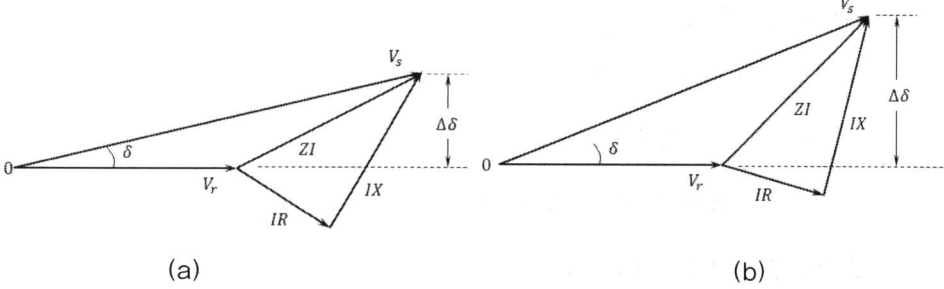

(a)                                  (b)

위 그림에서 보면 실수측의 전압강하는 비슷하지만 허수측의 전압강하인 $j\Delta\delta$는 상당한 차이를 보인다. 이 경우에는 약산식을 사용할 수 없고 3상의 경우

$$\Delta V = \sqrt{3} \dot{Z} \dot{I} \ [V]$$

로 임피던스와 전류의 벡터 곱으로 계산하는 것이 바람직하다.

### 69-1-13

다음 그림과 같은 회로에서 $t=0$인 순간 스위치 S를 개방하였다면 병렬 접속 단자 간에 전위차($v$)의 값과 $v-t$곡선을 그리시오.

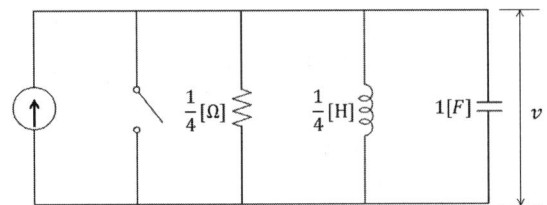

**해설**

KCL을 적용하여 전류 방정식을 세우면

$$I = Gv + \frac{1}{L}\int v\,dt + C\frac{dv}{dt}$$

양변을 미분하고 수치를 대입하면

$$C\frac{d^2v}{d^2t} + G\frac{dv}{dt} + \frac{1}{L}v = 1\frac{d^2v}{d^2t} + 4\frac{dv}{dt} + 4v = 0$$

특성방정식은

$$s^2 + 4s + 4 = 0$$

특성근을 구하면

$$s_1 = s_2 = -2$$

가 되어 중근을 가지므로

$$v(t) = k_1 e^{-2t} + k_2 t e^{-2t}$$

초기조건 $v_c(0) = v(0) = 0$

$$\frac{dv}{dt}(0) = \frac{I}{C} = 1$$

$$k_1 = 0, \quad k_2 = 1$$

따라서 전위(완전해) $v$는

$$v(t) = te^{-2t}\,[\text{V}]$$

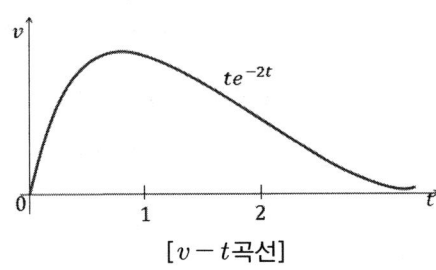

[$v-t$곡선]

### 69-2-3

정격용량 500[kVA]의 변압기에서 지상역률 80%의 부하 500[kVA]를 공급하고 있다. 합성역률을 90%로 개선하여 이 변압기의 전용량까지 공급하려 한다. 이때 필요한 전력용 콘덴서의 용량 및 이때 증가시킬 수 있는 부하(역률 90%)는 얼마인가?

**[해설]**

위 문제는 아래 문제와 동일한 유형이다. 이 풀이를 한번 검토해 본다.

> **예제** 정격 용량 300 kVA의 변압기에서 지상 역률 70%의 부하에 300 kVA를 공급하고 있다. 지금 합성 역률을 90%로 개선해서 이 변압기의 전용량까지 공급하려고 한다. 여기에 소요될 전력용 콘덴서의 용량 및 이때 증가시킬 수 있는 부하(역률은 지상 90%)는 얼마인가?
>
> **풀이** 전력 콘덴서의 용량 $Q$는
>
> $$Q = W_0 \left( \cos\theta_2 \sqrt{\frac{1}{\cos^2\theta_1} - 1} - \sqrt{1 - \cos^2\theta_2} \right)$$
>
> $$= 300 \left( 0.9 \sqrt{\frac{1}{0.7^2} - 1} - \sqrt{1 - 0.9^2} \right) = 144.9 \text{ kVA}$$
>
> 증가 부하의 피상 전력 $W_1$ 및 전력 $P_1$은
>
> $$W_1 = W_0 \left( \frac{\cos\theta_2}{\cos\theta_1} - 1 \right) = 300 \left( \frac{0.9}{0.7} - 1 \right) = 85.8 \text{kVA}$$
>
> $$P_1 = W_1 \cos\theta_1 = 85.8 \times 0.7 \fallingdotseq 60 \text{kW}$$
>
> 또는, $P_1 = W_0 (\cos\theta_2 - \cos\theta_1) = 300(0.9 - 0.7) = 60 \text{kW}$

### 1. 벡터도

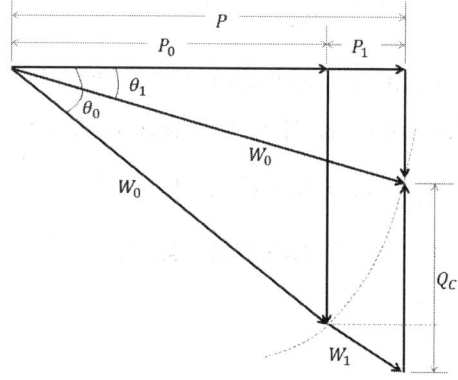

[위 풀이의 벡터도]

여기서 $\cos\theta_0 = 0.7$, $\cos\theta_1 = 0.9$, $W_0 = 300[\text{kVA}]$

$$\cos\theta_0 = \frac{P_0}{W_0} = \frac{P_1}{W_1}, \quad \cos\theta_1 = \frac{P}{W_0}$$

## 2. 콘덴서 용량

$$Q_c = 300 \times 0.9(\tan\cos^{-1}0.7 - \tan\cos^{-1}0.9) = 144.69[\text{kVA}]$$

## 3. 추가 가능 부하

$$P_1 = 300(0.9 - 0.7) = 60[\text{kW}]$$

$$W_1 = 300\left(\frac{0.9}{0.7} - 1\right) = 85.71[\text{kVA}]$$

위 계산내용이 맞는지 확인해 보면 다음과 같다.

변압기 전용량으로 역률 70[%]의 부하를 공급하고 있으므로 최초 기설부하는

$$P_0 + jQ_0 = (300 \times 0.7) + j300 \times \sin\cos^{-1}0.7$$
$$= 210 + j214.24[\text{kVA}]$$

위의 역률 70[%]를 90[%]로 개선하는데 필요한 용량은

$$Q_c = 144.69[\text{kVA}]$$

콘덴서 투입 후 기설부하의 변화는

$$P_0' + jQ_0' = 210 + j(214.24 - 144.69)$$
$$= 210 + j69.55 = 221.21[\text{kVA}] \quad \cdots\cdots (1)$$

위 식에서 역률은

$$\cos\theta' = \frac{210}{210 + j69.55} = 0.95 \quad \cdots\cdots (2)$$

가 되어 역률이 95[%]로 개선되어 지문의 90[%]와는 전혀 다르다.

또한 추가 가능부하와 위 식(1)의 용량을 더해 보면

$$221.21 + 85.71 = 303.8[\text{kVA}]$$

가 되어 변압기 용량 300[kVA]를 넘어선다. 무엇이 잘못되었는지 살펴본다. 우선은 벡터도에서

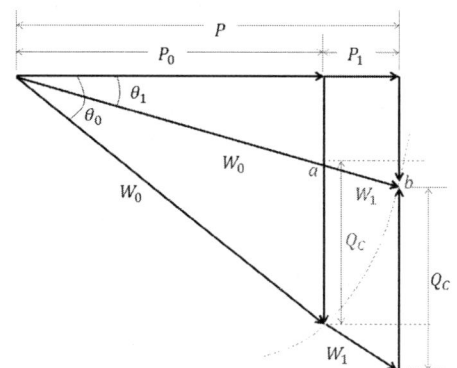

위 그림에서 $W_0$는 변압기 용량임과 동시에 역률 70[%]의 최초 기설부하의 크기와 같다. 즉, 어떠한 추가 부하도 이 $W_0$보다 커질 수는 없다. 그림에서는 $W_1$이라는 추가 부하를 $W_0$에 연장해서 그리고 $Q_c$도 이들의 합에서부터 구하였기 때문에 오류가 발생한 것이다. $W_0$의 부하에 역률을 개선하기 위한 콘덴서 용량은 $Q_c$(왼쪽)가 되며 콘덴서를 투입하면 피상전력 $W_0$는 a점으로 이동하게 된다. 이때의 역률이 90[%]가 되는 것이다. 따라서 역률 개선 후 역률 90[%]의 추가 가능 부하는 a-b까지의 선분에 해당되고 이것이 곧 변압기 용량의 여유분이 된다. 따라서 다음과 같이 풀이한다.

### 1. 역률개선용 콘덴서 용량

기설부하 $P_0 + jQ_0 = (300 \times 0.7) + j300 \times \sin\cos^{-1}0.7$
$$= 210 + j214.24 [\text{kVA}]$$

역률 90[%] 개선을 위한 콘덴서 용량

$$Q_c = 210(\tan\cos^{-1}0.7 - \tan\cos^{-1}0.9) = 112.54 [\text{kVA}]$$

### 2. 추가 가능 부하

역률개선 후 전력

$$P_0' + jQ_0' = 210 + j(214.24 - 112.54) = 210 + j101.7 = 233.3 [\text{kVA}]$$

변압기 용량의 여유분은

$$W_1 = 300 - 233.3 = 66.7 [\text{kVA}]$$

추가 가능 부하

$$P_1 = W_1 \cos\theta_1 = 66.7 \times 0.9 = 60.03 [\text{kW}]$$

이상을 역률 개선 전, 후와 추가 가능 부하를 벡터도로 그리면 다음과 같다.

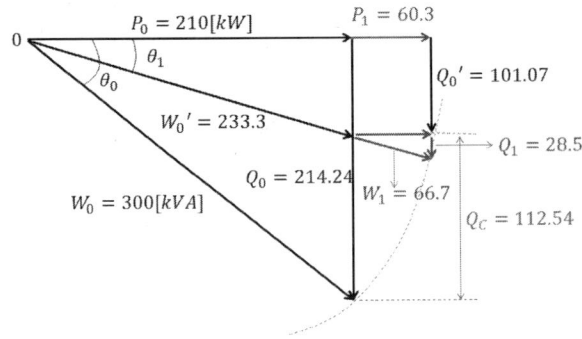

[역률개선 후 추가부하 벡터도]

위 벡터도에서 역률 개선 후 추가부하까지 포함하여 역률이 90[%]인지와 변압기 용량 300[kVA]를 넘어서는지 확인해 보면

$$P + jQ = (P_0 + P_1) + j(Q_0' + Q_1)$$
$$= (210 + 60.3) + j(101.07 + 28.5)$$
$$= 270.3 + j129.57 ≒ 300 \angle 25.6 [kVA]$$

이 되어 변압기 용량과 같으며 역률은 위의 위상각에서

$$\cos 25.6 = 0.9018$$

이 되어 역률 70[%] 부하를 90[%]로 개선했으며 이 부하에 역률 90[%]의 부하를 추가하여 역률은 개선 후와 변함이 없으며 용량 또한 정격 변압기 용량에 맞게 추가되었음을 알 수 있다.[25]

---

**25)** 역률개선으로 인한 여유용량 증가 벡터도의 이해

변압기 용량을 $W_0 = P_0 + jQ_0$, 역률 개선 후 전력을 $W' = P' + jQ'$, 역률 개선 후 추가 가능한 전력을 $W_1 = P_1 + jQ_1$이라면

$$W = P + jQ = \sqrt{P^2 + Q^2}$$

양변을 제곱하면

$$W^2 = P^2 + Q^2$$

이 되어 중심좌표가 (0, 0)이고 반지름이 $W$인 원의 방정식이 된다. 다음과 같은 회로에서 생각해 본다.

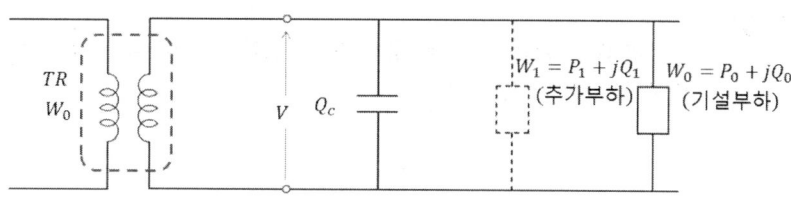

[역률개선 회로도]

$\cos\theta_0$의 역률로 변압기 정격 용량인 $W_0$만큼의 기설부하가 있는 상태에서 역률을 $\cos\theta_0 \rightarrow \cos\theta_1 \rightarrow \cos\theta_2$로 각각 개선한 벡터도는 다음과 같다.

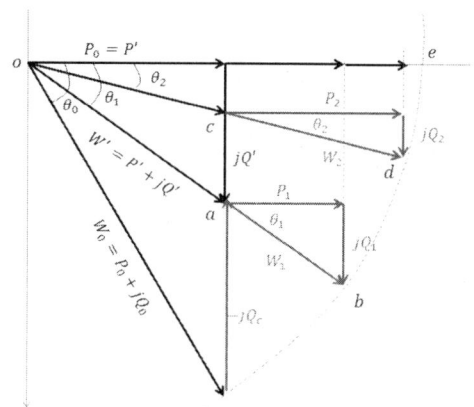

[역률개선 시 추가 가능부하 벡터도]

① $\cos\theta_0 \rightarrow \cos\theta_1$으로 역률 개선 시 전력은 다음과 같이 변한다.

$$W_0 = P_0 + jQ_0 \rightarrow W' = P' + jQ' = P_0 + j(Q_0 - Q_c)$$

즉, 단자전압의 변동이 없는 이상 유효전력은 변함이 없고 무효전력만 변하고 이에 상응하는 만큼 피상전력은 줄어든다. 다시 말해 부하의 피상전력은 a점으로 이동한다. 이때 $\cos\theta_1$의 역률을 가진 부하 추가 시에 그 전력은 반드시 0-a의 연장이며 원주를 벗어 날 수 없어 결국 $\overline{ab}$가 추가 가능한 부하가 된다.

② $\cos\theta_1 \rightarrow \cos\theta_2$으로 역률 개선 시

마찬가지로 역률 개선시는 피상전력은 c점으로 이동하며 피상전력의 $\cos\theta_2$ 역률의 추가가능 부하는 $\overline{cd}$가 된다.

③ 역률이 100[%]인 경우

만약 역률을 100[%]로 개선할 경우 무효전력은 0이 되고 이때는 e점으로 이동한다. 이때는 $W_0 = P$가 되어 변압기 용량만큼 유효전력만을 공급할 수 있다.

### 71-1-5

그림과 같은 회로에서 S를 열었을 때 전류계의 지시는 10[A]였다. S를 닫을 때 전류계 지시는 몇 [A]인가?

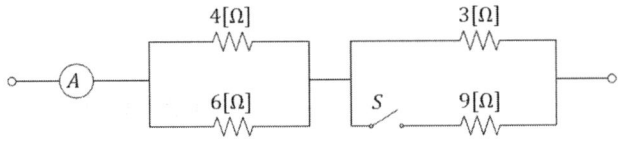

**해설**

1. S를 열었을 때

   합성저항은

   $$R_1 = \frac{4 \times 6}{4+6} + 3 = 5.4[\Omega]$$

   이때 전류가 10[A]이므로 전원전압은

   $$V = I_1 R_1 = 10 \times 5.4 = 54[V]$$

2. S를 닫았을 때

   합성저항은

   $$R_2 = \frac{4 \times 6}{4+6} + \frac{3 \times 9}{3+9} = 4.65[\Omega]$$

   이때 전류는

   $$I_2 = \frac{V}{R_2} = \frac{54}{4.65} = 11.6[A]$$

### 71-1-13

어떤 임의의 리셉터클(콘센트)에 부하를 연결하여 해석하고 싶다. 이때 가장 간단히 응용할 수 있는 것이 테브난 등가회로이다. 현장에서 어떤 계측기를 이용하면 이 회로를 구할 수 있는지 답하고, 다음 회로의 테브난의 등가회로를 구하시오.

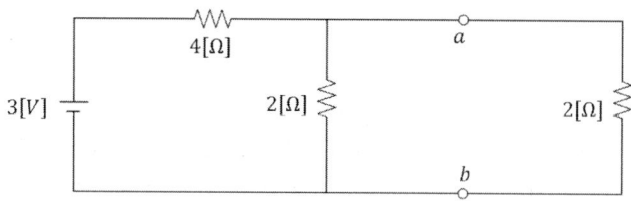

**해설**

전압원을 단락하고 부하저항을 개방한 상태에서 a-b에서 본 전원측 임피던스는

$$Z_{TH} = \frac{4 \times 2}{4 + 2} = 1.33[\Omega]$$

a-b단자에 걸리는 전압은

$$V_{TH} = 3 \times \frac{2}{4 + 2} = 1.0[V]$$

테브난의 등가 회로도는

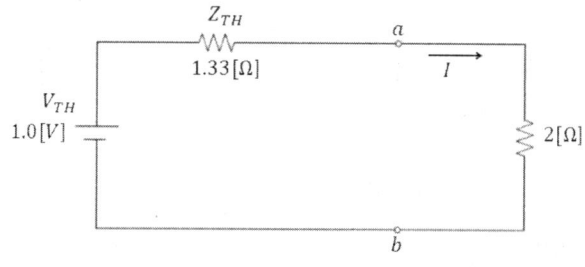

[테브난의 등가회로도]

따라서 부하에 흐르는 전류는

$$I = \frac{V_{TH}}{Z_{TH} + Z_L} = \frac{1}{1.33 + 2} = 0.3[A]^{26)}$$

**26)** 위 문제에서 테브난의 정리가 나왔으니 다음 회로에서 전류 $I$를 여러 가지 회로이론을 동원하여 풀어본다.

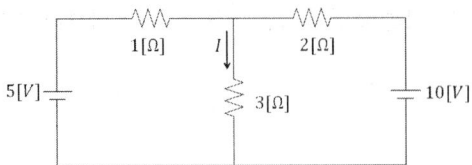

위 문제는 회로(망)이론의 여러 가지 방법을 동원할 수 있다. 지문에서 전류의 계산은 아무래도 중첩의 원리나 테브난의 정리가 가장 쉬울 것이다. 다음은 여러 가지 방법으로 풀이한 것이니 자기에게 맞는 방법을 선택하여 계산하기 바란다.

### 1. 중첩의 원리

전압원을 각각 분리하여 두 개의 회로로 만든 후 각각의 전류를 구한 후 중첩시킨다. 이 때 전압원은 단락하고 전류원은 개방한다.

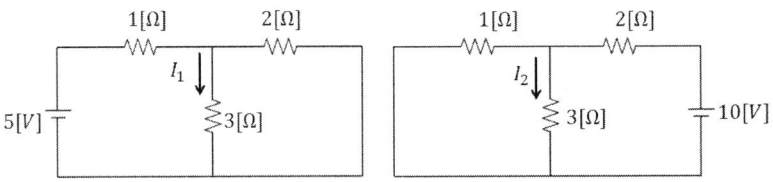

① 10[V] 단락 시

$$I_1 = \frac{5}{1 + \frac{2 \times 3}{2 + 3}} \times \frac{2}{3 + 2} = \frac{10}{11} [A]$$

② 5[V] 단락 시

$$I_2 = \frac{10}{2 + \frac{1 \times 3}{1 + 3}} \times \frac{1}{3 + 1} = \frac{10}{11} [A]$$

따라서, $I = I_1 + I_2 = \dfrac{20}{11} [A]$

### 2. 밀만의 정리

구하고자 하는 지로의 전압을 다음과 같이 계산 후 전류계산이 가능하다.

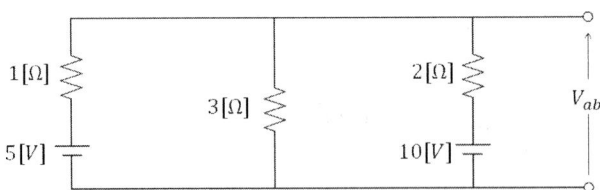

$$V_{ab} = \frac{\sum YV}{\sum Y} = \frac{\frac{5}{1} + \frac{10}{2}}{\frac{1}{1} + \frac{1}{3} + \frac{1}{2}} = \frac{60}{11} [V], \quad I = \frac{V_{ab}}{3} = \frac{\frac{60}{11}}{3} = \frac{20}{11} [A]$$

## 3. 테브난의 정리

회로를 다음과 같이 약간 변형하여 테브난의 정리를 동원한다. 3[Ω]을 개방한 후

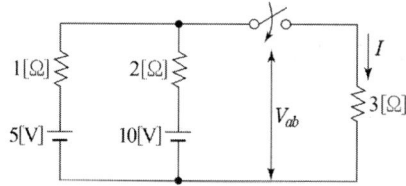

$V_{ab}$는 밀만의 정리를 이용하여 구하면 된다.

$$V_{ab} = V_{th} = \frac{\sum YV}{\sum Y} = \frac{\frac{5}{1}+\frac{10}{2}}{\frac{1}{1}+\frac{1}{2}} = \frac{20}{3}[V]$$

$$Z_{ab} = Z_{th} = \frac{1 \times 2}{1+2} = \frac{2}{3}[\Omega]$$

테브난의 등가 회로도는

$$I = \frac{V_{ab}}{Z_{ab}+R} = \frac{\frac{20}{3}}{\frac{2}{3}+3} = \frac{20}{11}[A]$$

## 4. 회로망 이론

다음과 같이 회로망에 폐회로를 구성하여 전류를 구한 후 중첩시킨다.

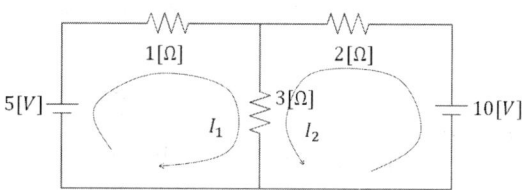

전압방정식 $(1+3)I_1 + 3I_2 = 5 \;\rightarrow\; 4I_1 + 3I_2 = 5$  ...... (1)

$3I_1 + (2+3)I_2 = 10 \;\rightarrow\; 3I_1 + 5I_2 = 10$  ...... (2)

① 연립방정식 (2) – (1)하면

$$-I_1 + 2I_2 = 5 \quad \therefore 2I_2 = 5 + I_1 \rightarrow I_2 = \frac{5}{2} + \frac{I_1}{2} \quad \cdots\cdots (3)$$

(3)을 식(1)에 대입하면

$$4I_1 + 3I_2 = 5 \rightarrow 4I_1 + 3\left(\frac{5}{2} + \frac{I_1}{2}\right) = 5$$

$$4I_1 + \frac{15}{2} + \frac{3}{2}I_1 = 5 \rightarrow \frac{11}{2}I_1 = \frac{10}{2} - \frac{15}{2} = -\frac{5}{2} \quad \therefore I_1 = -\frac{5}{11}$$

위와 같이하면 시간이 걸릴 수 있으므로 다음과 같이 크래머의 공식으로도 가능하다.

② 크래머의 법칙 이용

$$I_1 = \frac{\begin{vmatrix} 5 & 3 \\ 10 & 5 \end{vmatrix}}{\begin{vmatrix} 4 & 3 \\ 3 & 5 \end{vmatrix}} = \frac{25 - 30}{20 - 9} = -\frac{5}{11}[A]$$

$$I_2 = \frac{\begin{vmatrix} 4 & 5 \\ 3 & 10 \end{vmatrix}}{\begin{vmatrix} 4 & 3 \\ 3 & 5 \end{vmatrix}} = \frac{40 - 15}{20 - 9} = \frac{25}{11}[A]$$

$$I = I_1 + I_2 = \frac{25 - 5}{11} = \frac{20}{11}[A]$$

## 5. 노튼의 정리

전압원을 전류원으로 변환하는 이른바 쌍대회로를 이용하여 계산할 수 있으며 이때 임피던스는 어드미턴스로 하고 전류원으로 변환한 부분은 병렬 연결한다.

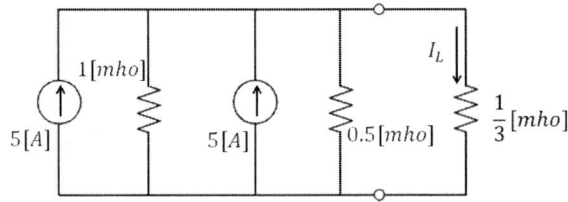

$$I_L = 10 \times \frac{\frac{1}{3}}{1 + \frac{1}{2} + \frac{1}{3}} = 10 \times \frac{\frac{2}{6}}{\frac{6 + 3 + 2}{6}} = \frac{20}{11}[A]$$

### 71-2-6
아래 그림에서 자기 인덕턴스를 구하시오.

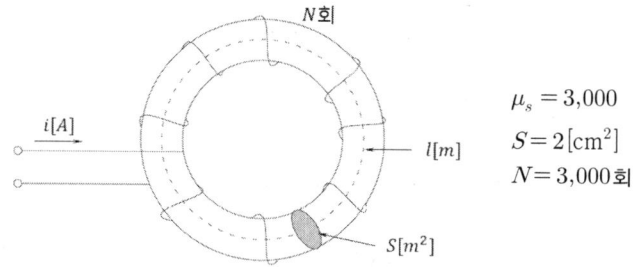

**해설**

패러데이의 전자유도법칙에 따라 코일에 유기되는 유기기전력은

$$e = -N\frac{d\phi}{dt} = -L\frac{di}{dt}$$

따라서

$$N\phi = LI \quad \therefore L = \frac{N\phi}{I}[\text{H}] \quad \cdots\cdots (1)$$

여기서, $L$ : 코일의 자기인덕턴스[H]
  $N$ : 코일의 감은 횟수
  $\phi$ : 코일의 자속[Wb]
  $I$ : 코일의 전류[A]

여기서 자속 $\phi$는 기자력 $F$에 대한 자기저항 $R_m$[A/Wb]의 비 및 기자력 $F = N \cdot I$ 이무로이므로

$$\phi = \frac{F}{R_m}, \quad F = N \cdot I [\text{AT}] \quad \cdots\cdots (2)$$

또한 자기저항 $R_m$은

$$R_m = \frac{l}{\mu_s S}[\text{A/Wb}] \quad \cdots\cdots (3)$$

식 (2), (3)을 식(1)에 대립하면

$$L = \frac{N\phi}{I} = \frac{N}{I} \times \frac{F}{R_m} = \frac{N}{I} \times \frac{N \cdot I}{\frac{l}{\mu_s S}} = \frac{\mu_s S N^2}{l}[\text{H}]^{27)}$$

**27)** 식 (2)에서 자속은 다음과 같이 구해도 된다.

$$\phi = BS = \mu_s HS = \frac{\mu_s N \cdot I}{l} S$$

한편 직선 솔레노이드인 경우에는

$$\phi = BS = \mu_s HS = \frac{\mu_s N \cdot I}{l} S$$

$$L = \frac{N\phi}{I} = \frac{\mu_s S N^2}{l} [\text{H}]$$

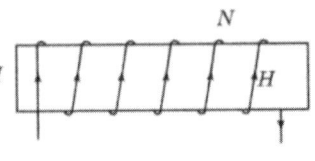

[직선 솔레노이드]

## 71-3-6
아래 그림에서 공진주파수를 구하시오.

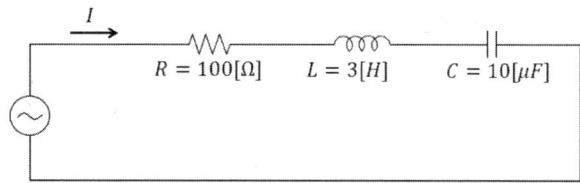

**해설**

공진주파수는 $f_r = \dfrac{1}{2\pi\sqrt{LC}}$[Hz]이므로 수치를 대입하면… 이런 식으로 풀이하면 본인이라면 5점도 안 준다. 반드시 공진주파수를 유도하고 대입할 것이 요구된다.

### 1. 공진조건

임피던스는

$$Z = R + j(X_L - X_C) = R + j\left(wL - \dfrac{1}{wC}\right)$$

공진조건은 위 식에서 허수부가 0이면 공진이므로

$$\left(wL - \dfrac{1}{wC}\right) = 0 \quad wL = \dfrac{1}{wC} \quad w^2 = \dfrac{1}{LC} = (2\pi f_r)^2$$

$$\therefore f_r = \dfrac{1}{2\pi\sqrt{LC}}[\text{Hz}]$$

### 2. 공진주파수

수치를 대입하면

$$f_r = \dfrac{1}{2\pi\sqrt{3 \times 10 \times 10^{-6}}} = 29.06[\text{Hz}]^{28)}$$

---

28) 참고로 전원전압을 100[V]로 두고 공진발생시 각 소자에 걸리는 전압을 구해 보자.
먼저 공진 시 전류는

$$I_R = \dfrac{V}{R} = \dfrac{100}{100} = 1[\text{A}]$$

이므로

$$jV_L = jwLI_R$$
$$= j2\pi \times 29.06 \times 3 \times 1 = j547[\text{V}]$$
$$jV_C = -j547[\text{V}]$$

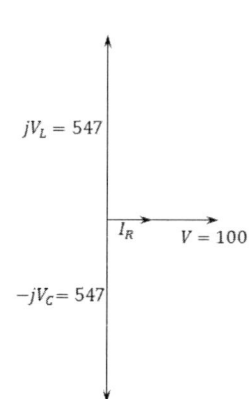

이 되어 전원전압보다 $L$, $C$ 소자에 걸리는 전압이 5.47배 크다는 것을 알 수 있고 이를 전압확대율, 첨예도라 부르고 통신에서는 선택도라 부르기도 한다. 이때의 전압 확대율은 다음과 같이 계산할 수 있다.

$$Q = \frac{v_L}{V} = \frac{w_0 L \cdot I}{R \cdot I} = w_0 \cdot \frac{L}{R} = \frac{1}{\sqrt{LC}} \cdot \frac{L}{R} = \frac{1}{R}\sqrt{\frac{L}{C}}$$

따라서 직렬공진을 전압공진이라고도 부른다.

## 72-1-7  노턴(Norton)의 정리에 대하여 설명하시오.

**해설**

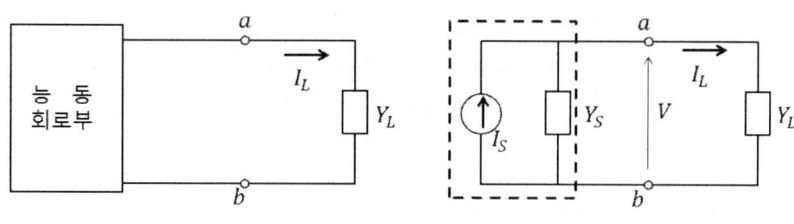

[노턴의 정리]

위 그림에서 a-b를 단락했을 때 흐르는 전류를 $I_S$라 하고, a-b단자에서 회로망을 본 어드미턴스를 $Y_s$라면

$$I_L = \frac{Y_L}{Y_s + Y_L} \times I_S$$

가 되며, 이를 "노튼의 정리"[29] 라 한다. 또한,

$$I_L = \frac{V_{TH}}{Z_S + Z_L} = \frac{V_{TH}}{\frac{1}{Y_S} + \frac{1}{Y_L}} = \frac{V_{TH}}{\frac{Y_S + Y_L}{Y_S Y_L}} = \frac{Y_L Y_S V_{TH}}{Y_S + Y_L} = \frac{Y_L}{Y_S + Y_L} \times I_S$$

이 되어 테브난의 정리와 동일함을 알 수 있다.

---

[29] 노튼의 정리에서는 전류원으로 변환 후 어드미턴스 또는 임피던스를 병렬로 연결한다. 그 후 어드미턴스의 전류 분류로 해석하면 된다.

### 74-1-2

다음 조건에 대하여 계산하시오.

⟨조건⟩

500[kVA] 변압기, 이 변압기의 손실은 80[%] 부하율에서 53.4[kW], 이 변압기의 손실은 60[%]의 부하율에서 36.6[kW]이다.

1) 이 변압기의 40[%] 부하율에서 손실[kW]을 구하시오.
2) 또 최고 효율은 부하율이 얼마일 때인가?

**[해설]**

#### 1. 부하율 40[%]에서의 손실

1) 철손과 동손

부하율 80[%]에서 손실이 53.4[kW]이므로

$$P_{L0.8} = P_i + m^2 P_c = P_i + 0.8^2 P_c = 53.4 [\text{kW}] \quad \cdots\cdots (1)$$

$$P_i + 0.64 P_c = 53.4 \quad \cdots\cdots (2)$$

부하율 60[%]에서 손실이 36.6[kW]이므로

$$P_{L0.6} = P_i + m^2 P_c = P_i + 0.6^2 P_c = 36.6 [\text{kW}]$$

$$P_i + 0.36 P_c = 36.6 \quad \cdots\cdots (3)$$

식 (2)에서

$$P_i = 53.4 - 0.64 P_c \quad \cdots\cdots (4)$$

식(4)를 식(3)에 대입하면

$$53.4 - 0.64 P_c + 0.36 P_c = 36.6, \quad -0.28 P_c = -16.8$$

$$\therefore P_c = 60 [\text{kW}] \quad \cdots\cdots (5)$$

식(4)에서

$$P_i = 53.4 - 0.64 \times 60 = 15 [\text{kW}] \quad \cdots\cdots (6)$$

2) 40[%] 부하율에서 손실[kW]

$$P_{L0.4} = P_i + m^2 P_c = 15 + 0.4^2 \times 60 = 24.6 [\text{kW}]$$

#### 2. 최고 효율의 부하율

최대효율은 철손과 동손이 같을 때 이므로

$$P_i = m^2 P_c \quad \therefore m = \sqrt{\frac{P_i}{P_c}} = \sqrt{\frac{15}{60}} = 0.5$$

즉, 50[%]의 부하율에서 최대효율이 된다.[30]

**30)** 다음과 같은 예제를 풀어보자.

**문제** 용량 100[kVA], 6,600/105[V]인 변압기의 철손이 1[kW], 전부하 동손이 1.25[kW]이다. 이 변압기의 효율이 최고로 될 때의 부하는 몇 [kW]인지 구하고, 또 이 변압기기 무부하로 18시간, 역률 100[%]의 1/2 부하로 4시간, 역률 80[%]의 전부하로 2시간 운전된다고 할 때 이 변압기의 전일효율을 구하시오.(단, 부하전압은 일정하다.)

**풀이**

### 1. 최대 효율일 때의 부하

변압기의 최대 효율 조건은 철손과 동손이 같을 때이므로 부하율을 $m$이라면

$$P_i = m^2 P_c$$

$$\therefore m = \sqrt{\frac{P_i}{P_c}} = \sqrt{\frac{1.0}{1.25}} = 0.8944 = 89.44[\%]$$

즉, 역률이 100[%]리면 부하율이 89.44[%]일 때 최대효율이 되므로 이때의 부하는

$$P_L = mP = 0.8944 \times 100 = 89.44[\text{kVA}]$$

가 되고 역률을 $\cos\theta$로 두면

$$P_L = 89.44\cos\theta[\text{kW}] \qquad \cdots\cdots (1)$$

### 2. 변압기 전일 효율

1) 변압기 출력

① 4시간 운전

역률이 100[%]이며, 1/2 부하이므로

$$P_1 = 100 \times 4/2 = 200[\text{kWh}]$$

② 2시간 운전

전부하이며 역률이 80[%]이므로

$$P_2 = 100 \times \cos\theta_2 \times 2 = 100 \times 0.8 \times 2 = 160[\text{kWh}]$$

따라서 변압기 전체 출력은 $P = 200 + 160 = 360[\text{kWh}]$ $\qquad \cdots\cdots (2)$

2) 변압기 손실

① 철손

철손은 부하와 무관하므로

$$P_i = 1.0 \times 24 = 24[\text{kWh}]$$

② 4시간 운전의 동손

역률 100[%] 1/2부하로 운전되므로

$$P_{c1} = 1.25 \times m^2 \times 4 = 1.25 \times 0.5^2 \times 4.0 = 1.25[\text{kWh}]$$

③ 2시간 운전의 동손

전부하이며 역률이 80[%]이므로

$$P_{c2} = 1.25 \times 1^2 \times 2 = 2.5[\text{kWh}]$$

따라서 변압기 전체 손실은

$$P_l = 24 + (1.25 + 2.5) = 27.75[\text{kWh}] \qquad \cdots\cdots (3)$$

3) 변압기 전일 효율

$$\eta = \frac{\text{출력}}{\text{출력} + \text{손실}} \times 100 = \frac{360}{360 + 27.75} \times 100 = 92.84[\%]$$

### 74-4-3

비접지 계통의 지락전류 검출을 위한 GPT의 최대 접지 유효전류와 GPT 부담[VA] 계산을 3.3[kV]와 440[V] 계통에 대하여 기술하시오.

(조건)
(1) 지락의 조건은 1선 완전 지락(영상전압 $V_0 = 190[V]$)
(2) 제한저항(CLR) : 3.3[kV] 계통은 50 [$\Omega$]
　　　　　　　　　400[V] 계통에서는 370 [$\Omega$]

**해설**

#### 1. 최대 접지 유효전류

1) 회로도

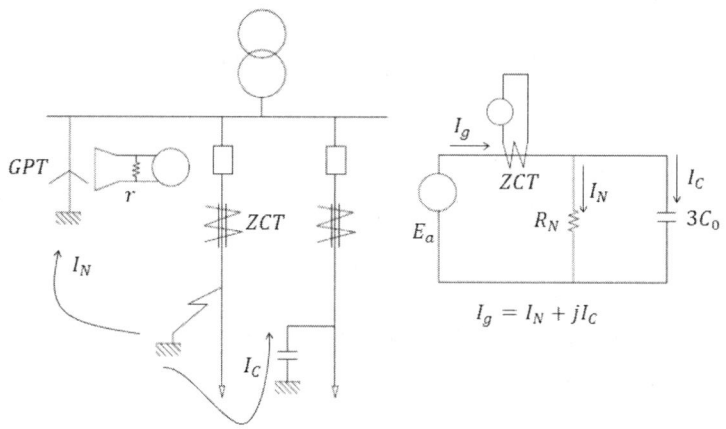

[회로도]

2) 3.3[kV]의 최대 접지 유효전류

① 변압비 $n = \dfrac{3{,}300/\sqrt{3}}{190/3} = 30$

② 제한저항(CLR)의 1차 환산

$$R_N = \dfrac{n^2 r}{9} = \dfrac{30^2 \times 50}{9} = 5{,}000[\Omega]$$

③ 최대 접지 유효전류

$$I_N = \dfrac{E_a}{R_N} = \dfrac{3{,}300/\sqrt{3}}{5{,}000} = 0.381[\mathrm{A}] = 381[\mathrm{mA}]$$

3) 440[V]의 최대 접지 유효전류

① 변압비 $n = \dfrac{440/\sqrt{3}}{190/3} = 4$

② 제한저항(CLR)의 1차 환산

$$R_N = \frac{n^2 r}{9} = \frac{4^2 \times 370}{9} = 657.8 [\Omega]$$

③ 최대 접지 유효전류

$$I_N = \frac{E_a}{R_N} = \frac{440/\sqrt{3}}{657.8} = 0.386 [A] = 386 [mA]$$

## 2. GPT 부담

1) 계산조건

① 1선 완전지락 조건

② 충전전류 등은 무시하고 순수한 유효전류만을 감안

③ 각상의 전류는 $i_{01} = \dfrac{380}{3} = 127 [mA]$

2) GPT 부담

① 3.3[kV]의 경우

부담 = GPT 한 상의 전압 × 한 상의 전류

$$= \frac{3,300}{\sqrt{3}} \times 0.127 = 241 [VA]$$

로 계산되나 표준형인 300[VA]를 적용

② 440[V]의 경우

$$부담 = \frac{440}{\sqrt{3}} \times 0.127 = 32.3 [VA]$$

로 계산되나 표준형인 50[VA]를 적용.

## 75-1-1 / 93-1-10 테브난과 노튼의 정리를 비교 설명하시오.

**해설**

### 1. 테브난의 정리

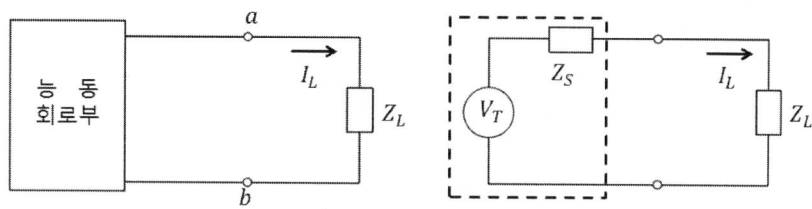

[테브난의 정리]

그림과 같은 전원을 포함한 능동회로의 일부인 임의의 a-b단자를 통하여 임피던스 $Z_L$에 흐르는 전류 $I_L$을 구하면 먼저 a-b단자를 개방했을 때 a-b단자전압을 테브난의 등가전압 $V_T$, a-b단자에서 회로망을 본 임피던스를 테브난의 등가 임피던스 $Z_s$라면(단, 전압원은 단락하고 본 정전압원의 내부 임피던스는 0이다) 이때 S/W를 닫았을 때 부하 $Z_L$에 흐르는 전류 $I_L$은

$$I_L = \frac{V_T}{Z_S + Z_L}[A]$$

가 되며 이를 테브난의 정리라 한다.

① 위의 오른쪽 그림과 같은 회로를 테브난의 등가회로라 하며 임의의 한 점의 전류를 계산하고자 할 때 그 점을 회로망에서 분리하고 그 점의 개방단의 전압, 그 점에서 본회로망측의 임피던스를 구하면 원하는 점의 전류를 쉽게 구할 수 있다.

② 고장계산에의 응용
고장점에서 본 전계통의 임피던스를 계산하는 것은 위 그림의 $Z_s$를 구하는 셈이 되고 $V_T$가 고장점의 고장발생 직전 전압이므로 전력계통의 고장계산은 테브난의 등가회로 개념을 이용한다.

### 2. 노튼의 정리

----- 생략 -----

## 75-2-1 교류회로에서 임피던스의 개념과 진상 또는 지상이 발생하는 이유를 설명하시오.

### 해설

**1. 임피던스의 개념**

1) 임피던스의 정의

   ① 저항과 리액턴스의 벡터 합으로

   $$Z = R \pm jX = R \pm j\left(wL - \frac{1}{wC}\right)$$

   ② 유도성 임피던스

   $$Z = R + j\left(wL - \frac{1}{wC}\right) \quad wL \geq \frac{1}{wC} \quad \therefore Z = R + jX$$

   ③ 용량성 임피던스

   $$Z = R + j\left(wL - \frac{1}{wC}\right) \quad wL \leq \frac{1}{wC} \quad \therefore Z = R - jX$$

2) 복소 임피던스

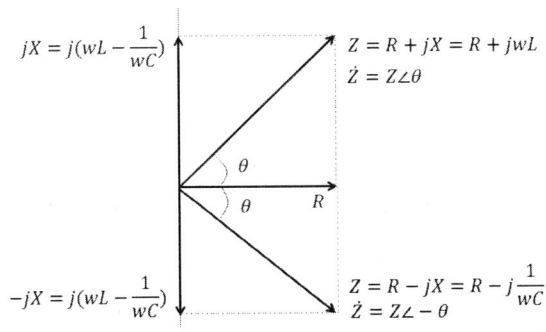

[복소 임피던스]

① $wL > \dfrac{1}{wC}$ : 유도성 리액턴스로 임피던스 각은 $\theta$

$$\theta = \tan^{-1}\left(\frac{X}{R}\right) = \tan^{-1}\left(\frac{wL}{R}\right)$$

② $wL < \dfrac{1}{wC}$ : 용량성 리액턴스로 임피던스 각은 $-\theta$

$$\theta = \tan^{-1}\left(\frac{X}{R}\right) = \tan^{-1}\left(\frac{\frac{1}{wC}}{R}\right) = \frac{1}{wCR}$$

③ $wL = \dfrac{1}{wC}$ : 공진상태로 임피던스는 저항만 존재, 이때 $\theta = 0$이며 역률은 100[%]가 된다.

④ 부하 임피던스에서는 임피던스각 $\theta$가 곧 역률각이 된다.

## 2. 진·지상이 발생하는 이유

1) 유도성 임피던스의 경우($wL > \dfrac{1}{wC}$)

$$I = \dfrac{V}{Z} = \dfrac{V}{R+jX_L} = \dfrac{V}{\sqrt{R^2+X_L^2}} \angle \tan^{-1}\left(\dfrac{X_L}{R}\right) = I \angle (-\theta)$$

가 되어 전류가 $\theta$만큼 뒤지게 된다.

2) 용량성 임피던스인 경우($wL < \dfrac{1}{wC}$)

$$I = \dfrac{V}{Z} = \dfrac{V}{R-jX_C} = \dfrac{V}{\sqrt{R^2+X_C^2}} \angle \tan^{-1}\left(\dfrac{X_C}{R}\right) = I \angle (\theta)$$

가 되어 전류가 $\theta$만큼 앞서게 된다.

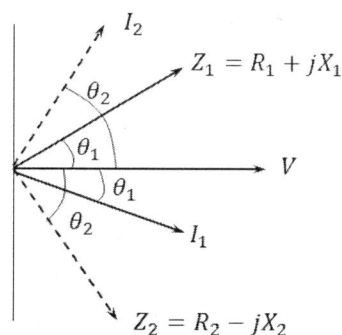

[임피던스각과 전류의 위상]

## 75-2-2
아래와 같은 수전설비에서 1선 지락사고가 발생하였을 경우 영상전압, 영상전류 및 영상전압과 영상전류의 위상각을 구하시오.

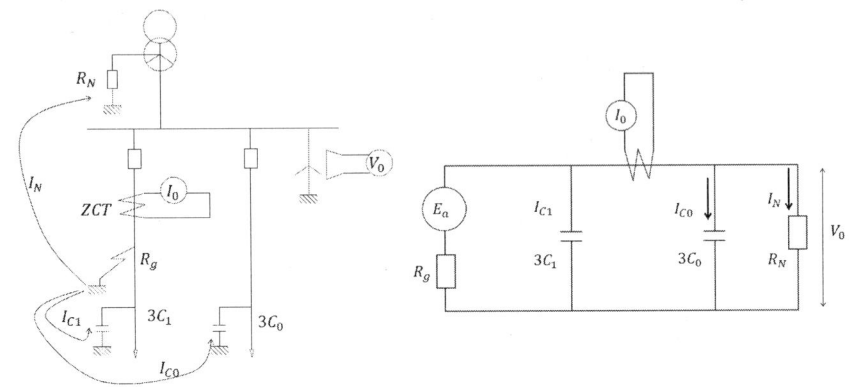

### 해설

**1. 영상전압**

GPT 1차측 영상전압은

$$V_{01} = \frac{Z_0}{Z_0 + R_g} \cdot E_a = \frac{\dfrac{1}{\dfrac{1}{3R_N} + jwC_s}}{\dfrac{1}{\dfrac{1}{3R_N} + jwC_s} + R_g} \cdot E_a = \frac{E_a}{\left(1 + \dfrac{R_g}{R_N}\right) + j\dfrac{I_C}{E_a} \cdot R_g}$$

GPT 3차측 영상전압은

$$V_{03} = \frac{3}{n} V_{01} = \frac{3E_a}{n\left\{\left(1 + \dfrac{R_g}{R_N}\right) + j\dfrac{I_C}{E_a} \cdot R_g\right\}}$$

**2. 영상전류**

$$I_g = \frac{E_a}{R_g + (R_N // \dfrac{1}{j3wC_s})} = \frac{E_a}{R_g + \dfrac{1}{\dfrac{1}{R_N} + j3wC_s}} = \frac{\dfrac{1}{R_N} + j3wC_s}{\dfrac{R_g}{R_N} + j3wC_s R_g + 1} E_a$$

**3. 위상각**

$$\theta = \tan^{-1}\left(\frac{I_g}{V_{03}}\right) = \tan^{-1}\left(\frac{n}{3}\left(\frac{1}{R_N} + j3wC_s\right)\right) = \tan^{-1}\left(\frac{I_C \cdot R_N}{E_a}\right) \quad 31)$$

**31)** CLR 1차 환산

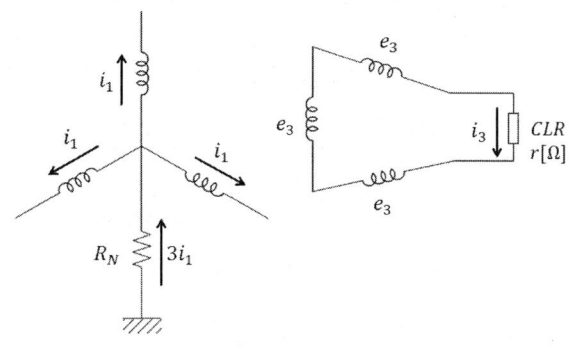

[한류저항 설치도]

지문에서의 $R_N$은 GPT를 접지할 때의 실제의 접지저항이 아니고 3차 open-△의 제한 저항을 1차측으로 환산하여 등가적으로 삽입한 것이다. 3차 open-△에는 영상전압과 영상전류가 흐른다. 따라서 1차측 환산 저항은 등가적으로 중성점에 연결한다. 변압기에서의 임피던스는 $Z_{13} = Z_1 + a^2 Z_3$이지만 여기서는 권선의 임피던스를 무시하고 제한 저항을 1차로 환산한 것이다. 비록 제한저항이 낮은 값이라 하더라도 1차측에서는 매우 크게 작용하여 비접지계통에 해당된다. 3차측에는 영상전압의 3배인 전압이 검출되므로

$$i_3 = \frac{3e_3}{r} \quad \cdots\cdots (1)$$

권수비는

$$n = \frac{e_1}{e_3} = \frac{i_3}{i_1}, \quad i_1 = \frac{i_3}{n}, \quad e_3 = \frac{e_1}{n} \quad \cdots\cdots (2)$$

(1)을 대입하면

$$i_1 = \frac{\frac{3e_3}{r}}{n} = \frac{1}{n} \cdot \frac{3e_3}{r} = \frac{1}{n} \cdot \frac{3}{r} \cdot \frac{e_1}{n} = \frac{3e_1}{n^2 r}$$

중성점 전류는 영상분의 3배인 $3i_1$이 흐르므로

$$3i_1 = \frac{9e_1}{n^2 r} = \frac{e_1}{\frac{n^2 r}{9}} = \frac{e_1}{R_N} \quad \therefore R_N = \frac{n^2 r}{9}$$

가 된다.

### 77-1-3 다음 회로에서 $I_1$, $I_2$의 전류 값을 구하시오.

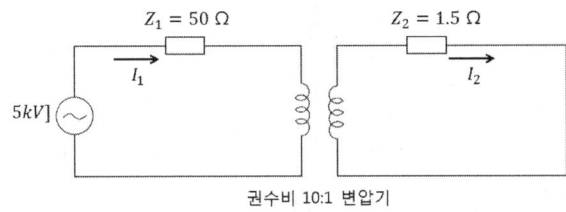

#### 해설

### 1. 등가 임피던스

여자회로를 무시하고 1차측으로 환산한 임피던스 등가회로도는 다음과 같다

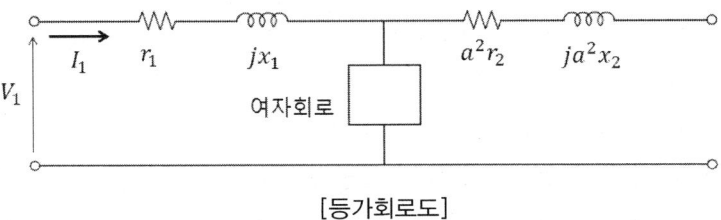

[등가회로도]

1차측으로 환산한 등가 임피던스는

$$Z_{12} = Z_1 + Z_2' = Z_1 + a^2 Z_2 = 50 + (10^2 \times 1.5) = 200 [\Omega]$$

### 2. 1,2차 전류

$$I_1 = \frac{V_1}{Z_{12}} = \frac{5,000}{200} = 25 [A]$$

$$I_2 = aI_1 = 10 \times 250 = 250 [A] \ ^{32)}$$

---

32) 변압기 임피던스와 %임피던스

위 문제의 임피던스를 2차측으로 환산하여 계산해 보면 다음과 같다.

$$Z_{21} = Z_2 + Z_1' = Z_2 + \frac{Z_1}{a^2} = 1.5 + \left(\frac{50}{10^2}\right) = 2 [\Omega]$$

2차측 전압은 $V_2 = \frac{5,000}{10} = 500 [V]$

따라서 2차측 전류 $I_2 = \frac{V_2}{Z_{21}} = \frac{500}{2} = 250 [A]$

가 되어 해설과 동일하다.

한편 변압기의 임피던스에서는 $a \neq \sqrt{\dfrac{Z_1}{Z_2}}$ 이고 $a = \sqrt{\dfrac{Z_{12}}{Z_{21}}} = \sqrt{\dfrac{200}{2}} = 10$이 된다는 사실에 주의하기 바란다. 이것은 권수비 $a$는 어디까지나 1차측에서 본 임피던스와 2차측에서 본 임피던스와의 관계일 뿐 전자의 $a = \sqrt{\dfrac{Z_1}{Z_2}} = \sqrt{\dfrac{50}{1.5}} = 5.77 \neq 10$이 되기 때문이다. 마찬가지로 %임피던스를 구해보면

$$\%Z_{12} = \dfrac{Z_{12}P}{10V_1^2} = \dfrac{200P}{10 \times 5^2} = 0.8P$$

$$\%Z_{21} = \dfrac{Z_{21}P}{10V_2^2} = \dfrac{2P}{10 \times 0.5^2} = 0.8P$$

가 되어 1, 2차측에서 바라본 %임피던스가 동일함을 알 수 있다.
위 문제는 변압기 2차측을 단락한 변압기 단락시험에 해당된다.

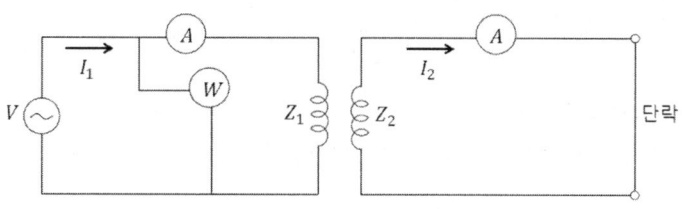

[변압기 단락시험]

위 그림과 같이 변압기 2차를 단락 후 1차에 전압을 매우 낮은 값에서 서서히 증가 시키면 어느 순간 2차 전류 $I_2$가 정격전류 $I_{2n}$이 될 때가 있다. 이때의 1차 전압을 임피던스 전압(Impedance Voltage)라 하고 이것이 곧 변압기의 임피던스강하에 해당된다. 따라서 변압기의 %임피던스는

$$\%Z = \dfrac{ZI}{E} \times 100 = \dfrac{\text{임피던스 전압(임피던스 강하)}}{\text{정격 상전압}} \times 100$$

$$= \dfrac{V_1}{E} \times 100 [\%]$$

가 된다. 또한 2차에 정격전류가 흐르므로 1차에도 정격전류가 흐르므로 이때 $I_1$과 $V_1$의 곱을 임피던스 와트(Impedance Watt)라 하며 이것이 곧 정격부하손이 된다. 임피던스 전압과 정격 부하손은 변압기 2차 단락시험에서 구할 수 있다.

### 77-1-7
다음 회로에서 스위치 S를 닫기 직전의 전압 $V_{oc}$와 a–b점에서 전원측을 쳐다본 등가 임피던스 $Z_{eq}$와 스위치 S를 닫은 후 $Z$에 흐르는 전류를 구하시오.

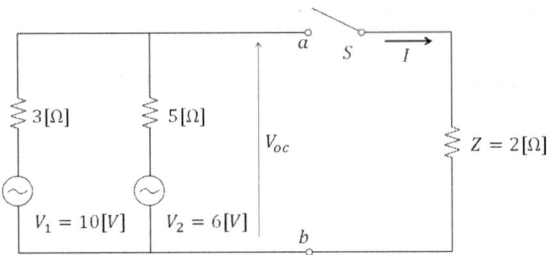

**해설**

1. $V_{oc}$

   테브난의 등가전압은 밀만의 정리에 의해

   $$V_{oc} = \frac{Y_1 V_1 + Y_2 V_2}{Y_1 + Y_2} = \frac{\frac{10}{3} + \frac{6}{5}}{\frac{1}{3} + \frac{1}{5}} = \frac{\frac{68}{15}}{\frac{8}{15}} = \frac{68}{8} = 8.5 [V]$$

2. 등가 임피던스

   전압원을 단락하고 본 전원측 임피던스는

   $$Z_{eq} = \frac{3 \times 5}{3 + 5} = 1.875 [\Omega]$$

3. 전류

   $$I = \frac{V_{oc}}{Z_{eq} + Z} = \frac{8.5}{1.875 + 2} = 2.19 [A] \quad ^{33)}$$

---

33) 다음과 같이 노튼의 정리로 풀어본다.
전압원을 전류원으로 고치고 임피던스를 어드미턴스로 바꾸어 병렬배치하면 전류를 쉽게 구할 수 있다.

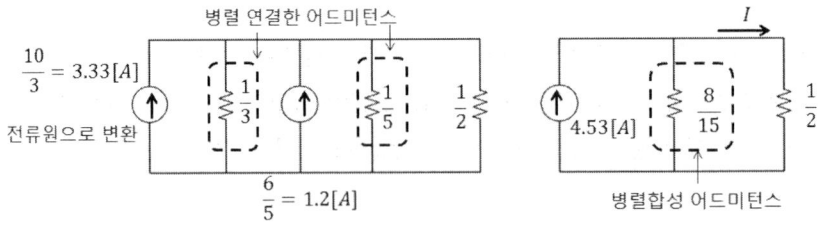

[전압원의 전류원 변환]

$$I = 4.53 \times \frac{0.5}{0.53 + 0.5} = 2.19[\text{A}]$$

가 되어 앞서 테브난의 정리와 밀만의 정리를 동원한 계산과 동일하다.

다른 방법으로 그림에서 S를 닫았다고 가정하고 밀만의 정리로 $V_{ab}$를 구하면

$$V_{ab} = \frac{\frac{10}{3} + \frac{6}{5}}{\frac{1}{3} + \frac{1}{5} + \frac{1}{2}} = \frac{4.5333}{1.0333} = 4.387[\text{V}]$$

따라서

$$I = \frac{V_{ab}}{Z} = \frac{4.387}{2} = 2.19[\text{A}]$$

이상에서 보면 테브난의 정리와 밀만의 정리에서 $V_{ab}$를 구할 때 주의할 점은 테브난의 정리는 부하 임피던스를 개방한 상태에서 구해야 하고 밀만의 정리에서는 부하 임피던스를 연결한 상태에서 구해야 됨에 유의하기 바란다.

### 77-1-11

100[V], 20[A], 1.6[kW]의 단상 유도전동기에 병렬로 콘덴서를 접속하여 역률을 100[%]로 개선하려고 할 때 콘덴서 용량 [$\mu$F]을 구하시오.
(단, 전원주파수는 60[Hz]이다.)

**해설**

**1. 전동기 역률**

전동기 전력은

피상전력 $S = VI = 100 \times 20 = 2.0 [\text{kVA}]$

유효전력 $P = 1.6 [\text{kW}]$

개선 전 역률은

$$\cos\theta_1 = \frac{P}{S} = \frac{1.6}{2.0} = 0.8$$

**2. 콘덴서 용량**

콘덴서 용량[kVA]

$$Q_c = P(\tan\theta_1 - \tan\theta_2) = 1.6 \times (\tan\cos^{-1}0.8 - \tan\cos^{-1}1.0)$$
$$= 1.2 [\text{kVA}]$$

또는 역률을 100[%]이면 무효전력은 0이 되어야 하므로 부하의 무효전력과 동일한 값이 된다. 즉,

$$Q_c = Q = 1.2 [\text{kVA}]$$

콘덴서 용량[$\mu$F]은 $Q_c = wCV^2 = 2\pi f CV^2$ 에서

$$C = \frac{Q_c}{2\pi f V^2} = \frac{1.2 \times 10^3}{2\pi \times 60 \times 100^2} \times 10^6 = 318.3 [\mu\text{F}]$$

이상을 벡터도[34] 로 그리면 다음과 같다.

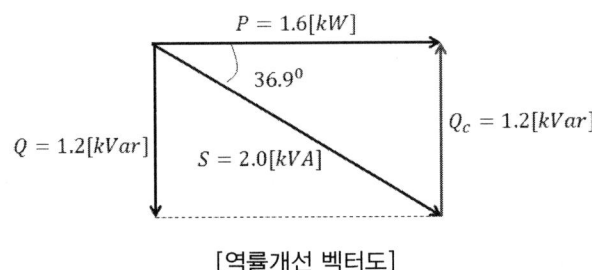

[역률개선 벡터도]

**34)** 역률개선 계산문제에서는 전력 벡터도가 매우 중요하다. 설령 벡터도 없이 계산할 수 있더라도 마지막에 반드시 벡터도를 그려 넣으면 보다 좋은 점수를 얻을 수 있다.

### 77-2-1

그림과 같이 발전기 2대로부터 대형 건물의 수전변전소가 전력을 공급받고 있다. 각 모선에서 3상 단락전류를 구하기 위해 모선 임피던스 행렬 $Z_{bus}$를 구하였더니 다음과 같이 구성되었다. $Z_{bus}$의 단위는 100[MVA] 기준 [pu] 값이다. 각 모선의 고장직전 전압은 1.0[pu]이다.

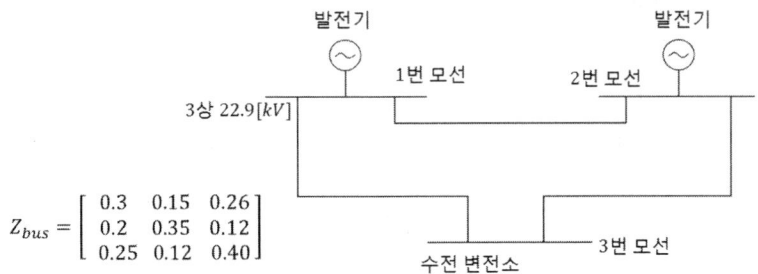

$$Z_{bus} = \begin{bmatrix} 0.3 & 0.15 & 0.26 \\ 0.2 & 0.35 & 0.12 \\ 0.25 & 0.12 & 0.40 \end{bmatrix}$$

(1) 3번 모선 3상 단락시 3번 모선으로 유입되는 3상 단락전류의 합 [A]을 구하시오.
(2) 3번 모선 3상 단락발생시 1번 모선 및 2번 모선의 전압[kV]을 구하시오.

### 해설

**1. ③모선의 단락전류**

자기임피던스 $Z_{33} = \dfrac{V_3}{I_{s3}}$ 이므로 단락전류는

$$I_{s3} = \dfrac{V_3}{Z_{33}} = \dfrac{1.0}{0.4} = 2.5 [\text{pu}]$$

기준전류는

$$I_n = \dfrac{P_n}{\sqrt{3}\,V} = \dfrac{100 \times 10^3}{\sqrt{3} \times 22.9} = 2,521 [\text{A}]$$

이므로 실제전류는

$$I_{s3}' = 2.5 \times 2,521 = 6,303 [\text{A}]$$

**2. ①, ②모선의 전압**

(고장시 전압 = 고장전 전압 − 전압강하) 이므로

$$V' = V - [Z][I]$$

$$\begin{pmatrix} V_1' \\ V_2' \\ V_3' \end{pmatrix} = \begin{pmatrix} V_1 \\ V_2 \\ V_3 \end{pmatrix} - \begin{pmatrix} Z_{11} & Z_{12} & Z_{13} \\ Z_{21} & Z_{22} & Z_{23} \\ Z_{31} & Z_{32} & Z_{33} \end{pmatrix} \begin{pmatrix} I_1 \\ I_2 \\ I_3 \end{pmatrix} = \begin{pmatrix} 1.0 \\ 1.0 \\ 1.0 \end{pmatrix} - \begin{pmatrix} 0.30 & 0.15 & 0.26 \\ 0.20 & 0.35 & 0.12 \\ 0.25 & 0.12 & 0.40 \end{pmatrix} \begin{pmatrix} 0 \\ 0 \\ 2.5 \end{pmatrix}$$

$$\begin{pmatrix} V_1' \\ V_2' \\ V_3' \end{pmatrix} = \begin{pmatrix} 1.0 \\ 1.0 \\ 1.0 \end{pmatrix} - \begin{pmatrix} 0.65 \\ 0.3 \\ 1.0 \end{pmatrix} = \begin{pmatrix} 0.35 \\ 0.7 \\ 0 \end{pmatrix} [\text{pu}]$$

$$\therefore V_1' = 0.35 \times 22.9 = 8.015 [\text{kV}]$$
$$V_2' = 0.7 \times 22.9 = 16.03 [\text{kV}] \ ^{35)}$$

---

**35)** (고장시 전압=고장전 전압−전압강하)의 의미
위 행렬식에서 $V_3' = 0$이다. 이는 3상 단락이므로 전압은 당연히 0이 된다. ①, ②번 모선 전압은 고장전류가 (① → ③)간 흐를 때 전압강하가 곧 ①모선 전압이 된다. 마찬가지로 고장 발생시 고장전류는 (① → ③)뿐만 아니라 (② → ③)으로도 흐르므로 이때 전압강하가 곧 ②모선 전압이 된다.

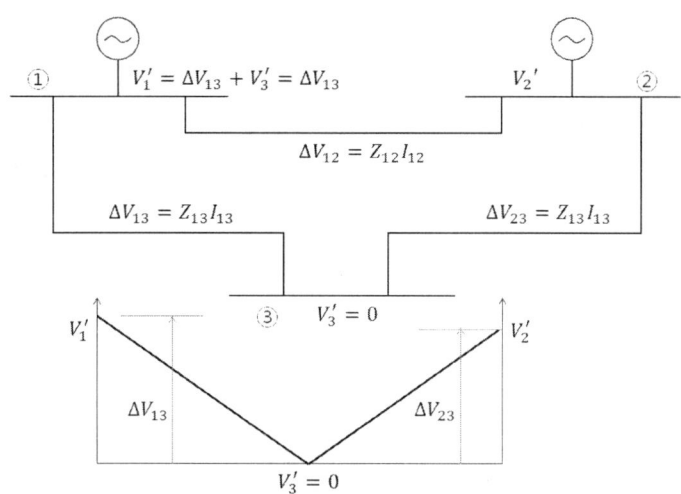

[모선 전압강하의 개념도]

이 문제는 임피던스 행렬이 주어져서 어렵지 않게 풀 수 있다. 다음과 같은 계통에서 임피던스 행렬을 구해 단락전류와 전압 등을 구해보자.

**문제** 다음과 같은 계통에서 고장 전 전압 $E_G'' = E_M'' = 1.0 [\text{pu}]$이고 고장 전 부하전류는 무시한다.

1) 임피던스 행렬 $Z_{BUS}$ 를 구하시오
2) 1모선에서 3상 완전단락 시 $Z_{BUS}$ 를 이용하여 차과도 고장전류를 구하고 각 모선의 전압과 송전선으로부터 1모선으로 유입되는 고장전류의 기여분을 구하시오. 단, 고장직전 전압은 1.05[pu] 이다.

**풀이**

1. $Z_{BUS}$

   100[MVA]기준 어드미턴스 회로로 변환하면

$$y_{10} = \frac{1}{j0.15} = -j6.6667$$

$$X_L = \frac{ZP}{V^2} = \frac{20 \times 100}{138^2} = j0.105$$

$$X_{12} = j(0.1 + 0.105 + 0.1) = j0.305$$

$$y_{12} = \frac{1}{j0.305} = -j3.2787$$

$$y_{20} = \frac{1}{j0.2} = -j5.0$$

$$Y_{11} = y_{10} + y_{12} = -j(6.6667 + 3.2787) = -j9.9454$$

$$Y_{12} = -y_{12} = j3.2787 = Y_{21}$$

$$Y_{22} = y_{20} + y_{12} = -j(5.0 + 3.2787) = -j8.2787$$

따라서 $Y_{BUS}$ 는

$$Y_{BUS} = -j \begin{bmatrix} 9.9454 & -3.2787 \\ -3.2787 & 8.2787 \end{bmatrix}$$

$Y_{BUS}$의 역행렬을 구하면

$$Z_{BUS} = Y_{BUS}^{-1} = +j \begin{bmatrix} 0.11565 & 0.04580 \\ 0.04580 & 0.13893 \end{bmatrix} [\text{pu}]$$

2. 1모선의 차과도 단락전류

   1) 차과도 단락전류

$$I_{F1}'' = \frac{V_F}{Z_{11}} = \frac{1.05}{j0.11565} = -j9.079 [\text{pu}]$$

   2) 각 모선의 전압

$$V_1 = \left(1 - \frac{Z_{11}}{Z_{11}}\right) V_F = 0$$

$$V_2 = \left(1 - \frac{Z_{21}}{Z_{11}}\right)V_F = \left(1 - \frac{j0.04580}{j0.11565}\right) \times 1.05 = 0.6342 \angle 0°\,[\text{pu}]$$

3) 2모선에서 1모선으로 유입되는 전류

$$I_{21} = \frac{V_2 - V_1}{j(X_L + X_{T1} + X_{T2})} = \frac{0.6342 - 0}{j0.3050} = -j2.079\,[\text{pu}]$$

**문제** 다음과 같은 4모선 계통에서 [pu]임피던스는 표시된 바와 같고 $Z_{BUS}$는 다음과 같다. 모선 2에서 3상 단락이 발생한 경우 다음을 구하시오. 단 고장 전 모선전압은 1.0[pu]이다.

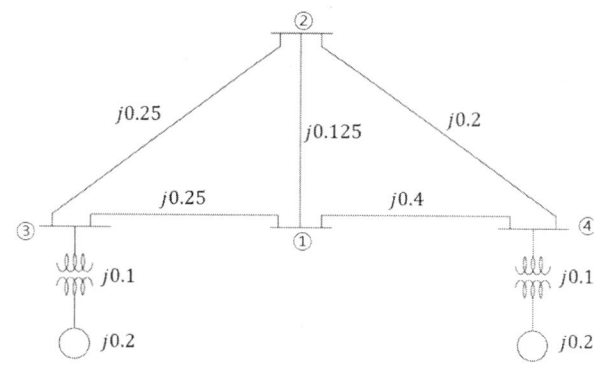

$$Z_{BUS} = \begin{bmatrix} 0.25 & 0.2 & 0.16 & 0.14 \\ 0.2 & 0.23 & 0.15 & 0.151 \\ 0.16 & 0.15 & 0.196 & 0.1 \\ 0.14 & 0.151 & 0.1 & 0.195 \end{bmatrix}\,[\text{pu}]$$

1) 2모선에서 3상 단락시 단락전류를 구하시오.
2) 단락 발생 시 각 모선의 전압을 구하시오.
3) 각 모선과 모선간 고장전류 분포를 구하시오

**풀이**

### 1. 고장 시 초기 대칭전류 실효치

2모선의 대칭전류 실효치는

$$I_F'' = \frac{V}{Z_{22}} = \frac{1.0}{j0.23} = -j4.348\,[\text{pu}]$$

## 2. 단락 발생 시 각 모선의 전압

각 모선 전압은

$$\begin{bmatrix} V_1 \\ V_2 \\ V_3 \\ V_4 \end{bmatrix} = \begin{bmatrix} 1 - \dfrac{Z_{21}}{Z_{22}} \\ 1 - \dfrac{Z_{22}}{Z_{22}} \\ 1 - \dfrac{Z_{23}}{Z_{22}} \\ 1 - \dfrac{Z_{24}}{Z_{22}} \end{bmatrix} = \begin{bmatrix} 1 - \dfrac{0.2}{0.23} \\ 1 - \dfrac{0.23}{0.23} \\ 1 - \dfrac{0.15}{0.23} \\ 1 - \dfrac{0.151}{0.23} \end{bmatrix} = \begin{bmatrix} 0.134 \\ 0 \\ 0.3478 \\ 0.3435 \end{bmatrix} [\text{pu}]$$

## 3. 모선과 모선간 고장전류 분포

$$I_{31} = \frac{V_3 - V_1}{Z_{3-1}} = \frac{0.3478 - 0.1304}{j0.25} = -j0.8696 \,[\text{pu}]$$

$$I_{12} = \frac{V_1 - V_2}{Z_{1-1}} = \frac{0.1304 - 0}{j0.125} = -j1.0432 \,[\text{pu}]$$

$$I_{32} = \frac{V_3 - V_2}{Z_{3-2}} = \frac{0.3478 - 0}{j0.25} = -j1.3912 \,[\text{pu}]$$

$$I_{42} = \frac{V_4 - V_2}{Z_{4-2}} = \frac{0.3435 - 0}{j0.2} = -j1.7175 \,[\text{pu}]$$

### 77-2-5

대형 건축물의 수변전소에 3상 변압기(용량 30[MVA], 154/6.9[kV], $X=6[\%]$, $R=0$) 2차측에 주 차단기(정격 40[kA] sym rms, 1sec)가 설치되어 있다. 차단기에 설치된 변류기(100/5[A], C200)에는 순시과전류계전기(CT 2차 전류 100[A]에 정정)와 강반한시 과전류계전기(CT 2차 전류 40[A], 1초에 동작하도록 정정)가 있다. CT 2차측 전선은 0.1[Ω/km], 왕복거리 20[m]이다. 순시/한시 과전류계전기의 총 임피던스는 2[Ω]이다. 고장직전의 변압기 2차측 전압은 6.9[kV]이고 154[kV] 수전 전원측 고장용량은 3,000[MVA]($X/R=$무한대)이다. 2차측 모선에서 발생한 3상 단락전류를 차단기가 성공적으로 차단 가능한지 여부를 다음 2단계를 통하여 판별하시오.
1) 차단기의 차단용량의 적정여부
2) 순시 및 한시 과전류 계전기의 동작여부

**해설**

#### 1. 회로도

CT 2차측 케이블 임피던스는 $0.1 \times 20 = 2[\Omega]$이고, 회로도로 그리면

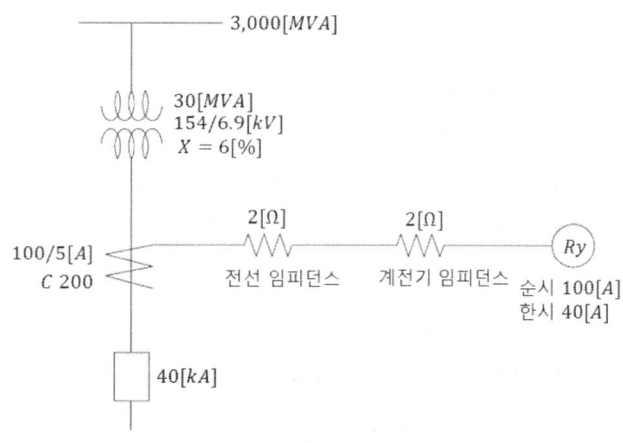

[회로도]

#### 2. 차단용량의 적정 여부

1) 임피던스(30[MVA] 기준)

전원측 임피던스 $Z_s = \dfrac{30}{3,000} \times 100 = 1.0[\%]$

변압기 임피던스 $Z_t = 6.0[\%]$

∴ 합성 임피던스 $Z = 1.0 + 6.0 = 7.0[\%]$

2) 변압기 2차 단락전류

$$단락전류\ I_s = \frac{100 I_n}{Z} = \frac{100 \times \left(\frac{30 \times 10^3}{\sqrt{3} \times 6.9}\right)}{7} = 35.86 [\text{kA}]$$

따라서 차단기 용량은 단락전류보다 크므로 적정하다.

## 3. 계전기 동작여부

1) CT 정격의 적정성

① C-200의 의미

2차에 과전류가 흐를 때 2차 유기전압이 200[V]임을 의미하므로 과전류 정수를 20으로 가정하였을 경우 이때의 2차의 부담 임피던스는

$$(5 \times 20) \times Z_B = 200 \quad \therefore Z_B = 2\,[\Omega]$$

즉, 2차 부담이 2[Ω] 범위 내에서 오차를 보장한다는 의미이다

② CT 2차 부담

CT 2차 케이블 임피던스 : 2[Ω]

CT 2차 계전기 임피던스 : 2[Ω]

총 임피던스는 4[Ω]으로 정격 부담 임피던스 2[Ω]을 넘어서므로 계전기의 만족스런 동작은 기대하기 어렵다.

③ 변압기 2차 정격전류는 2,510[A] 인데 반해 CT 1차 정격전류는 100[A]로 상대적으로 너무 적다. 또한, 과전류정수를 20으로 하더라도 2,000[A]에서 포화되어 고장전류가 흐를 때는 고장 검출이 어려울 수 있다.

2) 순시 동작 여부

CT 100/5 C-200의 2차 전류는

$$I_2 = \frac{V}{Z_B} = \frac{200}{4} = 50 [\text{A}]$$

즉, 50[A] 부근에서 포화한다. 따라서 이 2차 전류에서 더 이상 증가한다고 보기는 어려운데 순시 Tap은 100[A]이므로 순시요소는 부동작한다.

3) 한시 동작 여부

정격 부하시 CT 2차 전류는

$$I_2 = 2,510 \times \frac{5}{100} = 125.5 [\text{A}]$$

따라서 한시 Tap은 40[A]에 정정되어 있어 정격 부하전류에서도 한시요소가

동작할 수 있다.

### 4. 개선 방안
1) CT 규격 변경

① CT 2차 임피던스가 변함이 없을 경우 CT를 C-400으로 변경하고 변류비 또한 2,500/5[A]로 변경함이 타당하다.

② C-400으로 변경시 순시동작 여부

$$I_2 = \frac{V}{Z_B} = \frac{400}{4} = 100[A]$$

이므로 순시동작이 가능하다

2) CT 2차 부담을 줄이는 방법 검토

CT 2차 부담 임피던스를 줄이기 위해 전선의 길이를 최대한 줄이고 계전기의 부담 임피던스가 낮은 계전기로 교체 검토.

### 77-4-1

그림의 $R-L$ 직렬회로에서 전압 인가 시 과도현상에 대해
(1) 전류식($i$)
(2) 시정수($\tau$)
(3) 전압식($E_R$, $E_L$)
(4) 전력방정식($W_R$, $W_L$, $W$)을 유도하시오.

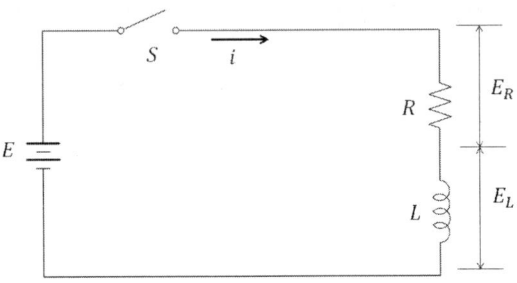

**해설**

#### 1. 전류식

위 회로에서 $t=0$인 순간 $SW$를 투입하여 직류전압 $V$를 인가하면 $KVL$에 따라 다음식이 성립한다.

$$Ri + L\frac{di}{dt} = V \qquad \cdots\cdots (1)$$

위 식 (1)은 $i$에 대한 미분방정식으로 그 해는 특수해(정상해) $i_s$와 보조해(과도해) $i_t$로 구성된다. 즉,

$$i = i_s + i_t \qquad \cdots\cdots (2)$$

직류전압을 인가하였으므로 정상해는 반드시 직류가 되어야 하므로 식 (1)의 $L\frac{di}{dt} = 0$이 성립하므로 위 식 (1)에서

$$Ri_s = V \quad \therefore i_s = \frac{V}{R} \qquad \cdots\cdots (3)$$

과도해는 $V=0$로 두면 구할 수 있으므로 식 (1)은

$$Ri_t + L\frac{di_t}{dt} = 0$$

위 식을 이항하고 양변을 $L$로 나누면

$$\frac{R}{L}i_t = -\frac{di_t}{dt} \qquad \cdots\cdots (4)$$

식 (4)를 변수 분리하면(즉, $i_t \leftrightarrow dt$ 한다.)

$$\frac{di_t}{i_t} = -\frac{R}{L}dt$$

위 식의 양변을 적분하고 지수함수로 고치면

$$\ln i_t = -\frac{R}{L}t + a \text{ (단, } a\text{ : 적분상수)}$$

$$i_t = e^{\left(-\frac{R}{L}t + a\right)} = e^a \cdot e^{\left(-\frac{R}{L}t\right)} = A \cdot e^{\left(-\frac{R}{L}t\right)} \qquad \cdots\cdots (5)$$

식 (3), (5)를 (2)에 대입하면

$$i = i_s + i_t = \frac{V}{R} + A \cdot e^{\left(-\frac{R}{L}t\right)} \qquad \cdots\cdots (6)$$

여기서 $t=0$인 순간 $i=0$이므로

$$i = \frac{V}{R} + A \cdot e^{\left(-\frac{R}{L}t\right)} = 0$$

$$\therefore \frac{V}{R} + A = 0, \quad \therefore A = -\frac{V}{R} \qquad \cdots\cdots (7)$$

이를 식 (6)에 대입하면

$$i = \frac{V}{R} - \frac{V}{R} \cdot e^{\left(-\frac{R}{L}t\right)} = \frac{V}{R}\left(1 - e^{\left(-\frac{R}{L}t\right)}\right) = \frac{V}{R}\left(1 - e^{\left(-\frac{t}{\tau}\right)}\right) \qquad \cdots\cdots (8)$$

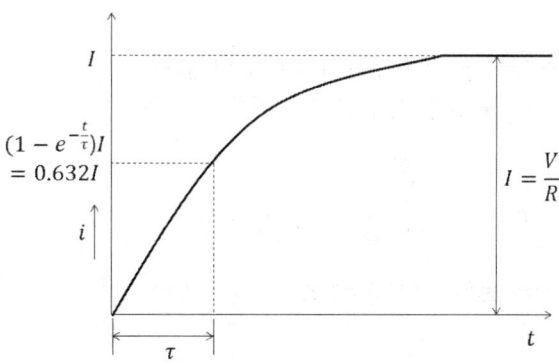

[전류의 변화]

## 2. 시정수($\tau$)

식 (8)에서 시정수는

$$\tau = \frac{L}{R}$$

## 3. 전압식

$$E_R = Ri(t) = E\left(1 - e^{-\frac{t}{\tau}}\right)$$

$$E_L = L\frac{di(t)}{dt} = E \cdot e^{-\frac{t}{\tau}} \text{ 36)}$$

---

**36)** 라플라스 변환을 통한 해석을 순서대로 정리해 본다.

[step 1] 미분방정식을 동원한 전압방정식

그림과 같은 회로에서 전압방정식을 세운다. 전압방정식은 KVL에 따라

$$R \cdot i(t) + L\frac{di(t)}{dt} = E$$

[step 2] 미분방정식을 라플라스 변환한다.

전압방정식을 라플라스 변환한다.

$$\underbrace{R \cdot i(t)}_{I(s)} + L\underbrace{\frac{d\ i(t)}{dt}}_{s} = \underbrace{1E}_{\frac{1}{s}}$$

우변의 $E$에는 1이 있고 또는 $E$는 상수이므로 라플라스변환 공식에서 이는 $\frac{E}{s}$이 된다.

위에서와 같이 $\frac{d}{dt} = s$, 단위 계단 함수 $1 = \frac{1}{s}$이므로

$$RI(s) + LsI(s) = \frac{E}{s}, \quad I(s)\{R + sL\} = \frac{E}{s}$$

[step 3] 부분분수 전개가 용이하도록 변환한다.

위 식을 부분분수 전개가 용이하도록 변환한다.

$$I(s) = \frac{\frac{E}{s}}{R + sL} = \frac{E}{s(R + sL)}$$

식의 우변의 분모, 분자를 각각 $L$로 나누면

$$I(s) = \frac{E}{s(R+sL)} = \frac{\dfrac{E}{L}}{s\left\{s+\dfrac{R}{L}\right\}}$$

[step 4] 부분분수의 전개

$$I(s) = \frac{\dfrac{E}{L}}{s\left\{s+\dfrac{R}{L}\right\}} = \frac{K_1}{s} + \frac{K_2}{\left\{s+\dfrac{R}{L}\right\}}$$

$$K_1 = [sI(s)]_{s=0} = \left[\frac{\dfrac{E}{L}}{\left(s+\dfrac{R}{L}\right)}\right]_{s=0} = \frac{\dfrac{E}{L}}{\dfrac{R}{L}} = \frac{E}{R}$$

$$K_2 = \left[s+\frac{R}{L}I(s)\right]_{s=-\left(\frac{R}{L}\right)} = \left[\frac{\dfrac{E}{L}}{s}\right]_{s=-\left(\frac{R}{L}\right)} = \frac{\dfrac{E}{L}}{-\dfrac{R}{L}} = -\frac{E}{R}$$

[step 5] 부분분수 값의 대입

부분분수의 계수를 식에 각각 대입하면

$$I(s) = \frac{\dfrac{E}{R}}{s} + \frac{-\dfrac{E}{R}}{\left\{s+\dfrac{R}{L}\right\}} = \frac{E}{R}\left\{\frac{1}{s} - \frac{1}{s+\dfrac{R}{L}}\right\}$$

[step 6] 라플라스 역변환

식을 라플라스 역변환 공식을 이용하여

$$1 \leftrightarrow \frac{1}{s} \quad e^{-at} \leftrightarrow \frac{1}{s+a}$$

$$\boxed{\frac{1}{s}} - \boxed{\frac{1}{s+\dfrac{R}{L}}}$$

$$\mathcal{L}^{-1}I(s) = i(t) = \frac{E}{R} - \frac{E}{R}e^{-\frac{R}{L}t} = \frac{E}{R}\left(1 - e^{-\frac{R}{L}t}\right)[A]$$

이 되어 고전적인 미분방정식의 해와 동일한 값을 가지며 라플라스 변환 공식과 간단한 부분분수 전개방법만 알고 있으면 아주 간단하게 미분방정식의 해를 구할 수 있으며, 고전적인 미분방정식의 해를 구하는 것 보다 훨씬 간단하게 구할 수 있음을 알 수 있다.

## 78-1-9

1 [kW]를 열량[kcal/h]으로 환산하시오.(환산식을 쓸 것)

**해설**

1 [W] = [J/s], 1[J] = 0.239[cal] 이므로
1 [W] = 0.239[cal/s]
1 [kWh] = 0.239 × $10^3$ × 3,600초[cal] = 860.4[kcal]
따라서, 1 [kW] = 860[kcal/h] [37]

---

37) **열역학 제1법칙**은 에너지 보존법칙의 열역학적 표현으로 물체의 운동 또는 시스템이 일을 할 때 에너지의 형태는 변하지만 에너지량은 불변한다는 것이다. 즉, 「임의의 계에서 내부 에너지 변화는 계에 들어온 열과 계에서 한 일과 같다.」라고 표현할 수 있다. 열과 일은 모두 에너지의 일종이며 상호간에 변환이 가능하며 이때 열과 일 사이에는 일정한 비율이 성립한다.

일을 $W$[kg·m], 열량을 $Q$[kcal]라면

$$1[J] = 0.239[cal] = 0.239 \times 10^{-3}[kcal]$$

이므로

$$1[kcal] = \frac{1000}{0.239}[J] = 4183.6 \ [J = N \cdot m = kg \cdot m/s = kgf \cdot m]$$

$$= \frac{4183.6}{9.8}[kg \cdot m] = 426.9[kg \cdot m]$$

이므로 **열의 일당량**은

$$J = 427[kg \cdot m/kcal]$$

이 되고 **일의 열당량** $A$[kcal/kg·m]는

$$A = \frac{1}{J} = \frac{1}{427}[kcal/kg \cdot m]$$

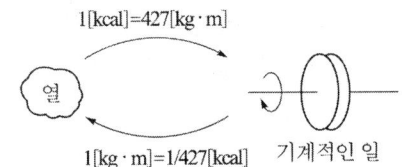

[일과 열의 관계]

따라서 열역학 제1법칙은 다음과 같이 표현할 수 있다.

$$W = JQ \ \text{또는} \ Q = \frac{1}{J}W = AW$$

### 80-4-3
다음 그림을 보고 시간응답 $v(t)$를 구하시오.

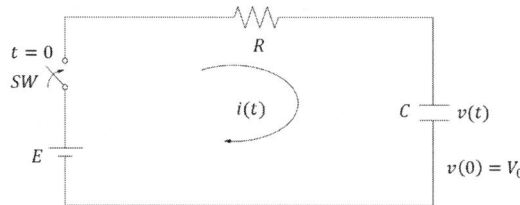

**해설**

위 회로는 스위치를 닫은 후 오랜 시간이 지나면 커패시터는 개방회로로 작용하여 결국 전류는 0이 된다. 회로에 KVL을 적용하면

$$v_R(t) + V_C(t) = E \qquad R \cdot i(t) + \frac{1}{C}\int i(t)\,dt = E$$

$$R\frac{di(t)}{dt} + \frac{1}{C}i(t) = 0 \qquad RC\frac{di(t)}{dt} + i(t) = 0$$

$$RC\frac{di(t)}{dt} = -i(t) \qquad \frac{1}{i(t)}di(t) = -\frac{1}{RC}dt$$

양변을 적분하면

$$\int \frac{1}{i(t)}di(t) = \int \left(-\frac{1}{RC}\right)dt$$

$$\ln i(t) = -\frac{1}{RC}t + k$$

$$i(t) = e^{-\frac{1}{RC}t + k} = e^k e^{-\frac{1}{RC}t} = A e^{-\frac{1}{RC}t}$$

초기조건에서 커패시터 축적된 전하가 없으므로

$$i(0) = \frac{E}{R}[\text{A}], \qquad i(0) = A e^{-\frac{1}{RC}\times 0} = A = \frac{E}{R}$$

$$\therefore i(t) = \frac{E}{R}e^{-\frac{1}{RC}t}[\text{A}]$$

커패시터에 걸리는 전압은

$$v(t) = \frac{1}{C}\int_0^t i(t)\,dt = \frac{E}{RC}\int_0^t e^{-\frac{1}{RC}t}\,dt = \frac{E}{RC}(-RC)\left[e^{-\frac{1}{RC}t}\right]_0^t$$

$$= E(1 - e^{-\frac{1}{RC}t})[\text{V}]$$

### 81-1-2
그림의 회로에서 2[Ω]의 단자전압을 계산하시오.

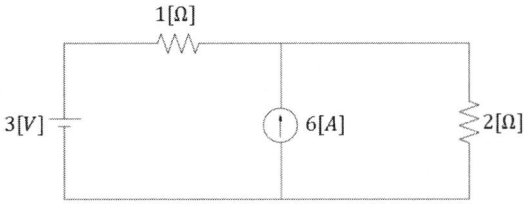

**해설**

중첩의 원리로 풀기 위해 회로를 각각 분리하면

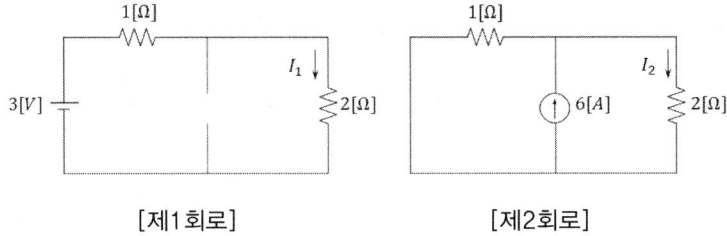

[제1회로]     [제2회로]

제1회로에서  $I_1 = \dfrac{3}{1+2} = 1.0[A]$

제2회로에서  $I_2 = 6 \times \dfrac{1}{1+2} = 2.0[A]$

중첩의 원리에 의해 2[Ω]에 흐르는 전류는

$$I = I_1 + I_2 = 1 + 2 = 3[A]$$

따라서 2[Ω]의 단자전압은

$$V_2 = 2I = 2 \times 3 = 6[V]^{38)}$$

---

**38)** 이 문제를 쌍대회로를 이용하여 전압원을 전류원으로 변환 후 전압을 구해본다.

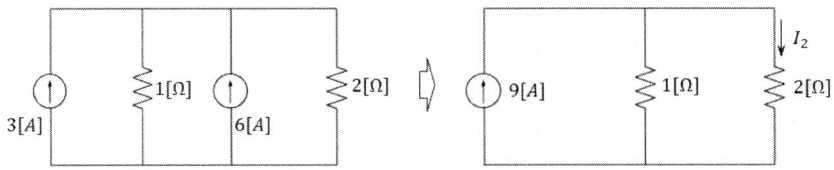

[전압원의 변환]

위 그림에서  $I_2 = 9 \times \dfrac{1}{1+2} = 3[A]$,   $V_2 = 2I_2 = 2 \times 3 = 6[V]$

### 81-1-7

어떤 공장의 소비전력이 100[kW], 이 부하의 역률이 0.6이다. 역률을 0.9로 개선하기 위한 전력용 콘덴서 용량[kVA]를 구하시오.

**해설**

유효전력이 100[kW]이므로 콘덴서 용량은

$$Q_c = P(\tan\phi_1 - \tan\phi_2) = 100(\tan\cos^{-1}0.6 - \tan\cos^{-1}0.9)$$
$$= 84.9[\text{kVA}]^{39)}$$

---

39) 역률개선 전, 후 전력의 변화

개선전의 전력은

$$P_1 + jQ_1 = 100 + j100\tan\cos^{-1}0.6 = 100 + j133 = 166.6[\text{kVA}]$$

개선후의 전력은

$$P_2 + jQ_2 = P_1 + j(Q_1 - Q_c) = 100 + j(133 - 84.9)$$
$$= 100 + j48.1 = 111[\text{kVA}]$$

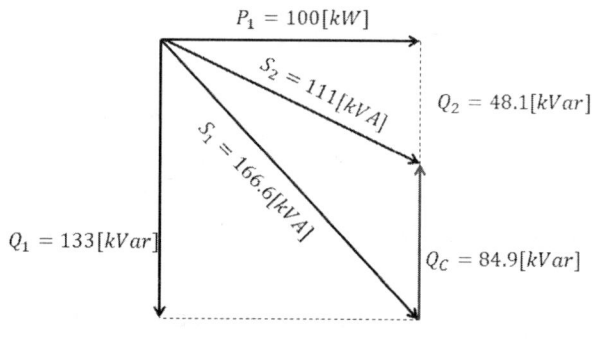

[역률개선 벡터도]

위 벡터도를 자세히 보면 역률 개선시 유효전력의 변화는 없고 다만 무효전력만 변화되는 것을 알 수 있다. 물론 전혀 변하지 않는 것은 아니고 $Q_c$의 투입에 따라 전압은 약간 상승한다. 이 전압의 변동에 따라 부하의 특성(정전류, 정전력, 정임피던스)에 따라 유효전력도 변화하지만 이 부분은 일반적으로 무시하고 계산하게 된다. 유효전력이 변하지 않는다는 것을 염두에 두어야 만이 역률 개선 후 추가부하의 용량도 계산할 수 있으니 참고하기 바란다.

### 81-1-8

아래 그림과 같이 결선된 CT의 3상 평형회로에서 전류계가 5[A]를 지시하였다. CT의 변류비가 20인 경우 선로의 전류는 몇 [A]인지 계산하시오.

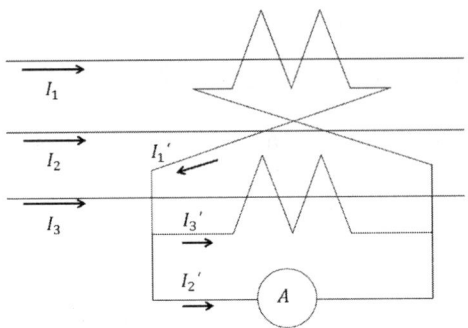

**해설**

KCL을 적용하면

$$I_1' = I_2' + I_3', \qquad I_2' = I_1' - I_3'$$

3상 평형 회로이므로 이를 벡터도로 그리면

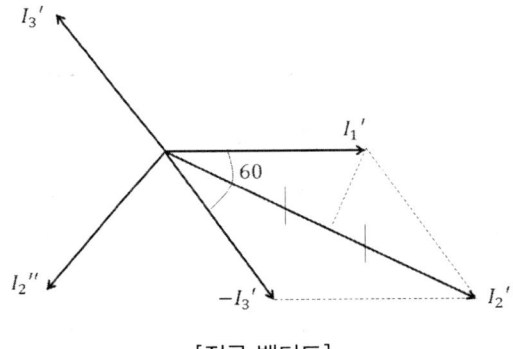

[전류 벡터도]

$$I_2' = 2I_1' \cos 30 = \sqrt{3} \times \frac{I_1}{20}$$

$$\therefore I_1 = I_2' \times \frac{20}{\sqrt{3}} = 5 \times \frac{20}{\sqrt{3}} = 57.7 [\text{A}]\,^{40)}$$

---

40) 이 문제는 한 개의 변류기를 역결선한 것이다. 계기용 변압기에서 다음의 경우를 계산해 본다.

**문제** 그림과 같이 VT를 결선한 회로에서 그림과 같이 (a) 및 (b)처럼 극성을 다르게 설치한 경우의 VT 2차측 각각의 선간전압을 구하시오. 단 계기용변압기의 전압비는 240[kV]/120[V]이고 계기용 변압기 1차 계통의 전압은 230[kV] 이다.

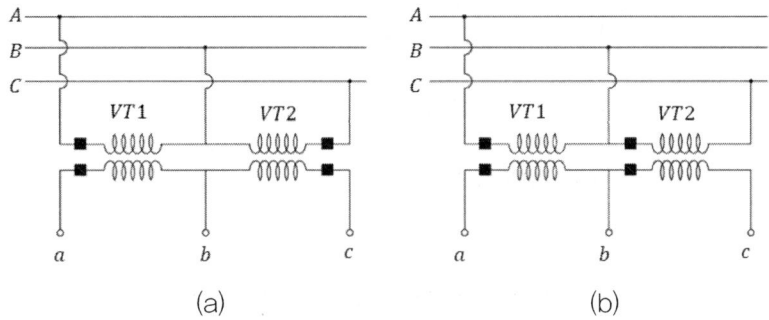

(a)  (b)

**풀이**

1. [a]의 경우

    VT의 전압비는

    $$a = \frac{V_1}{V_2} = \frac{240,000}{120} = 2,000$$

    2차측 전압은

    $$V_{ab} = \frac{230,000 \angle 0°}{200} = 115 \angle 0°[\text{V}]$$

    $$V_{bc} = \frac{230,000 \angle -120°}{200} = 115 \angle -120°[\text{V}]$$

    $$V_{ca} = -(V_{ab} + V_{bc}) = -\{(115 \angle 0°) + (115 \angle -120°)\}$$
    $$= -115 \angle -60° = 115 \angle 120°[\text{V}]$$

    이 되어 전압이 3상 평형을 이룬다.

2. [b]의 경우

    2차측 전압은

    $$V_{ab} = 115 \angle 0°[\text{V}]$$

    $$V_{bc} = -115 \angle -120° = 115 \angle 60°[\text{V}]$$

    $$V_{ca} = -(V_{ab} + V_{bc}) = -\{(115 \angle 0°) + (115 \angle 60°)\} = 199 \angle -150°[\text{V}]$$

    이 되어 전압이 3상 불평형이 된다.

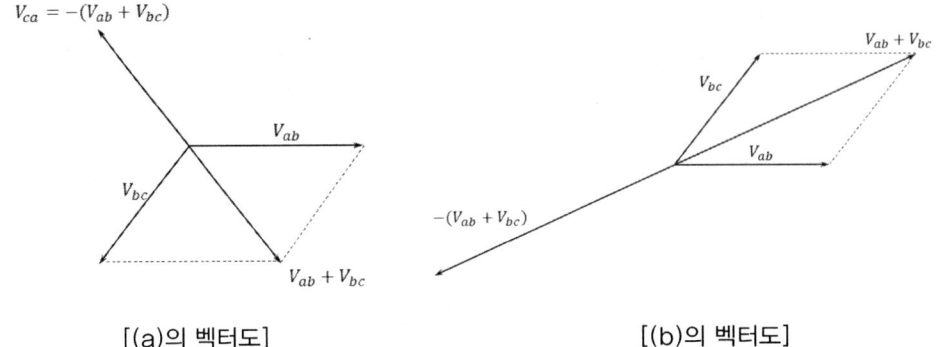

[(a)의 벡터도]　　　　　　　　[(b)의 벡터도]

**문제** 그림의 회로에서 전압계의 지시치를 역상전류에 비례하도록 하기 위해서는 $\theta$를 얼마로 하여야 하는가? 또, 이 때의 전압계 지시치는 얼마인가?(단, 변류비는 $k$로 한다)

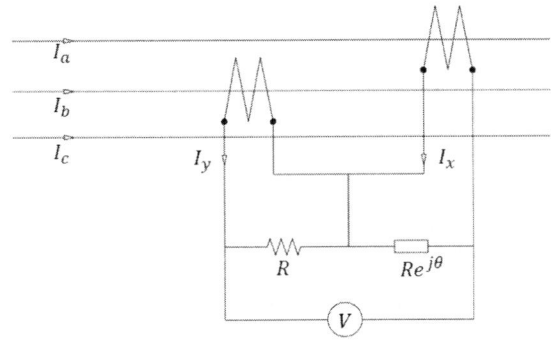

**풀이**

1. 역상전류가 흐르기 위한 각 $\theta$

영상전류   $I_0 = \dfrac{1}{3}(I_a + I_b + I_c) = 0$

각 상의 전류를 대칭분으로 표현하면

$$I_a = I_0 + I_1 + I_2 = I_1 + I_2$$
$$I_b = I_0 + a^2 I_1 + a I_2 = a^2 I_1 + a I_2 \quad \cdots\cdots (1)$$

변류기 2차측 전류

$$I_x = \dfrac{1}{k} I_a = \dfrac{1}{k}(I_1 + I_2)$$
$$I_y = \dfrac{1}{k} I_b = \dfrac{1}{k}(a^2 I_1 + a I_2) \quad \cdots\cdots (2)$$

전압계의 지시전압은

$$V = I_x R(\cos\theta + j\sin\theta) + I_y R \quad \cdots\cdots (3)$$

식(2)을 식(3)에 대입하면

$$V = \left(\frac{I_1 + I_2}{k}\right) \cdot R(\cos\theta + j\sin\theta) + \left(\frac{a^2 I_1 + a I_2}{k}\right) \cdot R$$

$$= \frac{I_1 R(\cos\theta + j\sin\theta) + I_2 R(\cos\theta + j\sin\theta) + a^2 I_1 R + a I_2 R}{k}$$

$$= \frac{R}{k}\{I_1(\cos\theta + j\sin\theta) + a^2\} + \frac{R}{k}\{I_2(\cos\theta + j\sin\theta) + a\} \quad \cdots\cdots (4)$$

역상전류가 흐르기 위해서는 정상전류 $I_1$의 계수가 0이면 되므로 위 식 좌항의 ( )가 0이면 되므로

$$(\cos\theta + j\sin\theta - \frac{1}{2} - j\frac{\sqrt{3}}{2}) = 0$$

$$\therefore \cos\theta = \frac{1}{2} \rightarrow \theta = \cos^{-1} 0.5 = 60°, \quad \sin\theta = \frac{\sqrt{3}}{2} \rightarrow \theta = 60°$$

## 2. 역상전류가 흐를 때 전압계 지시치

식(4)의 우변의 2항만 해당되므로 대입하면

$$V = \frac{R}{k}\{I_2(\cos\theta + j\sin\theta) + a\}$$

$$= \frac{R}{k}\left\{I_2(\cos 60 + j\sin 60) - \frac{1}{2} + j\frac{\sqrt{3}}{2}\right\} = \frac{j\sqrt{3} I_2 R}{k}$$

즉, 역상전류가 흐르기 위한 $\theta = 60$이며, 이 때의 전압계의 지시치는 $\sqrt{3} \times \frac{R}{k} I_2$가 된다.

### 31-1-2

그림과 같은 열병합발전소의 각 유입차단기(OCB)의 차단용량을 계산하시오.
단, 발전기 $G_1$ : 용량 1,000 [kVA], $X_{G1}$ 10 [%]
　　　　　$G_2$ : 용량 2,000 [kVA], $X_{G2}$ 14 [%]
　　변압기 T : 용량 3,000 [kVA], $X_{Tr}$ 12 [%]
라 하고 선로측으로부터 단락전류는 고려하지 않는 것으로 한다.

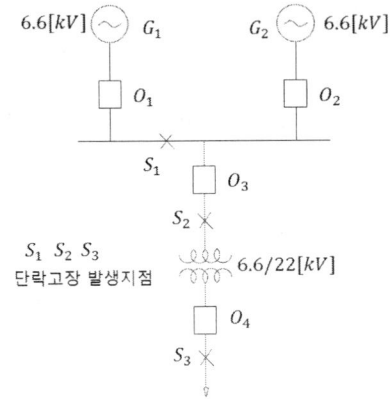

### 해설

#### 1. 임피던스 환산(1[MVA] 기준)

$$X_{G1} = 10[\%], \quad X_{G2} = 14 \times \frac{1}{2} = 7[\%], \quad X_{Tr} = 12 \times \frac{1}{3} = 4[\%]$$

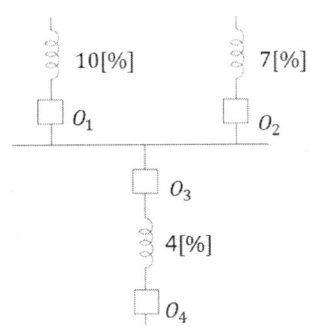

[Impedance map]

#### 2. 각 차단기 용량

$$O_1 = \frac{100 P_N}{\% X_{G1}} = \frac{100 \times 1}{10} = 10 [\text{MVA}]$$

$$O_2 = \frac{100 P_N}{\% X_{G2}} = \frac{100 \times 1}{7} = 14.3 [\text{MVA}]$$

$$O_3 = \frac{100 P_N}{\dfrac{7 \times 10}{7+10}} = \frac{100 \times 1}{4.117} = 24.3 [\text{MVA}]$$

$$O_4 = \frac{100 P_N}{4.117 + 4} = \frac{100 \times 1}{8.117} = 12.3 [\text{MVA}] \ ^{41)}$$

---

41) $O_4$의 경우 전압이 22[kV]로 다른 차단기와 다르다. 단락전류를 계산해서 위에서와 동일하게 계산되는지 계산해 보면

기준전류  $I_N = \dfrac{1 \times 10^3}{\sqrt{3} \times 22} = 26.24 [\text{A}]$

단락전류  $I_S = \dfrac{100 \times 26.24}{8.117} = 323.3 [\text{A}]$

차단용량  $O_4 = \sqrt{3} \times 22 \times 323.3 = 12,319 [\text{kVA}]$

로 앞서와 동일하다. 차단기 용량을 구할 때는 전자의 방법이 훨씬 간편하다. 다음의 예제를 풀어보자.

**문제** 다음과 같은 계통에서 발전기 모선(모선 1)에서 3상 단락 시 단락전류를 구하시오. 단, 고장 전 전류는 무시하고 발전기는 정격전압에서 운전되는 것으로 가정한다.

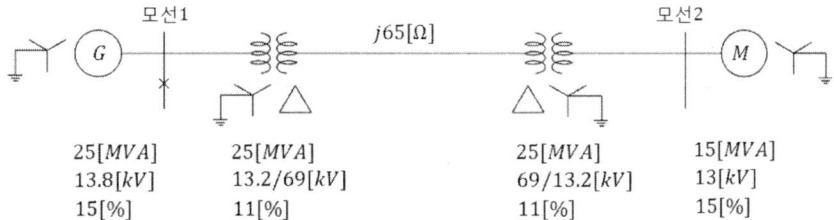

| 25[MVA] | 25[MVA] | 25[MVA] | 15[MVA] |
| 13.8[kV] | 13.2/69[kV] | 69/13.2[kV] | 13[kV] |
| 15[%] | 11[%] | 11[%] | 15[%] |

**풀이**

1. [pu] 임피던스(25[MVA], 13.8[kV] 기준)

발전기 임피던스

$$X_G = j0.15 [\text{pu}]$$

변압기 임피던스

$$X_{T1} = \left(\frac{13.2}{13.8}\right)^2 \times j0.11 = j0.101 [\text{pu}] = X_{T2}$$

송전선로의 기준전압은

$$V_L = 69 \times \frac{13.8}{13.2} = 72.14 \, [\text{kV}]$$

이므로 송전선로 임피던스는

$$X_L = \frac{ZP}{V_L^2} = \frac{j65 \times 25}{72.14^2} = j0.312 \, [\text{pu}]$$

전동기 임피던스

$$X_M = 0.15 \times \frac{25}{15} \times \left(\frac{13}{13.8}\right)^2 = j0.222 \, [\text{pu}]$$

```
     j0.15    j0.101    j0.312    j0.101   j0.222
    ─⌇⌇⌇──×──⌇⌇⌇──────⌇⌇⌇──────⌇⌇⌇─────⌇⌇⌇──
            F
                          ⇩
              j0.15      j0.736
             ─⌇⌇⌇──×──⌇⌇⌇──
                    F
```

[Impedance Map]

따라서 F점에서 본 임피던스는

$$Z_F = \frac{0.15 \times 0.736}{0.15 + 0.736} = j0.1246 \, [\text{pu}]$$

2. 단락전류

발전기 전압을 13.8[kV]=1.0[pu]으로 두면 단락전류는

$$I_S = \frac{1.0}{j0.1246} = -j8.025 \, [\text{pu}]$$

기준전류는

$$I_N = \frac{P_N}{\sqrt{3}\,V} = \frac{25 \times 10^3}{\sqrt{3} \times 13.8} = 1,046 \, [\text{A}]$$

따라서 실제의 전류는

$$I_S' = 1,046 \times 8.025 = -j8,394 \, [\text{A}]$$

### 81-3-5
### 87-3-4

그림과 같은 회로에서 인덕턴스 $L$에 흐르는 전류가 전원전압 $E$와 동상이 되기 위한 $R_1$의 값을 구하시오.

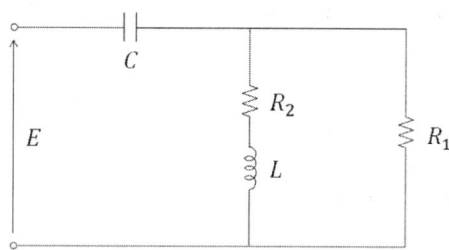

### 해설

**1. 합성 임피던스**

$$Z = \frac{1}{jwC} + \frac{R_1(R_2 + jwL)}{R_1 + R_2 + jwL} = \frac{R_1R_2 + jR_1wL}{R_1 + R_2 + jwL} - j\frac{1}{wC}$$

**2. 전체전류**

$$I = \frac{E}{Z} = \frac{E}{\dfrac{R_1R_2 + jR_1wL}{R_1 + R_2 + jwL} - j\dfrac{1}{wC}}$$

**3. $L$ 방향의 전류**

$$I_L = I \times \frac{R_1}{R_1 + R_2 + jwL}$$

$$= \left(\frac{E}{\dfrac{R_1R_2 + jR_1wL}{R_1 + R_2 + jwL} - j\dfrac{1}{wC}}\right) \times \frac{R_1}{R_1 + R_2 + jwL}$$

$$= \frac{E \cdot R_1}{R_1R_2 + jR_1wL - j\dfrac{R_1 + R_2 + jwL}{wC}}$$

$$= \frac{E \cdot R_1}{R_1R_2 + jR_1wL - \dfrac{jR_1 + jR_2 + wL}{wC}}$$

분모를 통분하면

$$I_L = \frac{E \cdot R_1}{wC(R_1R_2 + jR_1wL) - jR_1 + jR_2 + wL}$$

$$= \frac{E \cdot R_1}{wCR_1R_2 + jw^2R_1LC - jR_1 + jR_2 + wL}$$

실수부와 허수부를 분리하면

$$I_L = \frac{E \cdot R_1}{(wCR_1R_2 + wL) + j(w^2R_1LC - R_1 + R_2)}$$

허수부가 0이면 전압과 동상이므로

$$(w^2R_1LC - R_1 + R_2) = 0$$

위 식을 $R_1$으로 나누면

$$\left(w^2LC - 1 + \frac{R_2}{R_1}\right) = 0 \qquad 1 + \frac{R_2}{R_1} = w^2LC$$

$$\frac{R_2}{R_1} = w^2LC - 1 \qquad \therefore R_1 = \frac{R_2}{w^2LC - 1}[\Omega]$$

가 된다.

### 83-1-10
최대전력 전달조건을 설명하시오.

**해설**

전기 회로의 설계나 계통해석에서는 최대전력 전달조건을 염두에 두어야 만이 효율적으로 설계와 해석을 할 수 있다. 최대전력전달 조건이란 「전원의 내부 임피던스와 부하의 임피던스 정합이 동일할 때」이다. 이를 임피던스 정합(Impedance Matching)[42]이라 하며, 이러한 조건이 되는 것을 설명하면 다음과 같다.

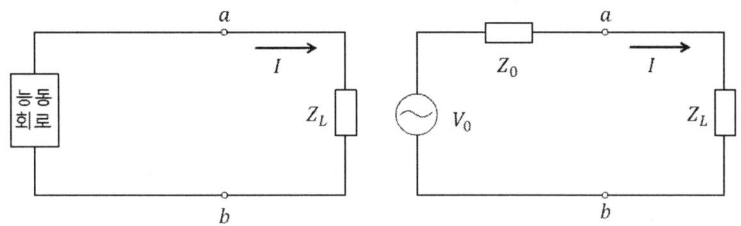

[능동회로망]

그림과 같은 회로에서 전류를 구하면

$$I = \frac{V_0}{Z_0 + Z_L}$$

부하전력은

$$P_L = I^2 \cdot Z_L = \left(\frac{V_0}{Z_0 + Z_L}\right)^2 \cdot Z_L = \frac{V_0^2 Z_L}{(Z_0 + Z_L)^2}$$

위 식에서 부하임피던스 변동조건을 만들기 위해서 분모, 분자를 $Z_L$로 나누면

$$P_L = \frac{V_0^2}{\dfrac{(Z_0 + Z_L)^2}{Z_L}}$$

위 식의 분모 값이 최소일 경우 전력은 최대가 되므로 분모를 $A$로 치환 후 미분하면

$$A = \frac{(Z_0 + Z_L)^2}{Z_L} = \frac{Z_0^2 + Z_L^2 + 2Z_0 Z_L}{Z_L} = 2Z_0 + Z_L + \frac{Z_0^2}{Z_L}$$

$$\frac{A}{dZ_L} = 1 + Z_0^2\left(-\frac{1}{Z_L^2}\right) = 0 \;\;\rightarrow\;\; 1 = \frac{Z_0^2}{Z_L^2} \qquad \therefore Z_0 = Z_L$$

즉, $Z_0 = Z_L$일 때 최대전력을 전달할 수 있으며, 이때의 최대전력은

$$P_L = \left(\frac{V_0}{Z_0 + Z_L}\right)^2 \cdot Z_L = \frac{V_0^2 Z_0}{4Z_0^2} = \frac{V_0^2}{4Z_0}$$ [43]

---

**42) 임피던스 정합(Impedance Matching)**
전원과 부하가 고정되어 있을 때 적당한 회로를 삽입하여 최대전력을 전달할 수 있도록 적당한 $R$, $L$, $C$를 삽입하는 것을 말하며 주로 저전력인 전자, 통신회로에 많이 이용된다.

**43) 최대전력 전달조건에서의 유의사항**
위에서는 최대전력 전달조건이 전원측 임피던스와 부하측 임피던스가 동일한 조건인데 다음 회로에서 주의사항을 고찰해 본다.

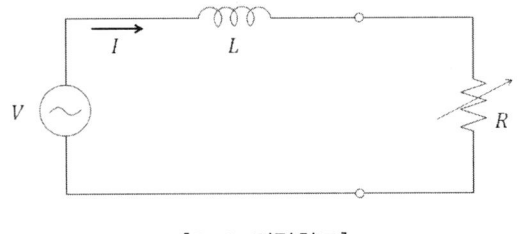

[R-L 직렬회로]

### 1. 최대전력 전달조건
① 임피던스

$$Z = R + jX_L = \sqrt{R^2 + X_L^2} \quad \cdots\cdots (1)$$

② 전류

$$I = \frac{V}{Z} \quad \cdots\cdots (2)$$

③ 전력

$$P = I^2 R = \left(\frac{V}{Z}\right)^2 \cdot R = \frac{V^2 R}{(\sqrt{R^2 + X_L^2})^2} = \frac{V^2 R}{R^2 + X_L^2} \quad \cdots\cdots (3)$$

식(2)의 분모, 분자를 $R$로 나누면

$$P = \frac{V^2}{R + \dfrac{X_L^2}{R}} \qquad \cdots\cdots (4)$$

④ 최대전력 전달 조건

분모를 $A$로 치환 후 미분하면

$$\frac{dA}{dR} = \frac{d}{dR}\left(R + \frac{X_L^2}{R}\right) = 1 - \frac{X_L^2}{R^2} = 0 \qquad \therefore R = X_L \qquad \cdots\cdots (5)$$

따라서 최대전력 전달조건은 $R = X_L = wL$이 되고 전원 임피던스와 부하의 임피던스가 동일할 때 최대전력이 전달된다.

## 2. 최대전력

(3)에 조건을 대입하면

$$P_{\max} = I^2 R = \left(\frac{V}{Z}\right)^2 \cdot R = \frac{V^2 R}{(\sqrt{R^2 + X_L^2})^2} = \frac{V^2 R}{R^2 + R^2} = \frac{V^2 R}{2R^2} = \frac{V^2}{2R}$$

위에서 최대전력 전달조건은 어디까지나 $|R| = |X_L|$이다. 따라서 이 둘에는 크기는 같으나 위상차가 90° 존재한다. 위의 경우 이런 위상차를 무시하고 계산하게 되면 저항 $R$이 두 개가 직렬 연결된 회로가 되어

$$P_{\max} = I^2 R = \left(\frac{V}{2R}\right)^2 \cdot R = \frac{V^2}{4R}$$

로 계산되어 오류가 발생한다. 또한, 최대전력전달이므로 전류가 최대이면 최대전력이 될 수 있다는 논리는 아님에 주의하기 바란다. 전류 최대 조건은 직렬공진임에 유의한다.

### 83-3-3 변압기 병렬운전 시 임피던스가 서로 다른 경우 계산의 예를 들어 설명하시오.

**해설**

#### 1. %임피던스가 다른 경우 부하분담

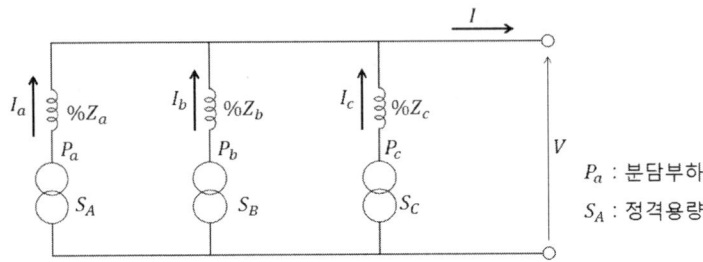

[변압기 병렬운전 모델]

$P_a$ : 분담부하
$S_A$ : 정격용량

변압기 3대를 병렬운전 하는 것으로 가정하여 해석한다. 병렬운전하는 변압기의 단자전압 $V$는 일정하므로 부하분담은

$$P_a = VI_a, \quad P_b = VI_b, \quad P_c = VI_c$$

합성 전체 부하는

$$P = P_a + P_b + P_c = VI = V(I_a + I_b + I_c)$$

자기용량기준 %임피던스를 구하면

$$\%Z_a = \frac{Z_a \cdot S_A}{10\,V^2}, \quad \%Z_b = \frac{Z_b \cdot S_B}{10\,V^2}, \quad \%Z_c = \frac{Z_c \cdot S_C}{10\,V^2} \quad \cdots\cdots (1)$$

옴 임피던스로 변환하면

$$Z_a = \frac{\%Z_a \cdot 10\,V^2}{S_A} \quad \rightarrow \quad \frac{1}{Z_a} = \frac{S_A}{\%Z_a \cdot 10\,V^2}$$

$$Z_b = \frac{\%Z_b \cdot 10\,V^2}{S_B} \quad \rightarrow \quad \frac{1}{Z_b} = \frac{S_B}{\%Z_b \cdot 10\,V^2}$$

$$Z_c = \frac{\%Z_c \cdot 10\,V^2}{S_C} \quad \rightarrow \quad \frac{1}{Z_c} = \frac{S_C}{\%Z_c \cdot 10\,V^2}$$

또한 기준용량을 $P_n$ 두어 환산하면

$$\%Z_a' = \%Z_a \times \frac{P_n}{S_A} \quad \rightarrow \quad \frac{S_A}{\%Z_a} = \frac{P_n}{\%Z_a'}$$

$$\%Z_b{}' = \%Z_b \times \frac{P_n}{S_B} \quad \rightarrow \quad \frac{S_B}{\%Z_b} = \frac{P_n}{\%Z_b{}'}$$

$$\%Z_c{}' = \%Z_c \times \frac{P_n}{S_C} \quad \rightarrow \quad \frac{S_C}{\%Z_c} = \frac{P_n}{\%Z_c{}'}$$

이제 각 변압기의 부하분담을 계산해 보면

$$P_a = VI_a = VI \times \frac{Y_a}{Y_a + Y_b + Y_c} = VI \times \frac{\frac{1}{Z_a}}{\frac{1}{Z_a} + \frac{1}{Z_b} + \frac{1}{Z_c}}$$

$$= P \times \frac{\frac{S_A}{\%Z_a}}{\frac{S_A}{\%Z_a} + \frac{S_B}{\%Z_b} + \frac{S_C}{\%Z_c}} = P \times \frac{\frac{P_n}{\%Z_a{}'}}{\frac{P_n}{\%Z_a{}'} + \frac{P_n}{\%Z_b{}'} + \frac{P_n}{\%Z_c{}'}} \quad \cdots\cdots (2)$$

$$= P \times \frac{\frac{1}{\%Z_a{}'}}{\frac{1}{\%Z_a{}'} + \frac{1}{\%Z_b{}'} + \frac{1}{\%Z_c{}'}} \quad \cdots\cdots (3)$$

위 식(3)에서 부하의 분담은 기준용량으로 환산한 %임피던스에 반비례하고 그 역수인 어드미턴스와는 비례한다. 또한 식(2)의 1항의 분모

$$\frac{S_A}{\%Z_a} + \frac{S_B}{\%Z_b} + \frac{S_C}{\%Z_c} = k = 일정 하므로$$

$$P_a = P \times \frac{S_A}{\%Z_a} \times \frac{1}{k} \quad \cdots\cdots (4)$$

위 식(4)에서 부하분담은 용량 $S_A$에 비례하고 %Z에는 반비례한다.
한편 변압기 용량과 부하 분담은 $P_a \leq S_A$ 여야 하므로

$$P = \left(k \times \%Z_a \frac{P_a}{S_A}\right) \leq k \cdot \%Z_a, \quad P \leq k \cdot \%Z_b, \quad P \leq k \cdot \%Z_c$$

만약 $\%Z_a < \%Z_b < \%Z_c$ 로 두면

$$P \leq k \cdot \%Z_a = \%Z_a \left(\frac{S_A}{\%Z_a} + \frac{S_B}{\%Z_b} + \frac{S_C}{\%Z_c}\right)$$

$$= S_A + \frac{\%Z_a}{\%Z_b} \cdot S_B + \frac{\%Z_a}{\%Z_c} \cdot S_C \quad \cdots\cdots (5)$$

위 식(5)에서 병렬운전 중인 변압기의 합성 최대부하는 자기용량기준 %Z가 정격이 될 때까지 부하를 걸 수 있으며 나머지 변압기들은 자기 자신의 %Z와 최소 %Z에 대한 비율만큼 부하를 분담하므로 병렬운전 중인 변압기의 합성 정격용량만큼 부하를 걸 수 없음을 의미한다.

## 2. 부하분담 계산 예

1) %Z가 같으며 용량이 상이한 경우

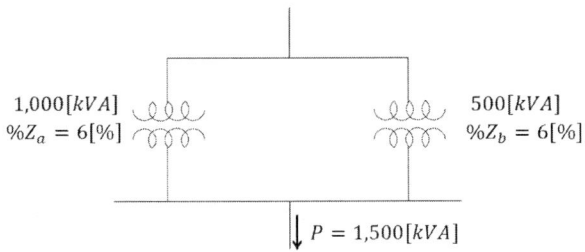

[용량이 다른 2대의 병렬운전]

그림과 같은 병렬운전의 예에서 기준용량을 1,000[kVA]로 하여 임피던스를 환산하면

$$\%Z_a{'} = 6[\%] \ , \ \%Z_b{'} = 6 \times \frac{1,000}{500} = 12[\%]$$

부하의 분담은

$$P_b = P \times \frac{Z_a{'}}{Z_a{'} + Z_b{'}} = 1,500 \times \frac{6}{12+6} = 500[\text{kVA}]$$

$$P_a = P \times \frac{Z_b{'}}{Z_a{'} + Z_b{'}} = 1,500 \times \frac{12}{12+6} = 1,000[\text{kVA}]$$

가 되며, %임피던스가 동일한 경우 부하분담은 용량에 비례함을 알 수 있다.

2) %Z가 다른 경우

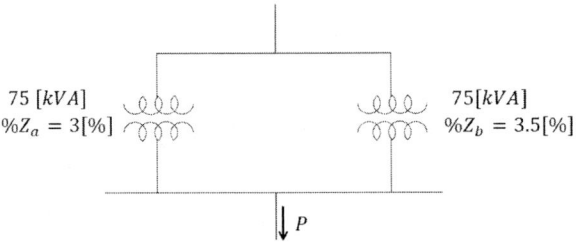

[%Z가 다른 2대의 병렬운전]

부하분담을 계산해 보면

$$P_a = P \times \frac{Z_b}{Z_a + Z_b} = 150 \times \frac{3.5}{3 + 3.5} = 80.7 [\text{kVA}]$$

가 되어 변압기 정격용량을 초과한다. 정격용량을 초과하지 않도록 부하를 조정하면

$$75 = P \times \frac{3.5}{3 + 3.5} \quad \therefore \ P = 139 [\text{kVA}]$$

이때 변압기의 부하분담은

$$P_a = 139 \times \frac{3.5}{3 + 3.5} = 75 [\text{kVA}]$$
$$P_b = 139 - 75 = 64 [\text{kVA}]$$

이상에서 $\%Z$가 다른 경우 용량만큼 부하를 걸 수 없으며 $\%Z$가 적은 쪽 변압기가 먼저 과부하가 된다.

3) 용량과 $\%Z$가 모두 다른 경우

임의의 기준용량으로 $\%Z$를 환산한 후 일반적인 병렬회로에서의 전류의 분류로 해석하면 된다. 즉, $\%Z$에 반비례한다.

### 87-3-3
다음과 같은 수변전단선결선도에서 50/51₁과 50/51₂의 보호계전기를 정정하시오.

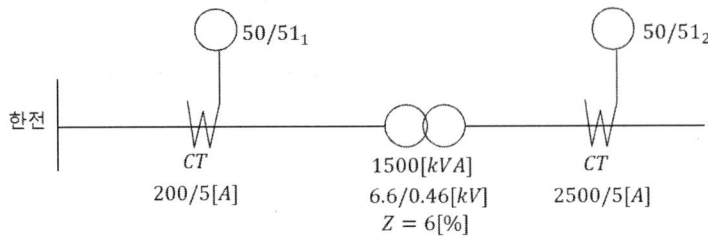

(조건) 1. 한전측은 무시한다.
2. 역률은 0.9이다.
3. 한시 OCR의 탭 : 4-5-6-7-8-10-12[A]
4. 순시 OCR의 탭 : 20~80[A]

### 해설

**1. 한시 탭** [44)]

1) 변압기 1, 2차측 부하전류

$$I_1 = \frac{S}{\sqrt{3}\,V_1} = \frac{1,500}{\sqrt{3} \times 6.6} = 131[A]$$

$$I_2 = \frac{S}{\sqrt{3}\,V_2} = \frac{1,500}{\sqrt{3} \times 0.46} = 1,883[A]$$

2) 한시 탭

부하전류를 CT 2차 전류로 환산하면

$$i_1 = I_1 \times \frac{5}{200} = 131 \times \frac{5}{200} = 3.275[A]$$

$$i_2 = I_2 \times \frac{5}{2,500} = 1,883 \times \frac{5}{2,500} = 3.77[A]$$

한시 탭은 부하전류의 150[%] 정도에 정정하므로

$51_1\,tap = 3.275 \times 1.5 = 4.91[A]$  ∴ 5[tap]

$51_2\,tap = 3.77 \times 1.5 = 5.66[A]$  ∴ 6[tap]

**2. 순시 탭**

1) 고장전류

$$I_{s1} = \frac{100I_n}{\%Z} = \frac{100}{6} \times 131 = 2,183[A]$$

$$I_{s2} = \frac{100I_n}{\%Z} = \frac{100}{6} \times 1,883 = 31,383[A]$$

2) CT 2차 전류

$$i_{s1} = I_{s1} \times \frac{5}{200} = 2,183 \times \frac{5}{200} = 54.6[A]$$

$$i_{s2} = I_{s2} \times \frac{5}{2,500} = 31,383 \times \frac{5}{2,500} = 62.8[A]$$

3) 순시 탭

최대 단락전류의 150[%]를 적용하면

$51_1 \, tap = 81.9[A]$  ∴ 80[tap]

$51_2 \, tap = 94.2[A]$  ∴ 80[tap]

**44)** 한시요소는 일반적으로 최대부하전류의 약 150[%] 정도로 정정하고 기동전류가 매우 큰 전철 등에서는 200~250[%] 까지도 정정한다. 순시요소는 최대 단락전류의 125~200[%] 정도로 정정하고 이들 계전기 정정시는 변압기 여자돌입전류, 전동기 기동전류, 변압기의 단락강도 등과 연계해서 보호협조가 이루어지도록 해야 한다.

### 89-1-1

용량 1,000[kVA], 22,900/380[V]인 변압기의 퍼센트 임피던스(%$Z$)가 5[%], $X/R = 7$인 경우 지상(lag)역률 80[%]의 전부하로 운전하는 변압기의 전압변동률을 구하시오.

**해설**

#### 1. %저항강하와 %리액턴 강하

1) %저항강하 $p$

$$p = \%R = \left(\frac{\%Z}{\left(\frac{\sqrt{R^2+X^2}}{R}\right)^2}\right) = \frac{\%Z}{\sqrt{1+\left(\frac{X}{R}\right)^2}} \quad \cdots\cdots (1)$$

수치를 대입하면

$$p = \frac{5}{\sqrt{1+7^2}} = 0.707[\%]$$

2) %리액턴스강하

$X/R = 7$이므로

$$q = 7 \times 0.707 = 4.95[\%]$$

#### 2. 전압변동률

$\cos\phi = 0.8$이므로

$$\epsilon = p\cos\phi + q\sin\phi = 0.707 \times 0.8 + 4.95 \times 0.6 = 3.54[\%]^{45)}$$

---

45) 식(1)을 암기해야만 할까? 임피던스각으로 쉽게 구할 수 있다.

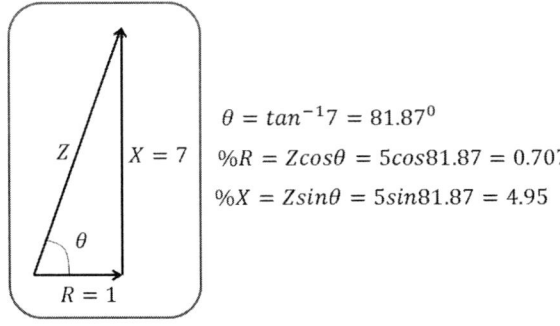

$\theta = tan^{-1}7 = 81.87^0$
$\%R = Z\cos\theta = 5\cos 81.87 = 0.707$
$\%X = Z\sin\theta = 5\sin 81.87 = 4.95$

한편 전압변동율 $\epsilon = p\cos\phi + q\sin\phi$는 다음과 같이 구할 수 있다. 전압변동률과 전압강하율의 차이점은 전압변동률은 임의의 한 지점에서의 무부하시 전압과 부하가 걸렸을 때의 전압을 비교한 것이지만 전압강하율은 이와 달리 임의의 두 지점의 전압을 상호 비교한다는 데서 그 차이가 있다.

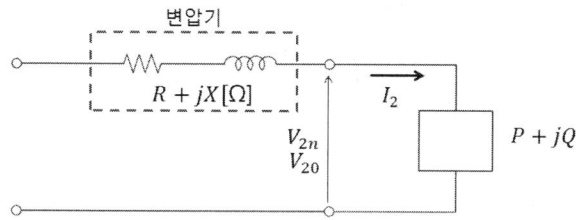

변압기 임피던스 $Z = R + jX$, $I_2$ : 정격전류,

$V_{20}$ : 무부하시 단자전압, $V_{2n}$ : 정격 부하시 단자전압

벡터도로 그리면

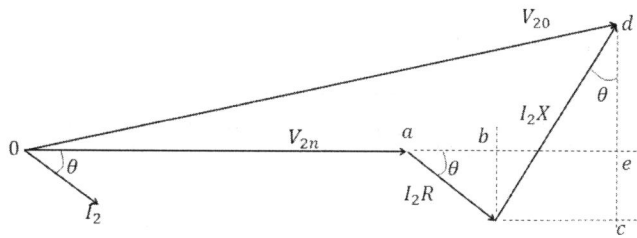

위 벡터도에서

$$\overline{ab} : I_2 R\cos\theta, \quad \overline{bc} : I_2 X\sin\theta,$$
$$\overline{cd} : I_2 X\sin\theta, \quad \overline{ce} : I_2 R\sin\theta$$

따라서

$$V_{20} = V_{2n} + I_2(R\cos\theta + X\sin\theta) + jI_2(X\cos\theta - R\sin\theta)$$
$$V_{20}^2 = (V_{2n} + I_2(R\cos\theta + X\sin\theta))^2 + (I_2(X\cos\theta - R\sin\theta))^2 \quad \cdots\cdots (1)$$

위 식(1)의 양변을 $V_{2n}$으로 나누면

$$\left(\frac{V_{20}}{V_{2n}}\right)^2 = \left(\frac{V_{2n} + I_2(R\cos\theta + X\sin\theta)}{V_{2n}}\right)^2 + \left(\frac{I_2(X\cos\theta - R\sin\theta)}{V_{2n}}\right)^2$$
$$= \left(1 + \frac{I_2 R}{V_{2n}}\cos\theta + \frac{I_2 X}{V_{2n}}\sin\theta\right)^2 + \left(\frac{I_2 X}{V_{2n}}\cos\theta - \frac{I_2 R}{V_{2n}}\sin\theta\right)^2$$

$$\cdots\cdots (2)$$

위 식(2)에서

$$\%저항강하\ p = \frac{I_2 R}{V_{2n}} \times 100 [\%]$$

$$\%리액턴스\ 강하\ q = \frac{I_2 X}{V_{2n}} \times 100 [\%] \quad \cdots\cdots (3)$$

식(3)으로 정리하면

$$\left(\frac{V_{20}}{V_{2n}}\right)^2 = \left(1 + \frac{p}{100}\cos\theta + \frac{q}{100}\sin\theta\right)^2 + \left(\frac{q}{100}\cos\theta - \frac{p}{100}\sin\theta\right)^2 \quad \cdots\cdots (4)$$

전압변동률은

$$\varepsilon = \frac{V_{20} - V_{2n}}{V_{2n}} \times 100 = \left(\frac{V_{20}}{V_{2n}} - 1\right) \times 100 [\%] \quad \cdots\cdots (5)$$

식(5)에 식(4)를 대입하면

$$\varepsilon = \left\{\sqrt{\left(1 + \frac{p}{100}\cos\theta + \frac{q}{100}\sin\theta\right)^2 + \left(\frac{q}{100}\cos\theta - \frac{p}{100}\sin\theta\right)^2} - 1\right\} \times 100$$

$$\cdots\cdots (6)$$

여기서, $a = \frac{p}{100}\cos\theta + \frac{q}{100}\sin\theta$, $b = \frac{q}{100}\cos\theta - \frac{p}{100}\sin\theta$로 두면 식(6)은

$$\varepsilon = \left\{\sqrt{(1+a)^2 + b^2} - 1\right\} \times 100 = \left\{1 + a\sqrt{1 + \left(\frac{b}{1+a}\right)^2} - 1\right\} \times 100 \quad \cdots\cdots (7)$$

위 식(7)에서 $\sqrt{1+x} \fallingdotseq 1 + \frac{x}{2}$ 이므로 정리하면

$$\varepsilon = \left\{(1+a)\left(1 + \left(\frac{b^2}{2(1+a)^2}\right)\right) - 1\right\} \times 100 = \left\{1 + a + \frac{b^2}{2(1+a)^2} - 1\right\} \times 100$$

$$= \left\{a + \frac{b^2}{2(1+a)^2}\right\} \times 100 \quad \cdots\cdots (8)$$

여기서 $1 + a \fallingdotseq 1\ (a \ll 1)$이므로

$$\varepsilon = \left\{a + \frac{b^2}{2}\right\} \times 100 \quad \cdots\cdots (9)$$

따라서 식(9)는

$$\varepsilon = \left\{\frac{p}{100}\cos\theta + \frac{q}{100}\sin\theta + \frac{(q\cos\theta - p\sin\theta)^2}{200}\right\} \quad \cdots\cdots (10)$$

위 식(10)에서 우변의 제 3항은 미미하므로 무시하면

$$\varepsilon \fallingdotseq \{p\cos\theta + q\sin\theta\} \qquad \cdots\cdots (11)$$

이 된다. 또한 변압기 %임피던스와 최대 전압변동률의 관계는

$$\text{역률 } \cos\theta = \frac{p}{\sqrt{p^2+q^2}}$$

식을 $\theta$에 대해 미분하면

$$\frac{d\varepsilon}{d\theta} = -p\sin\theta + q\cos\theta = 0 \quad \therefore \sin\theta = \frac{q}{p}\cos\theta$$

위 식 둘에서

$$\varepsilon_{\max} = p\cos\theta + \frac{q^2}{p}\cos\theta = \frac{p^2+q^2}{p}\cos\theta = \frac{p^2+q^2}{p} \times \frac{p}{\sqrt{p^2+q^2}}$$
$$= \sqrt{p^2+q^2} = \%Z$$

즉, 변압기에서의 최대 전압변동률은 %$Z$의 크기와 동일하다는 것을 알 수 있다. 다음 문제를 풀어본다.

**문제** 정격용량 75[kW], 역율 88[%], 효율 87.5[%]인 전동기가 3대 있다. 기동전류는 정격전류의 6배이고, 기동시 역율은 30[%]이다. 만약 기동시 허용 전압강하를 15[%] 이하로 억제하고자 할 경우 변압기 용량은 얼마가 적당하겠는가? 단, 변압기 %$R$ = 1.45[%], %$X$ = 3.75[%] 이다.

**풀이**

부하의 합계를 변압기 용량(피상전력)으로 환산하면

$$P_{Tr} = \frac{P_m \times 3}{\cos\phi \times \eta} = \frac{75 \times 3}{0.88 \times 0.875} = 292.2[\text{kVA}]$$

기동전류가 6배이므로 이때의 전압 변동율 $\varepsilon_k$은

$$\varepsilon_k = k\left\{p\cos\phi + q\sin\phi + \frac{(q\cos\phi - p\sin\phi)^2}{200}\right\}$$
$$= 6 \times \left\{(1.45 \times 0.3) + (3.75 \times \sqrt{1-0.3^2})\right.$$
$$\left. + \frac{(3.75 \times 0.3 - 1.45 \times \sqrt{1-0.3^2})^2}{200}\right\}$$
$$= 24.1[\%]$$

로 제한치 15[%]를 넘는다. 여기서 부하율은 전압 변동률과 비례한다. 즉, 동일 부하에

변압기 용량을 증가 시키면 부하율은 낮아지고, 전압 변동률도 낮아진다. 따라서 동일한 부하에서 변압기 용량과 전압변동률은 반비례한다. 전압강하 $\varepsilon'$를 15[%]로 낮추기 위한 변압기 용량을 $P_{Tr}'$라면

$$\varepsilon' = 15 = \varepsilon \times \frac{P_{Tr}}{P_{Tr}'} = 24.1 \times \frac{292.2}{P_{Tr}'}$$

$$P_{Tr}' = 292.2 \times \frac{24.1}{15} = 469.5 [\text{kVA}]$$

따라서 변압기 용량은 500[kVA]가 적당하다. 만약 변압기 용량을 500[kVA]로 두고 전압 변동률을 검토하면

500[kVA] 변압기에서의 기동시 부하율은 $k = 6 \times \frac{292.2}{500} = 3.5$배 이므로

$$\varepsilon = 3.5 \times \left\{ (1.45 \times 0.3) + (3.75 \times \sqrt{1 - 0.3^2}) \right.$$
$$\left. + \frac{(3.75 \times 0.3 - 1.45 \times \sqrt{1 - 0.3^2})^2}{200} \right\}$$
$$= 14 [\%]$$

또는

$$\varepsilon' = \varepsilon \times \frac{P_{Tr}}{P_{Tr}'} = 24.1 \times \frac{292.2}{500} = 14.1 [\%]$$

**문제** 아래와 같은 계통에서 콘덴서 투입 후 각 모선의 전압변화를 구하시오.

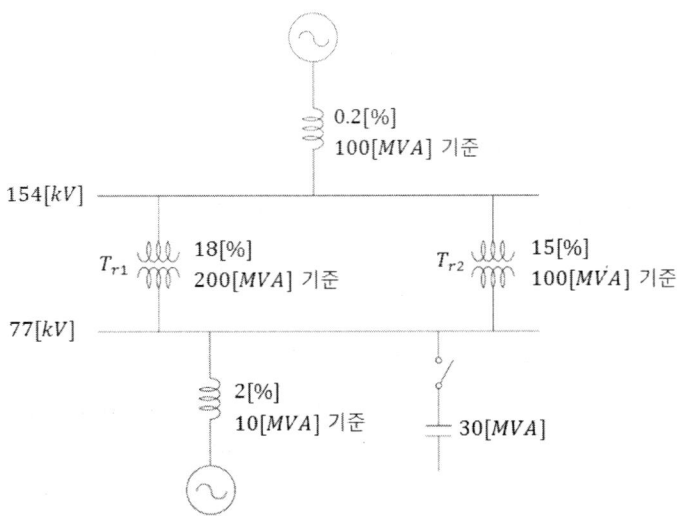

## 풀이

### 1. 77[kV] 모선의 전압변화

100[MVA] 기준 임피던스

전원측 $Z_{s1} = 0.02[\text{pu}]$

$$Z_{t1} = 0.18 \times \frac{100}{200} = 0.09[\text{pu}]$$

$$Z_{t2} = 0.15[\text{pu}]$$

$$SC = \frac{30}{100} = 0.3[\text{pu}]$$

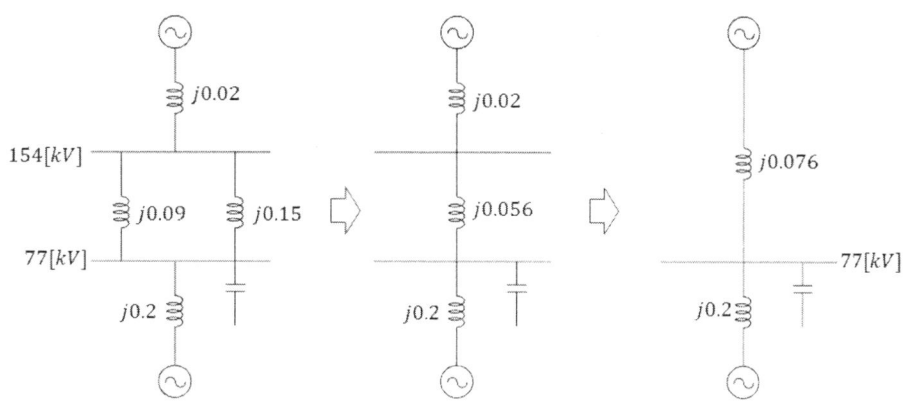

[Impedance map]

따라서 77[kV] 모선에서 바라본 임피던스는

$$X_{77} = \frac{0.076 \times 0.2}{(0.076 + 0.2)} = 0.055[\text{pu}]$$

콘덴서 용량 30[MVA] = 0.3[pu]이므로 77[kV] 모선의 전압 변화는

$$Q_c = \frac{\Delta V}{X} \rightarrow \Delta V = Q_c X = 0.3 \times 0.055 = 0.0165[\text{pu}]$$

$$\therefore \Delta V_{77} = 77 \times 0.0165 = 1.2705[\text{kV}] \text{ 상승한다.}$$

### 2. 154[kV] 모선에서의 전압변화

콘덴서 투입시 콘덴서로 유입되는 전류는 0.3[pu]이며 154[kV]에서 유입되는 전류는

$$\frac{0.2}{0.02 + 0.056 + 0.2} \times 0.3 = 0.217[\text{pu}]$$

따라서 154[kV] 모선의 전압 변화는

$$\Delta V_{154} = 0.02 \times 0.217 = 0.00434 \,[\text{pu}]$$

즉, 154[kV] 모선의 전압은 0.434[%] 상승한다.

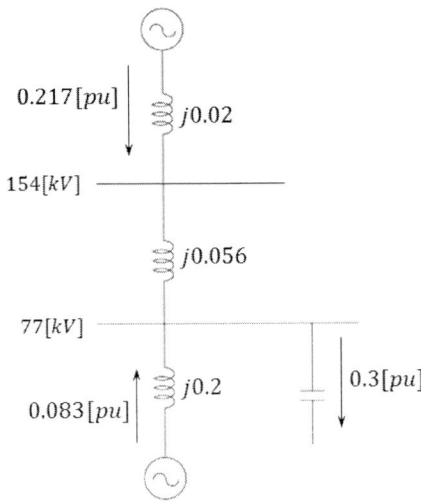

### 89-1-10

5[km]의 3상3선식 배전선로 말단에 1,000[kW], 역률 80[%](지상)의 부하에 전력을 공급하고 있다. 전력용 콘덴서를 설치하여 역률을 100[%]로 개선하였다면 이 배전선로의 (1) 전압강하, (2) 전력손실은 개선전과 비교하여 몇[%] 정도 변화되는지 계산하시오.
(단, 선로의 임피던스는 1선당 $0.3+j0.4$[Ω/km]라 하고 부하전압은 6,000[V]로 일정하다.

**해설**

#### 1. 전압강하 경감

1) 역률 개선 전 전력

$$P_1+jQ_1=1,000+j(1,000\tan\cos^{-1}0.8)=1,000+j750[\text{kVA}]$$

2) 개선 후 전력

역률이 100[%]로 개선되었으므로 무효전력은 0이 된다. 따라서

$$P_2+jQ_2=1,000+j0[\text{kVA}]$$

3) 전압강하 경감

$$\Delta V=\frac{RP+XQ}{V_r} \text{ 이므로}$$

역률개선 전 전압강하는

$$\Delta V_1=\frac{RP_1+XQ_1}{V_r}=\frac{(0.3\times5)\times1,000+(0.4\times5)\times750}{6.0}=500[\text{V}]$$

역률개선 후 전압강하는

$$\Delta V_2=\frac{RP_2}{V_r}=\frac{(0.3\times5)\times1,000}{6.0}=250[\text{V}]$$

따라서 전압강하는 역률 개선전의 50[%]로 줄어든다.
또는 다음과 같이 전류를 계산하여 전압강하를 계산해도 된다.

$$I_1=\frac{(P_1+jQ_1)^*}{\sqrt{3}\,V}=\frac{P_1-jQ_1}{\sqrt{3}\,V}=\frac{1,000-j750}{\sqrt{3}\times6.0}=120[\text{A}]$$

$$I_2=\frac{1,000}{\sqrt{3}\times6.0}=96.22[\text{A}]$$

$$\Delta V_1 = \sqrt{3}\,I_1(R\cos\phi_1 + X\sin\phi_1)$$
$$= \sqrt{3}\times 120\times(0.3\times 5\times 0.8 + 0.4\times 0.6\times 5) = 499[\text{V}]$$
$$\Delta V_2 = \sqrt{3}\,I(R\cos\phi_2 + X\sin\phi_2)$$
$$= \sqrt{3}\times 96.22\times(0.3\times 5\times 1.0) = 250[\text{V}]$$

로 되어 앞서와 동일하다.

## 2. 전력손실 경감

$$P = \sqrt{3}\,VI\cos\theta \rightarrow I = \frac{P}{\sqrt{3}\,V\cos\theta}$$

전력손실은

$$P_l = 3I^2R = 3\left(\frac{P}{\sqrt{3}\,V\cos\theta}\right)^2\cdot R \rightarrow \therefore P_l \propto \frac{1}{\cos^2\theta}$$

개선 전, 후 전력손실을 비교하면

$$\frac{P_{l2}}{P_{l1}} = \frac{\cos^2\phi_1}{\cos^2\phi_2} = \frac{0.8^2}{1.0^2} = 0.64$$

즉, 역률 개선 후 전력손실은 개선전의 64[%]로 줄어든다.
앞서서 전류를 구했으므로 전류를 이용하여 손실을 계산해 보면

$$P_{l1} = 3I_1^2R = 3\times 120^2\times 1.5\times 10^{-3} = 64.8[\text{kW}]$$

$$P_{l2} = 3I_2^2R = 3\times 96.22^2\times 1.5\times 10^{-3} = 41.6[\text{kW}]$$

따라서 손실비는 $\dfrac{P_{l2}}{P_{l1}} = \dfrac{41.6}{64.8} = 0.642$로 동일하다.[46]

---

**46)** 역률개선용 콘덴서 설치 위치와 효과
위 문제에서 역률개선용 콘덴서를 부하단이 아니고 송전단에 설치했을 경우를 가정하고 검토해 본다. 부하단 설치시 콘덴서 용량은

$$P_1 + jQ_1 = 1,000 + j(1,000\tan\cos^{-1}0.8) = 1,000 + j750[\text{kVA}]$$

에서 역률이 100[%]이므로 $Q_{cr} = 750[\text{kVA}]$

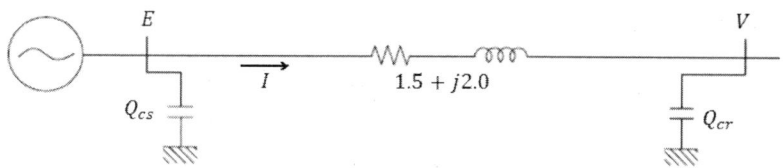

[계통도]

부하단 전압이 일정하다고 보고 전류를 계산하면

$$I = \frac{P}{\sqrt{3}\,V\cos\phi} = \frac{1,000}{\sqrt{3}\times 6.0 \times 0.8} = 120[\text{A}]$$

송전단과 수전단간의 무효전력 손실은

$$Q_L = 3I^2 X = 3 \times 120^2 \times 2.0 = 86.4[\text{kVar}]$$

수전단 역률을 100[%]로 개선하기 위해서는 이 손실까지 감안하여야 하므로 송전단에 설치할 콘덴서 용량은

$$Q_{cs} = Q_{cr} + Q_L = 750 + 86.4 = 836.4[\text{kVar}]$$

이 되고 이 용량을 송전단에 설치해야 만이 부하단 역률을 100[%]로 개선할 수 있다. 이상에서 알 수 있듯이 역률개선용 콘덴서는 개선하고자 하는 단자에 설치하는 것이 용량이 적고 경제성이 확보된다는 것을 알 수 있다. 부하단 역률 개선을 위해 송전단에 콘덴서를 설치할 경우 송전단 전압이 정격전압이 아닌 이보다 높은 전압이 발생한다. 다음의 예제를 풀어본다.

**문제** 콘덴서 설치후의 전압강하 개선효과를 논리적으로 설명하고, 모선의 단락용량이 20,000 [kVA], 콘덴서 용량이 1,000[kVA]일 때 전압강하 경감률을 구하시오.

**풀이**

### 1. 전압강하의 개선 효과

콘덴서 설치 전 전압강하

$\Delta E = I(R\cos\theta_1 + X\sin\theta_1)$ 에 $E_r$을 곱하고 나누면

$$\Delta E = \frac{E_r I\cos\theta_1 \cdot R + E_r I\sin\theta_1 X}{E_r} = \frac{P_r R + Q_r X}{E_r} \quad \cdots\cdots (1)$$

콘덴서 설치후 전압강하는

$$\Delta E' = I(R\cos\theta_2 + X\sin\theta_2) = \frac{P_r R + (Q_r - Q_c)X}{E_r} \quad \cdots\cdots (2)$$

식(1) − 식(2) 하면

$$\Delta E - \Delta E' = \frac{P_r R + Q_r X}{E_r} - \frac{P_r R + (Q_r - Q_c)X}{E_r}$$

$$= \frac{XQ_c}{E_r} = \frac{XP_r}{E_r}(\tan\theta_1 - \tan\theta_2)$$

로 되며 $\tan\theta_1 > \tan\theta_2$ 이므로 $\Delta E > \Delta E'$ 가 되어 역률개선으로 전압강하가 개선되었음을 의미한다.

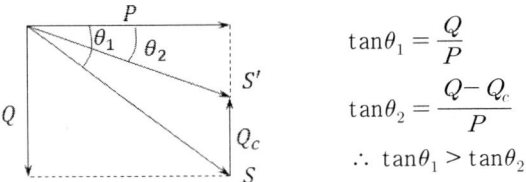

$$\tan\theta_1 = \frac{Q}{P}$$

$$\tan\theta_2 = \frac{Q - Q_c}{P}$$

$$\therefore \tan\theta_1 > \tan\theta_2$$

2. 전압강하 경감률

$$\frac{\Delta E - \Delta E'}{E_r} \times 100 = \frac{\frac{P_r X}{E_r}(\tan\theta_1 - \tan\theta_2)}{E_r} \times 100$$

$$= \frac{XP_r}{E_r^2}(\tan\theta_1 - \tan\theta_2) \times 100$$

$$= \frac{X}{E_r^2}P_r(\tan\theta_1 - \tan\theta_2) = \frac{XQ_c}{E_r^2} \times 100\,[\%]$$

단락용량 $RC = \dfrac{E_r^2}{X}$ 를 대입하면

$$\varepsilon = \frac{Q_c}{RC} \times 100\,[\%] \qquad \cdots\cdots (3)$$

식 (3)에 수치를 대입하면

$$\varepsilon = \frac{1{,}000}{20{,}000} \times 100 = 5\,[\%]$$

즉, 콘덴서 설치 전 보다 설치 후가 5[%]의 전압강하율이 개선되므로, 설치 전에 비해 전압은 5[%] 상승한다.

### 89-2-1

그림과 같은 구내 배전선로의 주변압기 임피던스는 자기용량기준 15[%], 변압기에서 고장점까지 선로의 정상 및 역상 임피던스는 $3+j5$[%], 선로의 영상 임피던스는 $10+j20$[%], 지락점 저항은 10[Ω]일 때 고장점 A의 3상 단락전류 및 1선 지락전류를 구하시오. (단, 변압기 임피던스는 리액턴스를 고려하였고, 선로의 임피던스는 100[MVA] 기준이며 전원측 임피던스는 무시한다.)

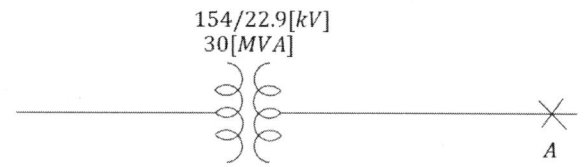

### 해설

#### 1. 임피던스 환산(100[MVA] 기준)

$$X_T = 15 \times \frac{100}{30} = j50[\%]$$

$$Z_{L1} = X_{L2} = 3 + j5[\%]$$

$$Z_{L0} = 10 + j20[\%]$$

$$R_g = \frac{ZP}{10\,V^2} = \frac{10 \times 100 \times 10^3}{10 \times 22.9^2} = 190.7[\%]$$

#### 2. 3상 단락전류

기준전류는

$$I_N = \frac{100 \times 10^3}{\sqrt{3} \times 22.9} = 2,521[\text{A}]$$

단락전류는 정상분 임피던스만 감안하면 되므로

$$Z_1 = X_T + Z_{L1} = 3 + j(50+5) = 3 + j55[\%]$$

단락전류

$$I_S = \frac{100 I_N}{\%Z_1} = \frac{100 \times 2,521}{3 + j55} = 4,577 \angle -86.9[\text{A}]$$

#### 3. 1선 지락전류

정상(역상 임피던스)는

$$Z_1 = X_T + Z_{L1} = 3 + j55 = Z_2$$

영상분 임피던스는

$$Z_0 = X_T + Z_{L0} = j50 + 10 + j20 = 10 + j70$$

지락전류는

$$I_G = \frac{300 I_N}{Z_1 + Z_2 + Z_0 + 3R_g}$$
$$= \frac{300 \times 2{,}521}{2 \times (3 + j55) + (10 + j70) + 3 \times 190.7}$$
$$= 1{,}194 [A]^{47)}$$

---

**47)** 이 문제는 지문이 사실상 오류가 있다. 지락전류 계산시에 영상 임피던스는 변압기의 중성점 접지방식에 따라 달라진다. 물론 154/22.9[kV]계통은 중성점 직접접지 방식으로 생각하여 영상분 임피던스에 변압기 임피던스를 포함하여 계산하였지만 엄밀히 말해 변압기 중성점 접지여부를 제시하여야 한다. 다음과 같은 예제에서 대칭분 임피던스를 구해보자.

**문제** 평형 Y결선 부하는 △결선된 커패시터 뱅크와 병렬로 연결되어 있다. Y부하는 상당 임피던스 $Z_Y = 3 + j4[\Omega]$이며, 그 중성점은 유도성 리액턴스 $X_n = 2[\Omega]$에 의해 접지되어 있다. 커패시터 뱅크는 상당 리액턴스 $X_c = 30[\Omega]$이다. 이 부하에 대한 대칭성분 회로도와 부하의 대칭성분 임피던스를 계산하시오.

**풀이**

1. 영상분 회로도와 임피던스

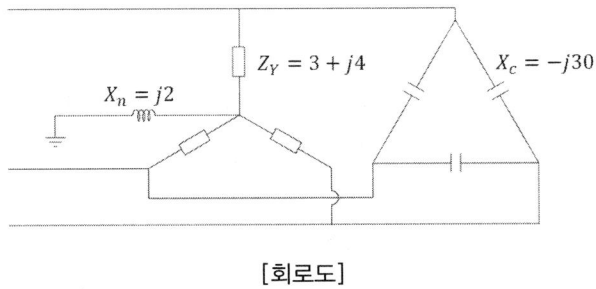

[회로도]

1) 영상분 회로도

커패시터 뱅크의 리액턴스를 △-Y 등가 변환하면

$$X_c = -j\frac{30}{3} = -j10[\Omega]$$

Y결선의 중성점 접지리액턴스는 $3I_0$가 흐르므로 3배로 취급하여

$$X_n = j2 \times 3 = j6[\Omega]$$

또한 커패시터 뱅크는 △결선이므로 영상분에 포함되지 않는다. 따라서 영상분 회로는

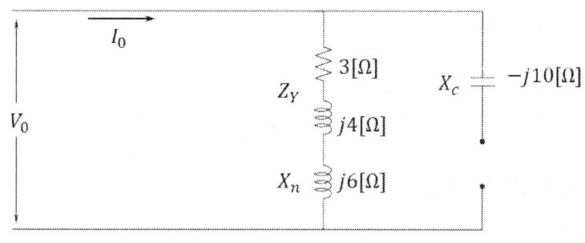

[영상분 회로도]

2) 영상분 임피던스

위 그림에서

$$Z_0 = 3 + j(4+6) = 3 + j10[\Omega]$$

2. 정상 및 역상분

중성점 접지리액턴스는 포함되지 않고 △결선인 커패시터 뱅크의 리액턴스는 포함되므로

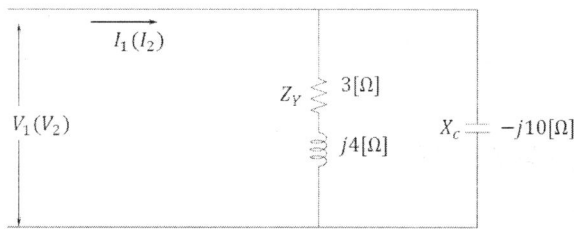

[정상 및 역상분 회로도]

$$Z_1 = (3+j4)//(-j10) = \frac{(3+j4)(-j30)}{(3+j4)-j30}$$
$$= 6.67 + j3.334 = Z_2[\Omega]$$

### 89-2-4
단상 변압기 3대를 △-△결선 운전 중에 단상변압기 1대 고장으로 V-V결선 운전을 해야 할 경우 이용률, 출력량 및 각상 전압변동률과 역률관계 그리고 유도전동기에 미치는 영향에 대하여 설명하시오.

**[해설]**

#### 1. V-V결선의 특징
단상 변압기 2대로 3상 운전을 하는 방식으로 이용률이 낮고 1차측 전압이 평형을 이루더라도 2차측 전압은 불평형을 피할 수 없는 단점이 있다.

#### 2. V-V결선의 이용율 및 출력비
1) 이용율

   단상 변압기 1대의 용량을 $P = VI$[kVA]로 두면

   △결선의 출력  $P_\triangle = 3P = 3VI$[kVA]

   V결선의 출력  $P_V = \sqrt{3}\, VI$[kVA]

   따라서 이용률은

   $$이용률 = \frac{V결선의\ 출력}{변압기\ 2대의\ 용량} = \frac{\sqrt{3}\, VI}{2VI} = \frac{\sqrt{3}}{2} = 0.866 = 86.6[\%]$$

2) 출력비

   $$출력비 = \frac{V결선의\ 출력}{\triangle 결선의\ 출력} = \frac{\sqrt{3}\, VI}{3VI} = \frac{1}{\sqrt{3}} = 0.577 = 57.7[\%]$$

#### 3. 전압변동률과 역률
1) 회로도 및 벡터도

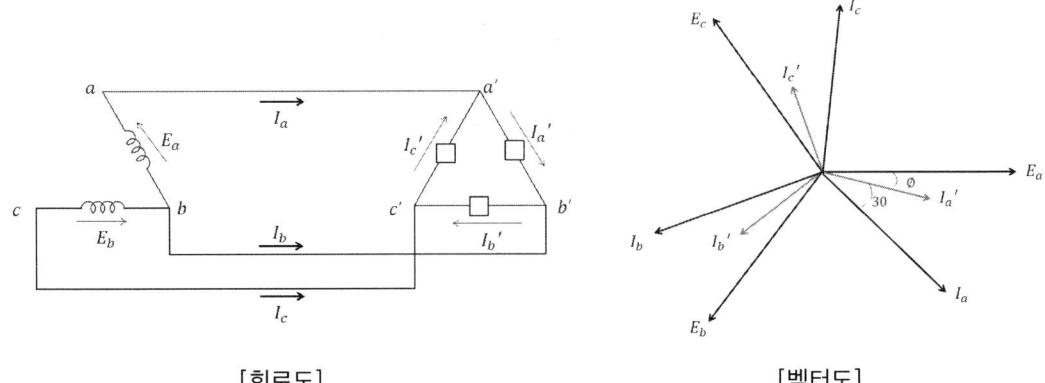

[회로도]　　　　　　　[벡터도]

- 상전압 $E_a$에 비해 부하의 상전류 $I_a'$는 부하의 역률각 $\phi$만큼 뒤진다.
- 선전류 $I_a$는 상전류 $I_a'$보다 30° 뒤진다.

2) 출력비

V결선의 출력은

$$P_{ab} = E_a I_a \cos(30+\phi) = V_{ab} I_a \cos(30+\phi) = VI\cos(30+\phi)$$
$$P_{bc} = -E_b I_b \cos(30-\phi) = V_{bc} I_c \cos(30-\phi) = VI\cos(30-\phi)$$

따라서 출력은 위 둘의 합이므로

$$P_V = P_{ab} + P_{bc} = VI\cos(30+\phi) + VI\cos(30-\phi) = \sqrt{3}\,VI\cos\phi$$

출력비 = $\dfrac{V결선의\ 출력}{\triangle결선의\ 출력} = \dfrac{\sqrt{3}\,VI}{3VI} = \dfrac{1}{\sqrt{3}} = 0.577 = 57.7[\%]$

3) 전압변동률과 역률

① 1차측에 평형전압을 인가해도 a,c상에는 누설전류가 있고 b상에는 전압강하가 없으므로 2차측 전압은 불평형이 된다.

② 부하의 역률이 100[%]라 할지라도 전압과 전류의 위상차가 30°가 발생하므로 위상차만큼의 역률을 감수할 수밖에 없다. 즉, 위상이 30°이므로

$$\cos 30 = \frac{\sqrt{3}}{2} = 0.866$$

이 되어 이만큼 밖에 출력을 낼 수 없음을 의미한다.

## 4. 유도전동기에 미치는 영향

1) 각상의 전압강하가 다르므로 유도전동기에 불평형 3상 전압이 인가된다.
2) 불평형 전압은 불평형 전류로 나타나고 역상 및 영상 전류가 흐른다.
3) 역상전류로 인한 역토크 발생으로 주울열에 의한 온도상승으로 전동기 출력 감소
4) 역토크로 인해 진동과 소음 발생. [48]

**48)** 위에서는 부하가 △결선인 경우이다. 만약, 부하가 Y결선인 경우를 참고로 다음과 같은 변압기 결선에서의 문제를 풀어본다.

> 다음과 같이 단상 변압기 2대(100, 400[kVA])를 V결선하고 1차측에 22.9[kV]를 인가했을 때 2차 부하는 각 상이 전부하이고 역률이 100[%]인 3상 부하는 평형이라면 이 때 1차측 각 상의 전류는 얼마인가?
>
>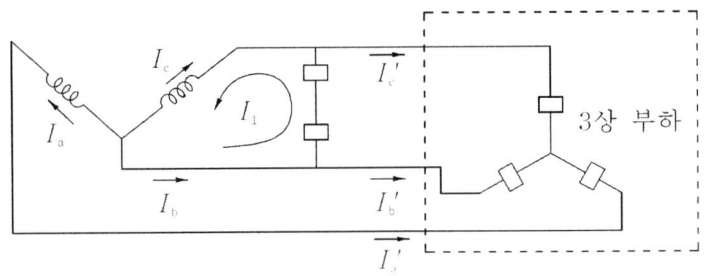

2차측의 부하가 단상, 3상이 혼재되어 있으므로 다음과 같이 방향을 설정하여 회로도를 그린다.

위 그림에서 각각의 상전압을 $E_a$, $E_b$, $E_c$로 선간전압은 $V_{ab}$ 등으로 표현하면 위상관계를 살펴보면

① 3상 평형전압이므로 전압은 각각 120°의 위상차를 가지고 있다.
② 3상 부하전류 $I_a'$, $I_b'$, $I_c'$는 평형이고 역률이 100[%]이므로 각각의 상전압과 동상이다.
③ 역률이 100[%]이므로 단상전류 $I_1$은 선간전압 $V_{bc}$와 동상이다.
④ 선간전압은 상전압보다 위상이 30° 앞선다.
⑤ 전류의 관계는

$$I_a = I_a', \quad I_b = I_b' + I_1, \quad I_c = I_c' - I_1$$

단, $I_a'$, $I_b'$, $I_c'$ : 3상 부하에 해당하는 전류

이상의 내용만 알면 문제는 의외로 쉽게 풀린다. 위 근거로 해서 벡터도를 그리면 그림과 같다.

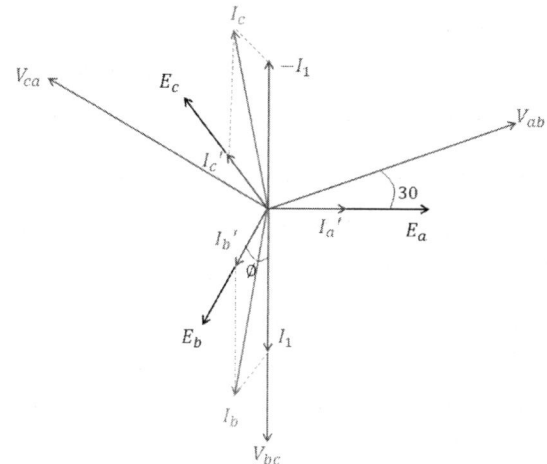

[전압, 전류 벡터도]

한편, 3상 전용 변압기는 100[kVA]인데 V결선이므로 각각 2대로 간주하여 이용률을 구하면

$$P_3 = 100 \times 2 \times \frac{\sqrt{3}}{2} = 100\sqrt{3}$$

3상 부하의 전류는

$$I_3 = |I_a'| = |I_b'| = |I_c'| = \frac{P_3}{\sqrt{3}\,V} = \frac{100}{22.9} = 4.4\,[A]$$

공용변압기 400[KVA]는 단상 부하를 제외하면 300[kVA]이다. 따라서 단상 부하전류는

$$I_1 = \frac{P_1}{V} = \frac{300}{22.9} = 13.1$$

따라서 $I_a = I_a' = 4.4\,[A]$

또한 b, c상의 선전류는 단상 부하전류 $I_1$의 영향을 받는다. 벡터도에서 $E_a$와 $E_b$간의 위상각은 120°이고 $E_a$와 $-I_1$은 90°이므로 결국

$$\phi = 120 - 90 = 30°$$

가 된다. 따라서 b, c상의 선전류는

$$|I_b| = |I_c| = \sqrt{I_1^2 + I_b'^2 + 2I_1 I_b' \cos\phi}$$
$$= \sqrt{13.1^2 + 4.4^2 + (2 \times 13.1 \times 4.4)\cos 30} = 17.1\,[A]$$

한편, a상 선전류를 기준 벡터로 취하면

$$I_a = 4.4 \angle 0$$
$$I_b = 17.1 \angle (240 + (\phi - \theta)) = 17.1 \angle -(90 + \theta)$$
$$I_c = 17.1 \angle (120 - (\phi - \theta)) = 17.1 \angle (90 + \theta)$$

가 되고 $\theta$는 단상 부하전류의 크기에 따라 달라지는 값이 된다. 즉, V결선에서는 선전류의 크기도 단상부하의 크기에 따라 달라지고 위상각도 불평형임을 알 수 있다. 만약, 단상부하와 3상부하가 혼재되어 있는 경우 3상 부하단에서는 전압강하가 각 상별로 달라지므로 위에서와 같은 V결선에서는 크기와 위상이 평형인 전압은 기대할 수 없다. 지문에는 없으나 사실상 위 문제에서는 변압기의 손실을 무시한다는 단서가 있어야 한다. 각 변압기의 상전류가 다르기 때문에 손실로 달라지고 전압강하도 달라지기 때문이다.

다음과 같이 계산하면 어떨까? 지문에서 단상 및 3상 부하의 역률이 100[%]의 전부하이므로 각 변압기 전류는 용량을 단자전압으로 나눈 것과 같으므로 다음과 같이 계산할 수도 있다.

$$i_1 = \frac{TR_{ab}}{V} = \frac{100}{22.9} = 4.4 [A]$$

$$i_2 = \frac{TR_{bc}}{V} = \frac{400}{22.9} = 17.5 [A]$$

이므로

$$\therefore I_a = i_a = 4.4 [A]$$
$$|I_b| = |I_c| = i_2 = 17.5 [A]$$

앞서 계산한 수치와는 비슷하게 나온다. 그러나 이 풀이 방법은 잘못된 것이다. 이 계산 방법은 벡터도에서 보듯이 단상과 3상 전류간에는 위상차가 존재함에도 이를 무시한 것이므로 전류치는 비슷하다 하더라도 계산은 잘못된 것이다. 실제로 이렇게 계산한 풀이를 많이 보았다. 주의가 필요한 부분이다.

### 89-3-3

그림과 같이 용량($P_A$, $P_B$)과 퍼센트 임피던스(%$Z_A$, %$Z_B$)가 각각 다른 A, B변압기를 병렬 운전하는 경우 두 변압기가 과부하 운전하지 않고 공급할 수 있는 최대용량을 산출하시오.
(단, $P_A = 500[\text{kVA}]$, $P_B = 400[\text{kVA}]$, %$Z_A = 5[\%]$, %$Z_B = 4[\%]$)

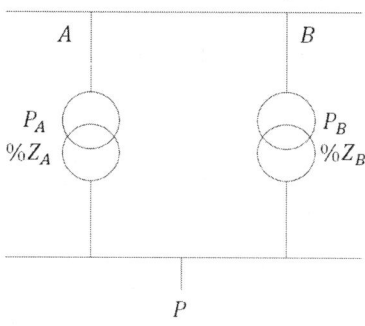

**해설**

임피던스를 기준용량 500[kVA]로 환산하면

$$Z_A = 5[\%], \quad Z_B' = 4 \times \frac{500}{400} = 5[\%]$$

만약 변압기 정격용량의 합을 걸 수 있는 최대부하로 보고 변압기 부하분담을 계산하면 B변압기 부하분담[49]은

$$P_B = \frac{Z_A}{Z_A + Z_B'} \times P = \frac{5}{5+5} \times 900 = 450[\text{kVA}]$$

가 되어 B변압기 정격 용량 400[kVA]을 넘어선다. B변압기가 정격이 되기 위한 부하는 산출하면

$$P_B = \frac{5}{5+5} \times P_L = 400 \quad \therefore P_L = \frac{10}{5} \times 400 = 800[\text{kVA}]$$

이때의 부하분담은

$$P_B = \frac{5}{5+5} \times 800 = 400[\text{kVA}]$$

$$P_A = \frac{5}{5+5} \times 800 = 400[\text{kVA}]$$

이 된다. 즉, 변압기 전체 용량은 900[kVA] 임에도 불구하고 800[kVA]의 부하밖에 걸 수 없다.[50]

49) 자기용량 기준 %임피던스가 적은 쪽이 먼저 과부하가 되어 변압기 정격용량 만큼 부하를 걸 수 없다.
50) Y-△와 △-Y의 병렬운전

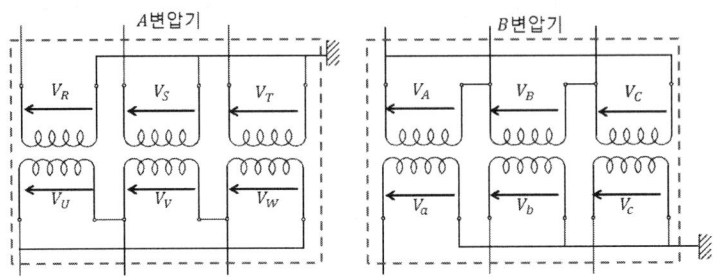

[결선이 다른 변압기의 병렬운전]

위 그림은 A(Y-△)변압기와 B(△-Y)의 결선 형태이다. 결선이 서로 다른데도 병렬운전이 가능한 이유는 다음과 같다. 두 변압기의 전압의 크기를 무시하고 위상만을 고려한 1,2차 전압 벡터도는 다음과 같다.

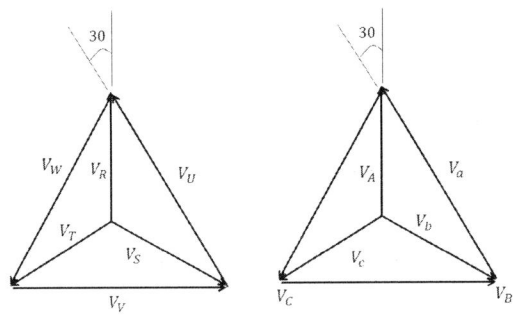

[전압 벡터도]

Y-△결선에서는 필연적으로 위상차가 30° 발생한다. A변압기(Y-△)에서는 2차 전압 $V_U$가 1차 전압 $V_R$보다 위상이 30° 앞선다. 따라서

$$V_U \angle (120+30) = V_U \angle 150$$

B변압기에서는 2차측 전압이 오히려 30° 뒤진다. 즉,

$$V_a \angle (180-30) = V_a \angle 150$$

이 되어 2차 전압간에는 위상차가 발생되지 않는다. 그러나 이 경우의 병렬운전의 조건은 2차측의 전압의 크기가 동일하다는 전제하에 가능하다. Y-△에서는 전압의 크기가 $\sqrt{3}$ 배가 변하므로 이를 맞추기 위해서는 필연적으로 권수비가 달라야 가능하다고 할 수 있다.

### 89-4-2

다음과 같은 특성을 가지고 있는 수전용 주변압기 보호에 사용되는 비율차동계전기의 부정합 비율치[%]를 구하고, 적정한 비율탭을 정정(Setting)하시오.(단, 부정합비를 줄이고자할 경우 보조CT를 사용하는 경우 변환비를 2:1을 사용하시오.)

|  | 1차측 | 2차측 |
|---|---|---|
| 변압기 권선 | 2권선 변압기 | |
| 전압 | 154[kV] | 22.9[kV] |
| 변압기 결선 | △ | Y |
| 변압기 용량 | 30[MVA] | |
| CT 배율 | 200/5 | 1200/5 |
| 변압기 탭 | 무부하 탭 절환장치 부 | |
| Relay Current Tap | 2.9-3.2-3.8-4.2-4.6-5.0-8.7 | |
| 비율 탭[%] | 15-25-40 | |

**해설**

1. 단선 결선도

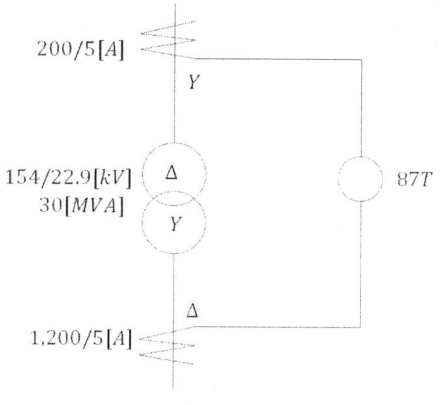

[단선 결선도]

2. 동작비율치(%)

1) 정격 운전 부하전류

주 변압기 1차측 정격전류 $I_1 = \dfrac{P_M}{\sqrt{3}\,V_1} = \dfrac{30 \times 10^3}{\sqrt{3} \times 154} = 112.5[\text{A}]$

주 변압기 2차측 정격전류 $I_2 = \dfrac{P_M}{\sqrt{3}\,V_2} = \dfrac{30 \times 10^3}{\sqrt{3} \times 22.9} = 756.4[\text{A}]$

2) 정격 운전시 CT 2차측 전류로 환산

   1차측 CT 2차전류

   $$i_1 = I_1 \times 1차측\ CT비 = 112.5 \times \frac{5}{200} = 2.8125[A] \quad \cdots\cdots (1)$$

   2차측 CT 2차전류

   $$i_2 = I_2 \times 2차측\ CT비 = 756.4 \times \frac{5}{1,200} = 3.152[A] \quad \cdots\cdots (2)$$

   2차측은 CT가 △결선이므로 Ry에 유입되는 전류는

   $$i_1' = 3.152 \times \sqrt{3} = 5.46[A] \quad \cdots\cdots (3)$$

3) 전류 부정합률

   $$k = \frac{5.46 - 3.152}{3.152} \times 100 = 73.22[\%] \quad \cdots\cdots (4)$$

   식(4)에서 전류 부정합률은 일반적으로 5[%] 이내를 적용하므로 보상변류기(CCT, Compensating CT)를 사용하여야 한다. 이때, CCT의 배수를 2:1로 적용하고 전류가 큰 쪽에 설치하므로 2차측 전류는

   $$i_1'' = 5.46 \times 0.5 = 2.73[A]$$

4) 정정 Tap

   이상에서 1차측 정정 Tap은 2.9 및 2차측 정정은 2.9에 정정

   $$\text{Tap 부정합율} = \frac{CT1차\ 및\ 2차\ 전류비 - 정정\ Tap비}{정정\ Tap비}$$

   $$= \frac{\frac{2.8125}{2.73} - 1}{1} \times 100 = 3.02[\%]$$

5) 동작 비율치[%][51]

   ① 변압기 Tap 변환에 따른 오차 : 10[%]

   ② Tap 부정합률 : 3.02[%]

   ③ CT 오차 : 10[%]

   ④ 여유 : 5[%]

   합계(정정치) : 28.02[%]  따라서, 40[%]에 정정한다. [52]

**51)** 1. 최근의 전자식 비율차동계전기는 위에서와 같이 전류부정합율, 탭부정합율을 구할 필요가 없고 다만 변압기 용량과 전압 및 CT비만을 입력하면 동작비율치는 자동으로 정정되는 것이 있다.
2. 지문에서 전류 탭이 있는 것은 기계식 계전기이며 정지형 계전기의 경우 전류 탭이 없으며 다만 CCT의 탭이 0.1STEP로 되어 있어 전류 부정합율을 거의 0에 가깝게 만들 수 있으므로 동작비율값은 오차, 여유 등을 감안하면 거의 만족하게 정정할 수 있다.
3. 변압기 결선에 따른 CT결선 변경은 굳이 CT측에서 하지 않고 CCT가 있는 경우 CCT에서도 가능한 것이 대부분이므로 CT결선은 변압기 결선과 무관하게 하고 CCT에서 변경하여도 된다.
4. Tap부정합율은 크기를 떠나 어차피 절댓값이므로 이를 분자에 적용하면 된다.

**52)** 참고로 3권선 변압기의 비율차동계전기를 정정해 보자.

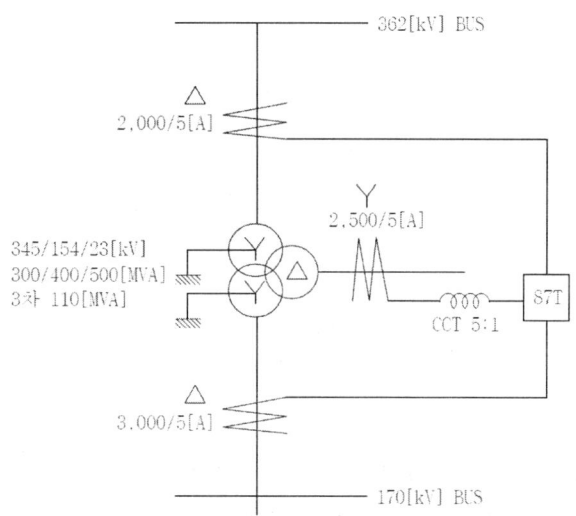

전류 TAP : 2.9/3.2/3.5/3.8/4.2/4.6/5.0/8.7[A]
Slope : 15/25/40[%]
[계통도]

**풀이** 먼저 계통을 이해하자.
① 변압기 용량 표시 300/400/500[MVA]
    300/400/500[MVA]의 수차는 1차/2차/3차 용량이 아니고 변압기 냉각방식에 따른 용량의 변화임에 주목할 것
② 3차측 용량 110[MVA]
    3차측 용량 110[MVA]는 실제의 부하를 말하는 것이 아니고 조상기 등의 설치 용량을 표현한 것으로 부하의 정격전류와는 무관하다.

③ 3차 CT에는 보상변류기 CCT의 전류비가 5:1임에 유의할 것
④ 1, 2차 CT는 △결선으로 실제 87T에 유입되는 전류는 선전류 즉, $\sqrt{3}$ 배임에 유의할 것.
⑤ 2권선 변압기와는 달리 3권선변압기에서는 Tap 부정합률이 3가지가 나온다는 사실에 주의 할 것.

1. **전류 Tap 선정**

   1) 1차 345[kV]측

   1차측 전류 $I_p = \dfrac{500 \times 10^3}{\sqrt{3} \times 345} = 837[A]$

   CT 2차측 전류

   $$i_p = I_p \times \dfrac{5}{2,000} \times \sqrt{3} = 837 \times \dfrac{5}{2,000} \times \sqrt{3} = 3.62[A] \quad \cdots\cdots (1)$$

   2) 2차 154[kV]측

   2차측 전류 $I_s = \dfrac{500 \times 10^3}{\sqrt{3} \times 154} = 1,875[A]$

   CT 2차측 전류

   $$i_s = I_s \times \dfrac{5}{3,000} \times \sqrt{3} = 1,875 \times \dfrac{5}{3,000} \times \sqrt{3} = 5.41[A] \quad \cdots\cdots (2)$$

   3) 3차 23[kV]측

   3차측 전류 $I_t = \dfrac{500 \times 10^3}{\sqrt{3} \times 154} = 12,551[A]$

   여기서 주의할 점은 3차 용량이 110[MVA]이므로 이 용량을 적용해서는 안 된다. 이 용량은 어디까지나 접속하는 조상기의 용량을 이야기할 뿐 변압기 용량은 1–3차간이 동일하다. 따라서 500[MVA]를 적용할 것.

   CT 2차측 전류
   $$i_t = I_t \times \dfrac{5}{2,500} \times \dfrac{1}{5} = 12,551 \times \dfrac{5}{2,500} \times \dfrac{1}{5} = 5.02[A] \quad \cdots\cdots (3)$$

   위 식중 $\dfrac{1}{5}$ 은 보상변류기의 CT비이다.

   4) Tap 선정

   Tap 선정시는 위 식(1), (2), (3)중에서 가장 큰 전류를 우선적으로 기준 Tap을 선정한다. 즉, 변압기 2차측 전류가 가장 크므로 가장 가까운 2차측 Tap은

   $$T_s = 5.0[A] \quad \cdots\cdots (4)$$

위 식(4)에서 2차측 전류 5.41[A]를 5.0Tap에 선정하였으므로 1차측의 이상적인 비율만큼 Tap를 구한다.

$$i_p{'} = T_s \times \frac{i_p}{i_s} = 5.0 \times \frac{3.62}{5.41} = 3.346[A]$$

이므로 가장 가까운 Tap을 선정한다. 즉

$$T_p = 3.2[A] \quad \cdots\cdots (5)$$

마찬가지로 3차측은

$$i_t{'} = T_s \times \frac{i_t}{i_s} = 5.0 \times \frac{5.02}{5.41} = 4.64[A]$$

이므로 3차측 Tap은

$$T_t = 4.6[A] \quad \cdots\cdots (6)$$

## 2. Tap 부정합율

1) Mismatch율

Tap이 선정되었으므로 실제 전류와 Tap을 비교하여 Mismatch율을 구하면 된다.

$$\text{Mismatch율} = \frac{\text{이상적인 Tap비} - \text{실제 사용 Tap비}}{\text{위 둘 중 적은 값}} \times 100[\%]$$

Mismatch율은 3권선 변압기이므로 2권선변압기와는 달리 1-2차, 2-3차, 1-3차 등 3가지 요소를 구할 수 있다.

$$1\text{차}-2\text{차간} = \frac{\frac{5.41}{3.62} - \frac{5.02}{3.2}}{\frac{5.41}{3.62}} \times 100 = -4.57[\%] \quad \cdots\cdots (7)$$

$$1\text{차}-3\text{차간} = \frac{\frac{5.02}{3.62} - \frac{4.6}{3.2}}{\frac{5.02}{3.62}} \times 100 = -3.66[\%] \quad \cdots\cdots (8)$$

$$2\text{차}-3\text{차간} = \frac{\frac{5.41}{5.02} - \frac{5.02}{4.6}}{\frac{5.41}{5.02}} \times 100 = -0.88[\%] \quad \cdots\cdots (9)$$

위 식(7), (8), (9)에서 가장 큰 수치를 선택하면 되고 비록 수치가 (-)라 하더라도 아무 문제가 되지 않는다. 이는 어차피 비율차동계전기는 ±비율이므로 절댓값을 취하면 되고 이들 수치가 5[%] 이하이므로 정상적인 선정이라 볼 수 있다. 즉, 최대치인

4.57[%]를 적용한다.
2) Slope 조정(동작비율치)
① CT오차 : 10[%]
② 계전기 오차 : 5[%]
③ ULTC 오차 : 10[%]
④ Mismatch율 : 4.57[%]
⑤ 여유 : 10[%]
합계 39.57[%]이므로 동작비율치는 40[%]에 정정한다.

### 91-2-6

아래 그림과 같이 154/22.9[kV]의 변압기가 ①, ②, ③ 모선에 전력을 공급하고 있다. 선로 및 부하 데이터가 다음과 같을 때 말단 ③ 모선의 전압을 구하시오

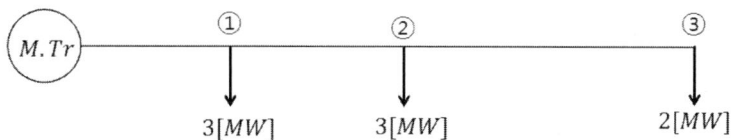

선로 데이터  M.tr ~ ① : 2[km], $0.182 + j0.391[\Omega/\text{km}]$
　　　　　　① ~ ② : 2[km], $0.182 + j0.391[\Omega/\text{km}]$
　　　　　　② ~ ③ : 5[km], $0.304 + j0.440[\Omega/\text{km}]$
부하 데이터  ① 모선 : 3[MW], pf : 0.8(지상)
　　　　　　② 모선 : 3[MW], pf : 0.8(지상)
　　　　　　③ 모선 : 2[MW], pf : 0.8(지상)

**해설**

- 위 문제는 각 구간별로 부하전력이 각각 다르다. 즉, 구간별로 전류도 다르고 이에 따라 전압강하도 각 구간별도 다르다는 점을 인식하고 송전단 전압은 일정함에 유의할 것.
- 또한 부하전류 계산시는 송전단 전압을 기준으로 하지 않고 부하단 모선전압을 기준으로 계산하여야 함에 유의해야 한다. 즉, 부하전류 계산을 모두 22.9[kV]로 해서는 안 된다.
- 이 문제는 본인이 생각할 때는 문제 자체가 약간의 오류가 있다고 생각된다. 왜냐면, 각 모선의 부하전류는 모선전압 기준의 부하전류인데 ①번 모선의 부하 전류는 변압기 2차 정격전압을 기준으로 계산할 수밖에 없다. 이것은 ①번 모선의 전압을 알 수 없으므로 ①번 모선의 부하전류 또한 구할 수 없기 때문이다. 문제에서 전력이 아닌 전류가 주어졌으면 정상적으로 풀이가 가능하다. 즉, 변압기 2차~①번 모선 구간의 전압강하를 감안한 후 ①번 모선 부하전류를 구해야 하나 문제에서는 이 부분을 감안할 수 없기 때문이다. 따라서 문제 풀이시에는 ①번 모선 부하전류를 변압기 2차 정격전압을 기준으로 풀이했음을 첨언한다.

### 1. 각 구간의 임피던스

$Z_1 = (R_1 + jX_1) = (0.181 + j0.391) \times 2 = 0.362 + j0.782[\Omega]$

$Z_2 = (R_2 + jX_2) = (0.181 + j0.391) \times 2 = 0.362 + j0.782[\Omega]$

$Z_3 = (R_3 + jX_3) = (0.304 + j0.44) \times 5 = 1.52 + j2.2[\Omega]$

## 2. 각 지점의 전력

각 지점의 전력은 역률이 동일하므로

$P_1 = 3 + 3 + 2 = 8 \,[\text{MW}]$

$P_2 = 3 + 2 = 5 \,[\text{MW}]$

$P_3 = 2 \,[\text{MW}]$

## 3. 각 모선의 전압

1) ① 모선 전압

전류 $I_1 = \dfrac{P_1}{\sqrt{3}\,V\cos\phi} = \dfrac{3 \times 10^3}{\sqrt{3} \times 22.9 \times 0.8} = 252.12\,[\text{A}]$

전압강하 $\Delta V_1 = \sqrt{3}\,I(R\cos\phi + X\sin\phi)$
$= \sqrt{3} \times 252.12 \times (0.362 \times 0.8 + 0.782 \times 0.6) = 331.4\,[\text{V}]$

$\therefore\ V_1 = 22.9 \times 10^3 - 331.4 = 22.569\,[\text{kV}]$

2) ② 모선 전압

전류 $I_2 = \dfrac{P_2}{\sqrt{3}\,V_1\cos\phi} = \dfrac{5 \times 10^3}{\sqrt{3} \times 22.569 \times 0.8} = 159.9\,[\text{A}]$

전압강하 $\Delta V_2 = \sqrt{3}\,I_2(R\cos\phi + X\sin\phi)$
$= \sqrt{3} \times 159.9 \times (0.362 \times 0.8 + 0.782 \times 0.6) = 210.2\,[\text{V}]$

$\therefore\ V_2 = 22.569 \times 10^3 - 210.2 = 22.359\,[\text{kV}]$

3) ③ 모선 전압

전류 $I_3 = \dfrac{P_3}{\sqrt{3}\,V_2\cos\phi} = \dfrac{2 \times 10^3}{\sqrt{3} \times 22.359 \times 0.8} = 64.6\,[\text{A}]$

전압강하 $\Delta V_3 = \sqrt{3}\,I_3(R\cos\phi + X\sin\phi)$
$= \sqrt{3} \times 64.6 \times (1.52 \times 0.8 + 2.2 \times 0.6) = 283.8\,[\text{V}]$

$\therefore\ V_3 = 22.359 \times 10^3 - 283.8 = 22.075\,[\text{kV}]$

### 91-3-3

다음과 같은 3상 계통도가 있다. 각 물음에 답하시오.
- 발전기 : 100[MVA], 13.2[kV], $X = 0.2$[pu]
- 변압기 : 110[MVA], 13.2/115[kV], $X = 0.15$[pu]
- 선로 임피던스 : $5 + j20$[Ω]
- 부하 : 80[MW], 역률 0.8(lag), 정격전압 : 115[kV]

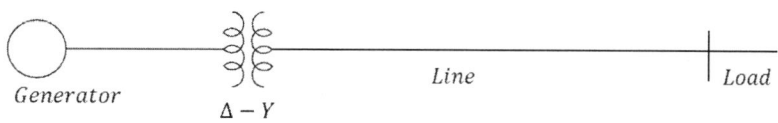

가. p.u 임피던스도를 그리시오(기준용량 : 110[MVA])
나. 발전기 출력 및 역률을 구하시오.

**해설**

#### 1. [pu] 임피던스도

임피던스를 환산하면(110[MVA] 기준)

발전기 $\quad X_g = j0.2 \times \dfrac{110}{100} = j0.22$ [pu]

변압기 $\quad X_t = j0.15$ [pu]

선로 $\quad Z_L = \dfrac{ZP}{V^2} = \dfrac{(5+j20) \times 110}{115^2} = 0.0416 + j0.1664$ [pu]

부하 $\quad P + jQ = \dfrac{80 + j60}{110} = 0.7273 + j0.5455$ [pu]

$P + jQ = \dfrac{V_r^2}{Z}$ 에서

$\therefore Z_{Load} = \dfrac{V_r^2}{P - jQ} = \dfrac{1^2}{0.7273 - j0.5455} = 0.88 + j0.66$ [pu]

따라서 [pu]임피던스도는

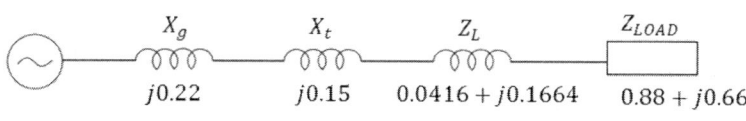

[[pu]임피던스도]

## 2. 발전기 출력 및 역률

1) 발전기 단자전압

   발전기 내부 임피던스와 부하 임피던스를 제외한 임피던스 합계는

   $$Z = 0.0416 + j(0.15 + 0.1664) = 0.0416 + j0.3164 \, [\text{pu}]$$

   전류 $I = \left(\dfrac{P+jQ}{V_r}\right)^* = \dfrac{0.7273 - j0.5455}{1} = 0.7273 - j0.5455 \, [\text{pu}]$

   발전기 단자전압은

   $$V_r = 115[\text{kV}] = 1.0[\text{pu}]$$
   $$V = V_r + ZI = 1.0 + (0.0416 + j0.3164)(0.7273 - j0.5455)$$
   $$= 1.2 + j0.207[\text{pu}]$$

2) 발전기 출력

   $$P_s + jQ_s = VI^* = (1.2 + j0.207) \times (0.7273 + j0.5455)$$
   $$= 0.7598 + j0.805[\text{pu}]$$
   $$\therefore P_s + jQ_s = (0.7598 + j0.805) \times 110 = 83.6 + j88.6 [\text{MVA}]$$

3) 발전기 역률

   $$\cos\phi_g = \frac{P}{P+jQ} = \frac{83.6}{83.6 + j88.6} = 0.686 \angle -46.7 (\text{지상})^{53)}$$

---

**53)** 발전기 역률이 부하의 역률보다 낮은 이유
위에서 보면 부하의 역률은 0.8인데 반해 발전기 역률은 0.686으로 발전기 역률이 굉장히 낮다. 역률이 낮으면 무조건 좋지 않다는 생각을 가지는 사람들이 많다. 그러나 무효전력은 공급과 소비 측면에서 접근해야 한다. 즉, 발전기는 무효전력을 계통에 공급하므로 무효전력을 많이 발생시켜야 하므로 역률이 낮을 수밖에 없다.

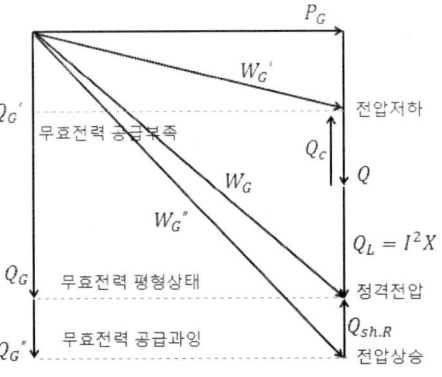

위 그림은 발전기에서의 무효전력 발생과 손실, 부하에서의 소비를 벡터도로 표현한 것으로 발전기에서 공급하는 무효전력 $Q_G$는 선로를 거치면서 $Q_L = I^2X$라는 손실이 발생하고 결국 수전단 부하에 전달되는 무효전력을 부하에서 소비하게 된다. 즉,

$$Q_G = Q_L + Q$$

이 된다. 위 식에서 $Q_G > (Q_L + Q)$인 경우에는 무효전력의 공급과잉으로 전압이 상승한다. 따라서 이때는 정격전압을 유지하기 위해서는 발전기에서 무효전력 공급을 줄이든지(진상운전) 무효전력을 소비하는 병렬 리액터 투입이 필요하며 반대로 $Q_G < (Q_L + Q)$인 경우에는 무효전력 공급부족으로 전압이 저하한다. 이 경우에는 무효전력을 공급하는 Capacitor를 투입하거나 발전기를 더욱 지상운전(과여자 운전)하여 필요한 양만큼 무효전력을 공급할 필요가 있다.

[pu]법을 동원한 예제를 풀어 보자

**문제** 다음과 같은 계통에서 30[kVA], 240[V] 기준 [pu] 임피던스도를 그리고 부하전류를 각각 [pu]값과 [A]값을 계산하시오.

```
220∠0    V₁    V₂              V₃    V₄
 (~)─────┤  ├──mmm──────────────┤  ├──WWW──mm──
  Vs     T₁       Xₗ = j2.0[Ω]   T₂      Z_LOAD = 0.9 + j0.2[Ω]
        30[kVA]                 20[kVA]
        240/480[V]              460/115[V]
        X_T1 = j0.1[pu]         X_T2 = j0.1[pu]
```

**풀이**

1. [pu] 임피던스도

   1) 기준전압

   $$V_{b2} = 240 \times \left(\frac{480}{240}\right) = 480[\text{V}]$$

   $$V_{b3} = 480 \times \left(\frac{115}{460}\right) = 120[\text{V}]$$

   2) 기준 임피던스

   $$Z_{b2} = \frac{V_{b2}^2}{S_b} = \frac{480^2}{30,000} = 7.68[\Omega]$$

   $$Z_{b3} = \frac{V_{b3}^2}{S_b} = \frac{120^2}{30,000} = 0.48[\Omega]$$

   3) 기준전류

   $$I_{b3} = \frac{S_b}{V_{b3}} = \frac{30,000}{120} = 250[\text{A}]$$

   4) [pu] 임피던스

   $$V_s = \frac{220}{240} = 0.9167[\text{pu}]$$

$$X_{T1} = j0.1 [\text{pu}]$$

$$X_{T2} = j0.1 \times \frac{30}{20} \times \left(\frac{460}{480}\right)^2 = j0.1378 [\text{pu}]$$

$$X_l = \frac{X_l}{Z_{b2}} = \frac{2.0}{7.68} = j0.2604 [\text{pu}]$$

$$Z_{LOAD} = \frac{Z_{LOAD}}{Z_{b3}} = \frac{0.9 + j0.2}{0.48} = 1.875 + j0.4167 [\text{pu}]$$

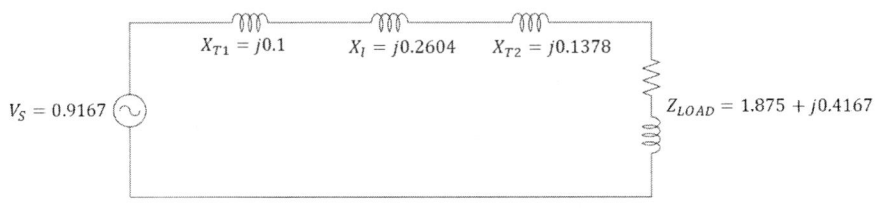

[[pu] 임피던스도]

2. 부하전류

$$I_{LOAD}[\text{pu}] = \frac{V_s}{X_{T1} + X_l + X_{T2} + Z_{LOAD}}$$

$$= \frac{0.9167}{1.875 + j(0.1 + 0.2604 + 0.1378 + 0.4167)}$$

$$= 0.4395 \angle (-26.01) [\text{pu}]$$

실제전류는

$$I_{LOAD}[\text{A}] = I_{LOAD} \times I_{b3}$$

$$= 250 \times 0.4395 \angle (-26.01) = 109.9 \angle (-26.01) [\text{A}]$$

**문제** 다음의 계통에서 모선 a에 주입될 전력 및 그 역률을 구하시오

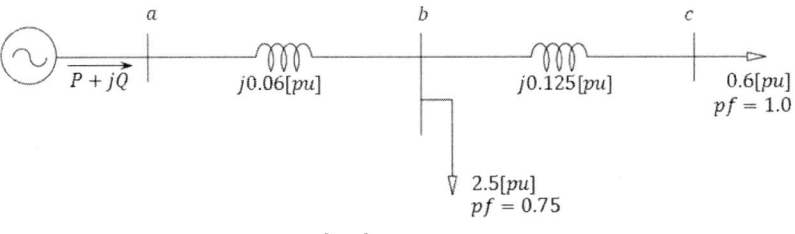

$$V_a = V_b = V_c = 1.0 [\text{pu}]$$

기준 345[kV], 100[MVA]
부하전력은 유효전력 [pu] 값임

### 풀이

**1. 부하 전력 및 전류**

c모선 부하 및 전류

$$W_c = 0.6 + j0 \, [\text{MVA}]$$

$$\therefore I_c = \frac{P - jQ}{V} = \frac{0.6}{1} = 0.6 \, [\text{pu}]$$

b모선 부하 및 전류

$$W_b = 2.5 + j2.5\tan(\cos^{-1}0.75) = 2.5 + j2.205 \, [\text{pu}]$$

$$\therefore I_b = \frac{2.5 - j2.205}{V} = 2.5 - j2.205 \, [\text{pu}]$$

부하의 합계

$$W_L = 3.1 + j2.205 \, [\text{pu}]$$

전류분포는

각 구간 별 무효전력 손실은

b-c모선   $Q_{L1} = I_{bc}^2 X = (0.6)^2 \times j0.125 = j0.045 \, [\text{pu}]$

a~b모선   $Q_{L2} = I_{ab}^2 X = (3.1 - j2.205)^2 \times j0.06 = j0.8683 \, [\text{pu}]$

∴ 전체 무효전력 손실 $Q_L = j0.9133 \, [\text{pu}]$

**2. 송전단 역률**

송전단 전력은

$$W_S = P_s + jQ_s = W_L + Q_L = (3.1 + j2.205) + j0.9133$$
$$= 3.1 + j3.1183 \, [\text{pu}]$$

$$\therefore P_s + jQ_s = (3.1 + j3.1183) \times 100 = 310 + j311.8 \, [\text{MVA}]$$

송전단 역률

$$\cos\phi_s = \frac{P_a}{W_s} = \frac{310}{310 + j311.8} = 0.705$$

## 92-1-6
## 103-3-12
평형 3상 회로에서 순시전력 총합이 항상 일정하며 유효전력과 동일함을 설명하시오.

**[해설]**

### 1. 3상 회로의 전력

부하의 상전압을 각각 $E_a$, $E_b$, $E_c$ 및 상전류를 $I_a$, $I_b$, $I_c$로 두고 각상의 역률각을 $\theta_a$, $\theta_b$, $\theta_c$라면 각 상의 전력은

유효전력 $\quad P_a = E_a I_a \cos\theta_a, \quad P_b = E_b I_b \cos\theta_b, \quad P_c = E_c I_c \cos\theta_c \quad$ ······ (1)

무효전력 $\quad Q_a = E_a I_a \sin\theta_a, \quad Q_b = E_b I_b \sin\theta_b, \quad Q_c = E_c I_c \sin\theta_c \quad$ ······ (2)

3상 전력은 이들 각상전력의 합이므로

$$P = P_a + P_b + P_c = E_a I_a \cos\theta_a + E_b I_b \cos\theta_b + E_c I_c \cos\theta_c \quad \cdots\cdots (3)$$

$$Q = Q_a + Q_b + Q_c = E_a I_a \sin\theta_a + E_b I_b \sin\theta_b + E_c I_c \sin\theta_c \quad \cdots\cdots (4)$$

가 된다. 여기서, 3상 평형이므로 $E_a = E_b = E_c = E$, 전류는 $I$, 역률각은 $\theta$로 두면

$$P = 3EI\cos\theta, \quad Q = 3EI\sin\theta \quad \cdots\cdots (5)$$

가 되고, △, Y결선과 무관하게 선간전압을 $V$, 선전류를 $I_L$로 두면 식(5)는

$$P = \sqrt{3}\,VI_L\cos\theta, \quad Q = \sqrt{3}\,VI_L\sin\theta \quad \cdots\cdots (5)$$

### 2. 순시전력의 일정함 증명

a상을 기준으로 한 순시전압, 순시전류는

$$v_a = \sqrt{2}\,V\sin wt, \quad v_b = \sqrt{2}\,V\sin(wt - 120)$$
$$v_c = \sqrt{2}\,V\sin(wt + 120)$$

$$i_a = \sqrt{2}\,I\sin(wt - \theta), \quad i_b = \sqrt{2}\,I\sin(wt - 120 - \theta)$$
$$i_c = \sqrt{2}\,I\sin(wt + 120 - \theta)$$

여기서 $\theta$ : 전압과 전류의 위상각(역률각, 지상으로 간주하였음)

3상 전력의 순시치는

$$p = p_a + p_b + p_c = v_a i_a + v_b i_b + v_c i_c$$
$$= 2VI(\sin wt \cdot \sin(wt - \theta) + \sin(wt - 120) \cdot \sin(wt - 120 - \theta)$$

$$+ \sin(wt - 120) \cdot \sin(wt + 120 - \theta))$$
$$= VI(\{\cos\theta - \cos(2wt - \theta)\} + \{\cos\theta - \cos(2wt + 120 - \theta)\}$$
$$+ \{\cos\theta - \cos(2wt - 120 - \theta)\})$$
$$= 3VI\cos\theta \qquad \cdots\cdots (6)$$

가 되어 식(5)의 3상 전력과 동일하다. 식(6)에 각주파수($w$)가 없다는 것은 평형 3상 전력에서는 시간과 관계없이 항상 일정함을 뜻하고 곧, 유효전력이 된다.[54]

---

**54)** 다음과 같은 예제를 풀어보자.

**문제** 단상교류에서 다음과 같은 경우에 부하에서 소비되는 순시전력을 각각 구하시오.
(단, 부하의 전압은 $v(t) = V_{\max}\cos(wt + \theta)[\mathrm{V}]$이다.)
 1) 순저항 부하        2) 순유도성 부하
 3) 순용량성 부하      4) 일반적인 $RLC$로 구성된 부하

**풀이**

**1. 회로와 벡터도**

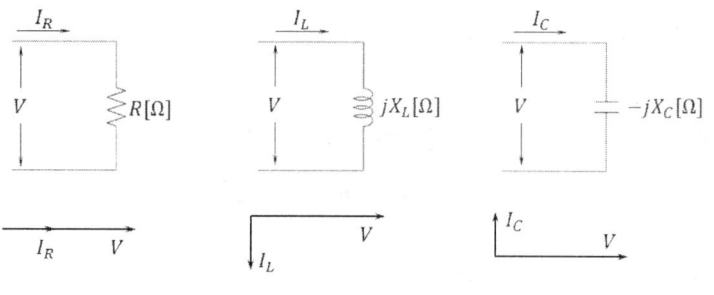

[회로도와 벡터도]

**2. 순시전력**

  1) 순저항 부하

   전류는 전압과 동상이므로 $I = V/R$이 되고 순시전류는
$$i_R(t) = I_{R.\max}\cos(wt + \theta)\,[\mathrm{A}]$$
   여기서, $I_{R.\max} = \dfrac{V_{\max}}{R}$

   순시전력은
$$p_R(t) = v(t)i_R(t) = V_{\max}I_{R.\max}\cos^2(wt + \theta)$$

$$= \frac{1}{2} V_{\max} I_{R.\max} \{1 + \cos[2(wt+\theta)]\}$$
$$= VI_R \{1 + \cos[2(wt+\theta)]\} [\text{W}] \quad \cdots\cdots (1)$$

위 식(1)에서와 같이 저항부하에서의 순시전력은 평균전력 $VI_R$과 두 배의 주파수를 갖는 $VI_R \cos[2(wt+\theta)]$의 합으로 구성된다.

2) 순유도성 부하

전류는 전압에 비해 90° 지상이므로 순시전류는
$$i_L(t) = I_{L.\max} \cos(wt+\theta-90°) [\text{A}]$$

여기서, $I_{L.\max} = \dfrac{V_{\max}}{X_L}$

이므로 순시전력은
$$p_L(t) = v(t) i_L(t) = V_{\max} I_{R.\max} \cos(wt+\theta) \cos(wt+\theta-90°)$$
$$= \frac{1}{2} V_{\max} I_{L.\max} \cos[2(wt+\theta)-90°]$$
$$= VI_L \sin[2(wt+\theta)] [\text{W}] \quad \cdots\cdots (2)$$

식(2)에서와 같이 순유도성 부하에서의 순시전력은 주파수가 두 배인 정현파 전력으로만 표현되며 그 평균값은 0이 된다.

3) 순용량성 부하

전류는 전압에 비해 90° 진상이므로 순시전류는
$$i_C(t) = I_{C.\max} \cos(wt+\theta+90\cdots) [\text{A}]$$

여기서, $I_{C.\max} = \dfrac{V_{\max}}{X_C}$

이므로 순시전력은
$$p_C(t) = v(t) i_C(t) = V_{\max} I_{C.\max} \cos(wt+\theta) \cos(wt+\theta+90°)$$
$$= \frac{1}{2} V_{\max} I_{C.\max} \cos[2(wt+\theta)+90°]$$
$$= VI_C \sin[2(wt+\theta)] [\text{W}] \quad \cdots\cdots (3)$$

식(3)에서와 같이 순용량성 부하에서의 순시전력은 주파수가 두 배인 정현파 전력으로만 표현되며 그 평균값은 0이 된다.

4) $RLC$ 부하

$RLC$로 구성된 일반적인 합성부하에서는 전류의 위상차가 $RLC$의 구성비에 따라 다

르다. 이때의 순시전류는

$$i(t) = I_{\max}\cos(wt+\beta)\,[\text{A}]$$

여기서, $I_{\max} = \dfrac{V_{\max}}{Z}$

이므로 순시전력은

$$\begin{aligned}p(t) &= v(t)i(t) = V_{\max}I_{\max}\cos(wt+\theta)\cos(wt+\beta)\\ &= \frac{1}{2}V_{\max}I_{\max}\{\cos(\theta-\beta)+\cos[2(wt+\theta)-(\theta-\beta)]\}\\ &= VI\cos(\theta-\beta) + VI\cos(\theta-\beta)\cos[2(wt+\theta)]\\ &\quad + VI\sin(\theta-\beta)\sin[2(wt+\theta)]\\ &= VI\cos(\theta-\beta)\{1+\cos[2(wt+\theta)] + VI\sin(\theta-\beta)\sin[2(wt+\theta)]\}\end{aligned}$$

여기서, $(\theta-\beta)$ : 전압과 전류의 위상차

여기서 $I\cos(\theta-\beta) = I_R$, $I\sin(\theta-\beta) = I_X$로 두면 위 식은

$$p(t) = VI_R\{1+\cos[2(wt+\theta)]\} + VI_X\sin[2(wt+\theta)] \quad \cdots\cdots (4)$$

위 식(4)에서와 같이 저항성분에서 소비되는 전력인

$$p_R(t) = VI_R\{1+\cos[2(wt+\theta)]\}$$

와 리액턴스 성분에서 소비되는 전력인

$$p_X(t) = VI_X\sin[2(wt+\theta)]$$

의 합으로 이루어진다.

### 93-1-11

아래 그림에서 변압기 1차측은 전압 230[kV]인 무한대모선에 연결되어 있다고 가정하고 변압기 2차측에서 3상 단락고장이 발생한 경우 변압기 1차측 및 2차측 선로에 흐르는 고장전류[A]를 구하시오.

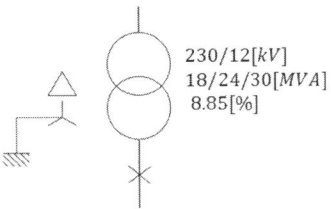

**해설**

%임피던스 기준용량이 주어지지 않았다? %임피던스 측정은 2차를 단락하고 1차 전압을 서서히 올려 2차 전류가 정격이 될 때의 1차 전압이 임피던스전압이 되고 이때의 정격전압과의 백분율이 %임피던스가 된다.

$$\%Z = \frac{e}{E_N} \times 100[\%]$$

여기서, $e$ : 임피던스 전압, $E_N$ : 정격 상전압

위에서와 같이 용량이 변하는 변압기의 %임피던스는 최대 용량하에서 측정한다고 가정하면 즉, 기준용량을 30[MVA]로 하여 이때의 %임피던스를 Ω 임피던스로 환산하여 보면

$$Z = \frac{\%Z\,10\,V^2}{P} = \frac{8.85 \times 10 \times 12^2}{30 \times 10^3} = 0.4248[\Omega]$$

이제 각 용량별로 %임피던스를 구해보면

$$\%Z_{18} = \frac{ZP_{18}}{10\,V^2} = \frac{0.4248 \times 18 \times 10^3}{10 \times 12^2} = 5.31[\%]$$

위 식에서 주의할 점은 30[MVA]일 때 %임피던스가 8.85[%]이던 것이 18[MVA]로 운전하면 %임피던스가 5.31[%]로 줄어듦을 의미한다. 이것은 30[MVA]일 때와 18[MVA]일 때 정격전류가 변하여 임피던스가 강하가 변함을 이야기하는 것일 뿐 실제의 Ω 임피던스가 변하는 것을 이야기하는 것은 아니다. 물론, 최대 전압변동률은 %임피던스의 크기와 동일하다. 그렇다면 단락전류를 구해보면

① Ω법으로 할 경우

$$I_S = \frac{E}{Z} = \frac{12 \times 10^3/\sqrt{3}}{0.4248} = 16,309[A]$$

② %임피던스법

$$I_S = \frac{100 I_N}{\%Z} = \frac{100 \times (30 \times 10^3 / \sqrt{3} \times 12)}{8.85} = 16,309 [A]$$

또는 식(1)의 %임피던스로 계산하면

$$I_{S18} = \frac{100 I_N}{\%Z} = \frac{100 \times (18 \times 10^3 / \sqrt{3} \times 12)}{5.31} = 16,309 [A]$$

이 된다. 그러나 이 문제는 3가지 용량 중에서 어느 용량일 때의 %임피던스인지가 불명확하다. 과연 어떤 용량을 적용해야 할까? 일반적으로 전력용 변압기의 %임피던스 표현은 전압에 따라 다음과 같다.(한전 구매규격 ES 0000? 참고)

- 154[kV] 이하 : 자냉식(OA) 기준 용량
- 345[kV] 이상 : 풍냉식(FA) 기준 용량

지문에서 용량이 18/24/30[MVA]는 냉각방식의 선택에 따른 용량 증가이다. 여기서 18[MVA]는 자냉식일 경우의 최대 용량을 의미하므로 지문의 %임피던스는 당연히 자냉식 운전일 경우 즉, 18[MVA]가 된다. 따라서 다음과 같이 계산한다.

① 2차 단락전류 $I_{S2} = \frac{100 I_N}{\%Z} = \frac{100 \times (18 \times 10^3 / \sqrt{3} \times 12)}{8.85} = 9,786 [A]$

② 1차측 단락전류 $I_{S1} = I_{S2} \times \left(\frac{12}{230}\right) = 511 [A]$

또는 변압기 전압비를 적용하지 않고 1차측 전압으로 계산해도 무방하다.

$$I_{S1} = \frac{100 I_N}{\%Z} = \frac{100 \times (18 \times 10^3 / \sqrt{3} \times 230)}{8.85} = 511 [A]$$

아래는 한전 구매규격(345kV)을 일부 캡처한 것이지만 여기서는 2단계 냉각을 기준으로 임피던스전압을 측정하는 것으로 되어 있다.

3.6 백분율(%) 임피던스전압

3.6.1 변압기의 백분율 임피던스 전압은 제2단계 송유풍냉식(송유수냉식 포함) (166.7 MVA)을 기준으로 하여 표 3에 따른다.

표 3. 변압기의 백분율 임피던스 전압

| 권선간 백분율 임피던스전압 | 백분율 임피던스 전압치 (%) | 비 고 |
|---|---|---|
| 고압권선 – 중앙권선 | 10 | 제작자의 표준설계에 준함. 단, 계통보호상 필요시는 사용자의 요구에 따른다. |
| 고압권선 – 중앙권선 | – | |
| 고압권선 – 중앙권선 | – | |

본인이 보기에는 임피던스전압 측정 기준용량을 기준에 맞게 스스로 알아서 풀이하라는 것이 아니라 %임피던스의 기준용량을 임의로 선정하여 계산하라는 뜻으로 이해하고 싶고 풀이 시 30[MVA] 기준 8.85[%], 18[MVA] 기준 8.85[%] 등으로 단서를 달아 풀이하면 될 것으로 보인다. 보다 정확한 것은 KS C IEC 60076-1의 임피던스전압 측정부분에 대한 것을 확인해 보는 것이 좋을 듯하다. 물론, 논란의 여지는 있으나 본질은 단락전류 계산과 1, 2차 전류의 환산이라고 본다.

### 93-2-6

병렬로 연결된 2대의 변압기가 6,000[m]의 선로를 통하여 배전반에 전력(3상)을 공급하고 있다. 공급된 전력은 배전반의 차단기를 통하여 부하에 연결되어 있다. 변압기 규격 및 선로 데이터는 다음과 같으며 선로는 4개의 XLPE 3심 케이블로 부하까지 병렬로 연결되어 있다.
- 변압기 1,2 : 1차 전압 132[kV], 2차 전압 11[kV], 용량 20[MVA], %$Z$ 10[%]
- XLPE 3심 케이블 : 굵기 185[mm$^2$], 정격전류 410[A], 임피던스 0.1548[Ω/km]

1) 선로 임피던스를 무시한 배전반 차단기 선정을 위한 고장전류를 구하시오.
2) 선로 임피던스를 고려한 배전반 차단기 선정을 위한 고장전류를 구하시오.

**해설**

#### 1. 회로도 및 임피던스 환산

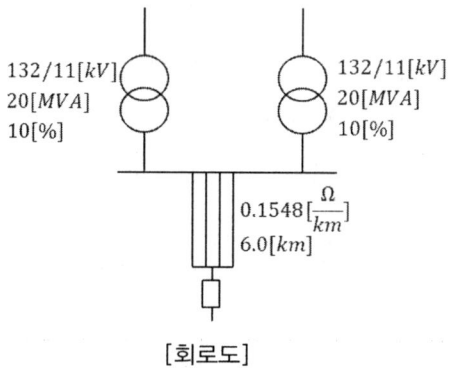

[회로도]

임피던스 환산(20[MVA] 기준)

변압기 임피던스 $Z_t = \dfrac{10}{2} = j5[\%]$

선로 임피던스 $Z_L = \dfrac{ZP}{10V^2} = \dfrac{(0.1548/4) \times 6 \times 20 \times 10^3}{10 \times 11^2} = j3.838[\%]$

#### 2. 고장전류

1) 선로 임피던스를 무시한 경우

기준전류 $I_N = \dfrac{20 \times 10^3}{\sqrt{3} \times 11} = 1{,}049.7[A]$

고장전류 $I_S = \dfrac{100 I_N}{\%Z} = \dfrac{100 \times 1{,}049.7}{j5} = 20{,}994[A]$

2) 선로 임피던스를 고려한 경우

$I_S{'} = \dfrac{100 I_N}{\%Z'} = \dfrac{100 \times 1{,}049.7}{j(5 + 3.838)} = 11{,}877[A]$

### 93-3-6

다음과 같은 계통에서 변압기 출력단으로 부터 50[m] 지점의 $F_1$에서 3상 단락사고가 발생하였다. 주어진 값을 참조하여 $F_1$점에서의 3상 단락전류를 구하시오.
(단, 변압기용량을 기준으로 퍼센트 임피던스법으로 하시오)
여기서,
1) KEPCO측 임피던스 100[MVA], $X/R = 10$
2) $Z_{L1} = 0.2 + j0.15 [\Omega/\text{km}](2\text{km})$
3) TR 22.9/0.38[kV], 3상 500[kVA], $\%Z = 2.0 + j5.0$
4) $Z_{L2} = 0.1 + j0.1 [\Omega/\text{km}](50\text{m})$
5) 전동기 $\%Z = j15$, 150[kVA]

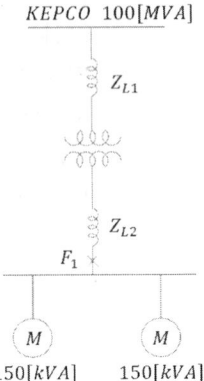

### 해설

**1. 임피던스와 Map**

1) 임피던스 환산(500[kVA] 기준)

전원측 $Z_s = \dfrac{500}{100 \times 10^3} \times 100 = 0.05 + j0.5 [\%] (X/R = 10)$ [55)]

선로 1 $Z_{L1} = \dfrac{ZP}{10 V^2} = \dfrac{(0.2 + j0.15) \times 2 \times 500}{10 \times 22.9^2} = 0.0381 + j0.0286 [\%]$

변압기 $\%Z_t = 2.0 + j5.0$

선로 2 $Z_{L2} = \dfrac{(0.1 + j0.1) \times 0.05 \times 500}{10 \times 0.38^2} = 1.731 + j1.731 [\%]$

전동기 $\%Z_m = j15 \times \dfrac{500}{150} = j50$

2) 임피던스 합성

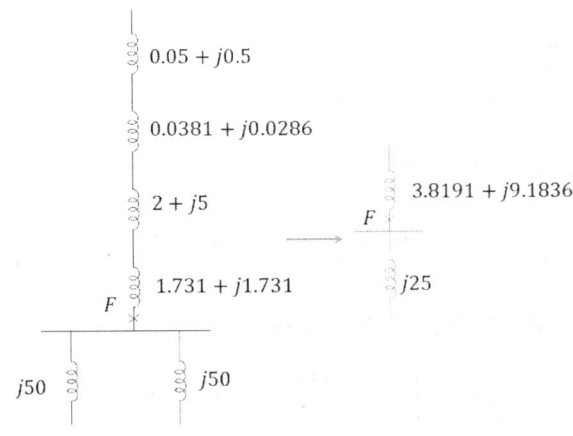

[임피던스도]

$$Z_F = \frac{(3.8191 + j9.1836) \times j25}{(3.8191 + j9.1836) + j25} = 2.0174 + j6.9412 = 7.228[\%]$$

## 2. 단락전류

기준전류는

$$I_N = \frac{500 \times 10^3}{\sqrt{3} \times 380} = 759.7[\text{A}]$$

단락전류는

$$I_S = \frac{100 I_N}{\%Z_F} = \frac{100 \times 759.7}{7.228} = 10,511[\text{A}]$$

---

55) $(X/R)$비를 여기서는 10이어서 이를 무시하고 계산하였다.

정확히 한다면 $\theta = \tan^{-1}10 = 84.289$, $\%R = 0.5\cos 84.289 = 0.04976$, $\%X = 0.5\sin 84.289 = j0.4975$가 되어 앞서의 계산과 거의 비슷하다.

### 93-4-1

$R, L, C$로 구성된 부하에 공급되는 전압 $v(t)$, 전류 $i(t)$의 순시값이 다음과 같다.

$$v(t) = V_m \cos(wt + \alpha)$$
$$i(t) = I_m \cos(wt + \beta)$$

1) 부하에 공급하는 순간전력 $p(t)$를 구하시오.
2) 앞의 결과를 이용하여 부하에 공급되는 유효전력 $P[\text{W}]$와 무효전력 $Q[\text{Var}]$를 정의하고 그 의미를 설명하시오.

**해설**

**1. 순시전력 $p(t)$**

$$v(t) = V_m \cos(wt + \alpha) = \sqrt{2}\, V \cos(wt + \alpha)$$
$$i(t) = I_m \cos(wt + \beta) = \sqrt{2}\, I \cos(wt + \beta)$$

순시전력은

$$v(t) \cdot i(t) = \{\sqrt{2}\, V \cos(wt + \alpha)\} \times \{\sqrt{2}\, I \cos(wt + \beta)\}$$
$$= 2VI\{\cos(wt + \alpha)\} \times \{\cos(wt + \beta)\}$$

여기서 $\cos a \times \cos b = \dfrac{1}{2}\{\cos(a+b) + \cos(a-b)\}$ 이므로

$$p(t) = VI\{\cos(wt + \alpha + wt + \beta) + \cos(wt + \alpha - wt - \beta)\}$$
$$= VI\{\cos(2wt + \alpha + \beta) + \cos(\alpha - \beta)\}$$
$$= VI\cos(2wt + \alpha + \beta) + VI\cos(\alpha - \beta) \quad \cdots\cdots (1)$$

위 식(1)의 우변 제2항은 유효전력이 되며 제1항은 진폭 $VI$이고 각주파수가 $2w$인 정현파가 된다. 이상을 그래프로 그리면 다음과 같다.

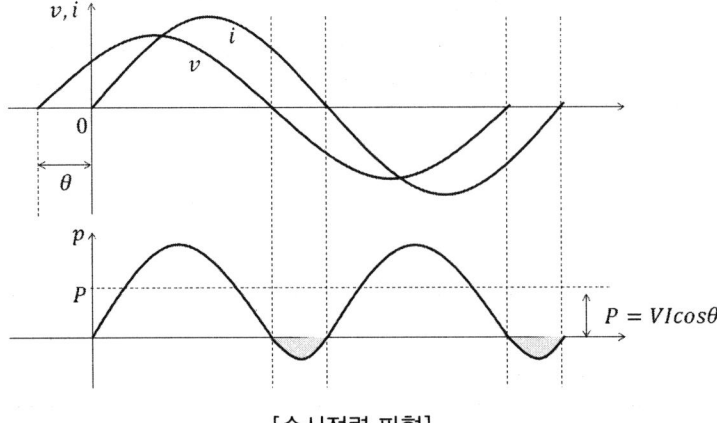

[순시전력 파형]

위에서 (+)측이 (−)보다 큰 것은 부하에서 유효하게 일을 하고 있으며 (−)부분은 부하에서 축적된 에너지가 전원으로 귀환되는 전력이 된다.

### 2. 유·무효전력
1) 유효전력(평균전력)

$$P = \frac{1}{T}\int_0^T p\,dt$$
$$= \frac{1}{T}\int_0^T \{VI\cos(2wt+\alpha+\beta) + VI\cos(\alpha-\beta)\}$$
$$= VI\cos(\alpha-\beta)$$

2) 무효전력

$$Q = VI\sin(\alpha-\beta)$$

### 93-4-4

480[V] 모선에 고조파 발생원인 가변속 모터와 일반 부하가 병렬로 연결되어 운전되고 있다. 이 모터의 정격과 발생되는 고조파는 다음과 같다.
정격 : 500[HP], 전압 : 480[V], 전류(기본파) : 601[A]

| 고조파 | [%] | 전류 [A] |
|---|---|---|
| 5 | 20 | 120 |
| 7 | 12 | 72 |
| 11 | 7 | 42 |
| 13 | 4 | 24 |

이 모선은 용량 1,500[kVA], 임피던스 6[%]의 변압기에서 공급받고 있다. 이때, 480[V] 모선에서의 전압왜형율(THD)를 구하시오.(단, 변압기 고압측 임피던스 효과는 무시한다.)

#### 해설

위 문제는 고조파 발생시 주파수와 관련하여 리액턴스가 어떻게 변하는가? 에 주안점을 두고 고조파 전류와 고조파에 상응하는 임피던스의 곱이 고조파 전압으로 나타남에 유의하면 쉽게 해결할 수 있다.

**1. 변압기 리액턴스**

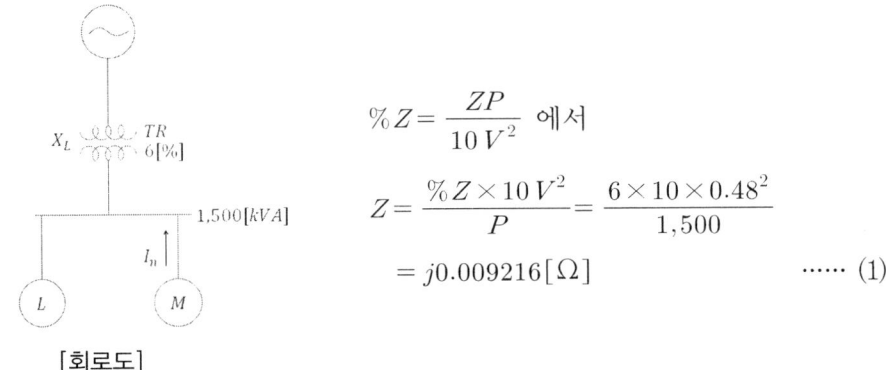

$\%Z = \dfrac{ZP}{10 V^2}$ 에서

$$Z = \dfrac{\%Z \times 10 V^2}{P} = \dfrac{6 \times 10 \times 0.48^2}{1,500}$$
$$= j0.009216 [\Omega] \quad \cdots\cdots (1)$$

[회로도]

**2. 고조파전압**

$$V_n = I_n \times n X_L \quad \cdots\cdots (2)$$

여기서, $V_n$ : $n$차 고조파 전압, $n$ : 고조파 차수, $I_n$ : $n$차 고조파 전류

식(2)에 수치를 대입하면

$V_5 = 5 \times 0.009216 \times 120 = 5.5296 [V]$

$V_7 = 7 \times 0.009216 \times 72 = 4.645 [V]$

$$V_{11} = 11 \times 0.009216 \times 42 = 4.258 \,[\text{V}]$$

$$V_{13} = 13 \times 0.009216 \times 24 = 2.875 \,[\text{V}]$$

### 3. 전압 왜형률

$$V_{THD} = \frac{\sqrt{V_5^2 + V_7^2 + V_{11}^2 + V_{13}^2}}{V_1} \times 100\,[\%] \quad \cdots\cdots (3)$$

식(3)에 수치를 대입하면

$$V_{THD} = \frac{\sqrt{5.5296^2 + 4.645^2 + 4.258^2 + 2.875^2}}{480} \times 100\,[\%] = 1.85\,[\%]\text{[56]}$$

---

[56] 고조파 성분이 어느 정도 포함되어 있는가를 평가하는 요소로 **총합 고조파 왜형율**(THD, Total Harmonics Distortion)과 **전류 총수요 왜형율**(TDD, Total Demand Distortion)이 있다. 총합 전압 고조파 왜형율은 기본파의 실효치에 대한 고조파 전체의 실효치 비율로 계산된다. 즉, 총합 전압 고조파 왜형율은

$$V_{THD} = \frac{\sqrt{V_2^2 + V_3^2 + \cdots + V_n^2}}{V_1} \times 100\,[\%] = \frac{\sqrt{\sum_{n=2}^{n} V_n^2}}{V_1} \times 100\,[\%]$$

여기서, $V_1$ : 기본파 전압

$V_2, V_3, \cdots, V_n$ : 차수별 고조파 전압

으로 계산되고 총합 전류 고조파 왜형율도 마찬가지로 총합 전류 고조파 왜형율

$$I_{THD} = \frac{\sqrt{I_2^2 + I_3^2 + \cdots + I_n^2}}{I_1} \times 100 = \frac{\sqrt{\sum_{2}^{n} I_n^2}}{I_1} \times 100\,[\%]\,[\%]$$

여기서, $I_1$ : 기본파 전류

$I_2, I_3, \cdots, I_n$ : 차수별 고조파 전류

로 계산할 수 있다. 한편, 통신선에 영향을 주는 전류의 한계치를 규정하는 것으로 **등가방해전류**(EDC, Equivalent Disturbing Current)가 있는데 이것은 다음과 같이 계산한다.

$$EDC = \sqrt{\sum_{n=1}^{\infty} S_n^2 \times I_n^2}\,[\text{A}]$$

여기서, $S_n$ : 통신선 유도계수, $I_n$ : 영상고조파 전류

또한, 총합 고조파 왜형율은 기본파에 대한 값이므로 전압, 전류 양자를 모두 평가할 수 있다. 그러나 부하의 변동이 있으면 전압의 변화율은 매우 적지만 전류는 부하변동에 따라 고조파 전류의 함유량이 달라지므로 이를 평가하기 위해 **전류 총수요 왜형율**(TDD, Total Demand Distortion)로 평가하기도 한다.

즉, TDD는 전압과는 무관하고 오로지 전류에만 적용할 수 있고 최대 부하전류 대비 고조파 함유량의 비율을 말한다. 따라서,

$$I_{TDD} = \frac{\sqrt{I_2^2 + I_3^2 + \cdots + I_n^2}}{I_m} \times 100 = \frac{\sqrt{\sum_{n=2}^{n} I_n^2}}{I_m} \times 100 [\%]$$

여기서, $I_m$ : 일정 시간 동안 평균 최대부하전류

$I_2, I_3, \cdots, I_n$ : 일정시간 동안 차수별 고조파 전류

으로 표현할 수 있다. 다음 표를 예를 들어 계산해 본다.

[측정된 조파에 따른 스펙트럼(단, 최대전류 100[A])]

| 조파 | 0 | 1 | 2 | 3 | 4 | 5 | 6 | 7 | 8 | 9 | 10 | 11 |
|---|---|---|---|---|---|---|---|---|---|---|---|---|
| 전류[A] (RMS) | 0 | 50 | 0 | 43 | 0 | 29 | 0 | 18 | 0 | 10 | 0 | 3 |

총합고조파 왜형율 TDD는

$$I_{TDD} = \frac{\sqrt{43^2 + 29^2 + 18^2 + 10^2 + 3^2}}{100} \times 100[\%] = 55.88[\%]$$

가 된다.

한편 THD와 역률의 관계는 다음과 같다.

일반적으로 역률(Power Factor)이라 함은 고조파를 포함한 역률을 말하고 고조파가 포함되지 않았을 때의 역률을 특별히 $dpf$(Displacement Power Factor)라 부른다. 고조파 왜형률과 역률의 관계를 알아본다. 역률은 피상전력에 대한 유효전력의 비로

$$p \cdot f = \frac{유효전력}{피상전력} \quad \cdots\cdots (1)$$

고조파를 포함한 전류의 실효치는 각 전류의 제곱의 합의 제곱근으로

$$I = \sqrt{I_1^2 + I_2^2 + I_3^2 + \cdots + I_n^2} = \sqrt{\sum_1^n I_n^2} \quad \cdots\cdots (2)$$

로 표현된다. 이때의 기본파의 유효전력은

$$P = VI_1 \cos\theta_1 \quad \cdots\cdots (3)$$

이므로 이를 식(1)에 대입하면

$$pf = \frac{VI_1\cos\theta_1}{V\sqrt{\sum_{n=1}^{n}I_n^2}} = \frac{VI_1\cos\theta_1}{V\sqrt{I_1^2+\sum_{n=2}^{n}I_n^2}} = \frac{VI_1\cos\theta_1}{VI_1\sqrt{1+\frac{\sum_{n=2}^{n}I_n^2}{I_1^2}}} = \frac{\cos\theta_1}{\sqrt{1+\frac{\sum_{n=2}^{n}I_n^2}{I_1^2}}}$$

...... (4)

가 되고 식(4)의 분모 $\sqrt{\phantom{x}}$ 내의 제2항은

$$\sqrt{\frac{\sum_{n=2}^{n}I_n^2}{I_1^2}} = \frac{\sqrt{I_2^2+I_3^2+\cdots\cdots I_n^2}}{I_1} = THD$$

이므로 고조파가 포함된 경우의 역률은

$$pf = \frac{\cos\theta_1}{\sqrt{1+(THD)^2}}$$

로 계산된다. 예를 들어 순수한 선형부하에서 역률이 80[%]인 부하에서 고조파로 인한 종합고조파왜형률이 20[%]라면 이때의 역률은

$$pf = \frac{0.8}{\sqrt{1+0.2^2}} = 0.784$$

로 낮아지는 셈이 된다.

## 95-1-4

병렬 커패시터를 그림과 같이 투입할 경우 효과에 대해 전류 페이저도와 전압페이저도를 이용하여 설명하시오.

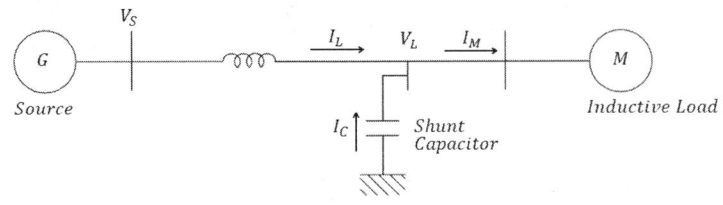

### 해설

1. **페이저도**

    1) 전류 페이저도.

    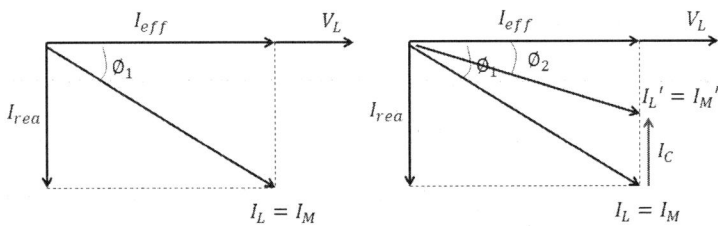

    [그림.1 캐패시터 투입 전]   [그림.2 캐패시터 투입 후]

    2) 전압 페이저도

    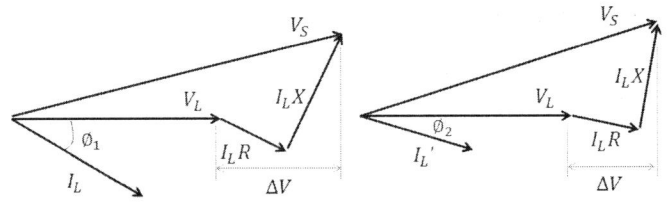

    [그림.3 캐패시터 투입 전]   [그림.4 캐패시터 투입 후]

2. **커패시터 투입 효과**

    1) 역률 개선

    [그림1]에서 커패시터 투입 전에는 부하가 유도성 부하이므로 $\phi_1$이라는 역률각에서 커패시터 투입 후 $\phi_2$로 개선된다.

    2) 전류 크기 감소

    커패시터 투입전 전류를 $I_L$, 투입후 전류를 $I_L'$이라면 다음과 같은 식이 된다.

    $$I_L = (I_{eff} + jI_{rea}) \rightarrow I_L' = I_{eff} + j(I_{rea} - I_c) \quad \therefore I_L > I_L'$$

따라서 손실 $P_l = I^2R$이므로 전류의 제곱에 비례해서 손실이 줄어든다.
3) 전압강하 개선

    전압강하 $\Delta V$가 $\Delta V'$로 커패시터 투입 후 줄어든다.
4) 전기요금이 경감 및 설비용량의 여유가 증가. [57]

---

[57] 피상전력에 대한 유효전력의 비율을 **역률(Power Factor)**이라 한다. 이는 전기기기에 실제로 걸리는 전압과 전류가 얼마나 유효하게 일을 하는가 하는 비율을 의미한다.

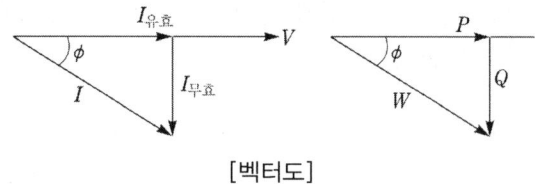

[벡터도]

교류 회로에서는 코일이나 콘덴서 성분에 의해 전압과 전류사이에 위상차가 발생하므로 실제로 유효하게 일을 하는 유효전력은 피상전력 $\dot{W} = \dot{V}\dot{I}$ 가 아니고 전압과 동일방향 성분만큼의 전류($I\cos\phi$)만이 유효하게 일을 하게 된다. 따라서 유효전력은

$$P = VI\cos\phi$$

이며, $\cos\phi$를 **유효율** 또는 역률이라 한다.

한편, 무효전력은 전압과 90° 방향 성분만큼의 전류($I\sin\phi$)와 전압의 곱으로서 기기에서 실제로 아무 일도 하지 않으면서(전력소비는 없음) 기기의 용량 일부만을 점유하고 있는데 $\sin\phi$를 **무효율**이라 한다.

역률이 높다는 것은 유효전력이 피상전력에 근접하는 것으로서 부하측(수용가측)에서 보면 같은 용량의 전기기기를 최대한 유효하게 이용하는 것을 의미하며, 전원측(공급자측)에서 보면 같은 부하에 대하여 적은 전류를 흘려 보내도 되므로 전압강하가 적어지고 전원설비의 이용효과가 커지는 이점이 있다. 반대로 역률이 낮은 경우에는 위와는 반대되는 불이익이 있다. 역률저하의 원인으로는 대표적으로

① 유도전동기 부하의 영향 : 유도전동기는 특히 경부하일 때 역률이 낮다.
② 가정용 전기기기(단상유도전동기)와 방전등(기동장치에 코일을 사용하기 때문)의 보급에 의한 역률저하
③ 변압기의 여자전류의 영향

등을 들 수 있다. 역률개선 효과로는 전력회사 측면에서는 전력계통 안정과 전력손실 감소, 설비용량의 효율적운용, 투자비 경감 등을 들 수 있고 수용가 측면에서는 역률개선에 의한 설비용량의 여유증가, 전압강하 경감, 변압기 및 배전선의 전력손실 경감과 전기요금의 경감 등을 들 수 있다.

### 95-1-8

어떤 부하에 흐르는 전류를 측정한 결과 10[A]였다. 여기에 병렬로 저항을 연결하여 저항에 흐르는 전류 값이 15[A]로 나타났고, 부하와 전체 전류 값이 20[A] 일 때 부하의 역률을 구하시오.

**해설**

문제를 보는 순간은 어떻게 풀어야 할지 다소 난감할 수도 있다.

이 경우는 먼저 회로도를 연상한다. 먼저 부하는 임피던스 $R+jX$로 구성되어 있고 여기에 흐르는 전류는 10[A]인데 이것은 피상전류란 사실을 주목하고, 병렬저항에 흐르는 전류 15[A]는 전원전압과 동상이며, 전체 전류 20[A] 또한 피상전류이다. 위 지문을 회로도로 그려보면

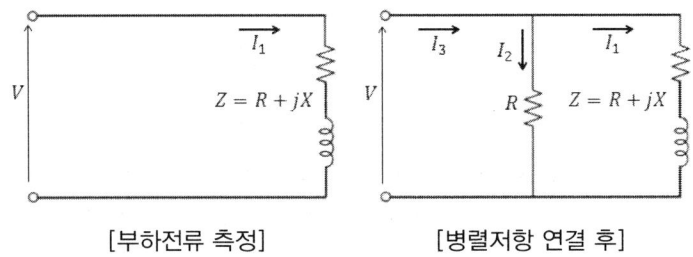

[부하전류 측정]  [병렬저항 연결 후]

지문이 다소 난해하지만 회로도로 그려보면 많이 본 듯한 회로이다. 단상전력 측정법인 3전류계법과 동일하다는 것을 쉽게 알 수 있다. 이상의 전류관계를 벡터도로 그려보면

① 부하전류 $I_1$은 부하 임피던스의 각에 따라 일정한 역률각을 가지고 있다.
② $I_2$는 순수한 저항 부하이므로 전압과 동상이다.
③ $I_3 = I_1 + I_2$

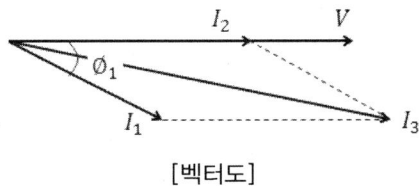

[벡터도]

위 벡터도에서

$$I_3^2 = I_1^2 + I_2^2 + 2I_1 I_2 \cos\phi_1$$

$$\therefore \cos\phi_1 = \frac{1}{2I_1 I_2}(I_3^2 - I_1^2 - I_2^2)$$

수치를 대입하면

$$\cos\phi_1 = \frac{1}{2\times 10 \times 15}(20^2 - 10^2 - 15^2) = 0.25$$

로 계산된다. 여기서 $\cos\phi_1$은 어디까지나 부하의 역률에 해당된다. 전체 역률을 구해보면 부하의 역률이 나왔으므로

$$I_1 = 10 \times \cos\phi_1 + j(10 \times \sin(\cos^{-1}0.25)) = 2.5 + j9.68$$
$$I_2 = 15$$
$$I_3 = (2.5 + 15) + j9.68 = 17.5 + j9.68$$

따라서 저항 연결 후 전체 역률은

$$\cos\phi = \frac{17.5}{17.5 + j9.68} = 0.875$$

가 된다. [58]

---

**58)** 다른 방법으로 해석해 본다.

**1) 회로도**

병렬저항 연결 전, 후 회로도와 전류는 다음과 같다.

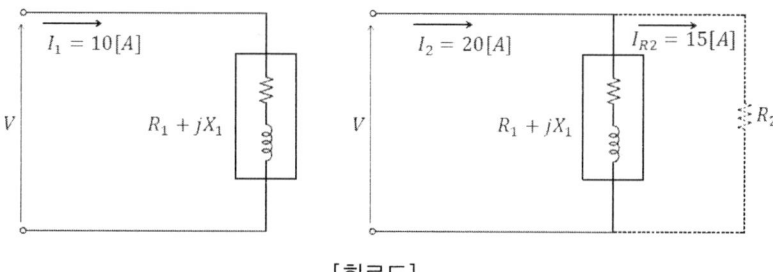

[회로도]

**2) 벡터도**

먼저, 병렬저항 연결전 부하에 흐르는 전류 $I_1$은 유효분과 무효분으로 표현할 수 있다. 즉,

$$I_1 = I_{R1} + jI_{X1} = 10 \quad \cdots\cdots (1)$$

병렬저항에 전류 $I_{R2}$는 전압 동상분 유효전류이며 이 것과 $I_1$의 합은 $I_2$가 된다. 즉,

$$I_2 = (I_{R1} + I_{R2}) + jI_{X1} = 20 \quad \cdots\cdots (2)$$

벡터도는 다음과 같다.

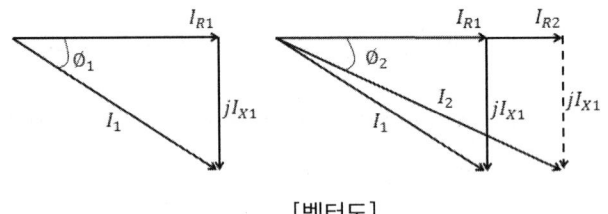

[벡터도]

부하의 역률을 구하기 위해서는 부하의 유, 무효전류를 구하면 된다.

병렬저항 연결 전은 $I_1^2 = I_{R1}^2 + I_{X1}^2 = 10^2$ → $I_{X1}^2 = 100 - I_{R1}^2$ ······ (3)

병렬저항 연결 후는 $I_2^2 = (I_{R1} + 15)^2 + I_{X1}^2 = 20^2$ ······ (4)

식(3)을 (4)에 대입하면

$$20^2 = (I_{R1}^2 + 30I_{R1} + 15^2) + 100 - I_{R1}^2$$

$$30I_{R1} + 225 + 100 = 400 \ \rightarrow \ 30I_{R1} = 75 \ \therefore \ I_{R1} = 2.5[\text{A}] \quad \cdots\cdots (5)$$

식(5)를 식(3)에 대입하면

$$100 = 2.5^2 + I_{X1}^2 \quad \therefore \ I_{X1} = 9.68[\text{A}]$$

따라서 부하에 흐르는 전류는 $2.5 + j9.68 = 10[\text{A}]$가 된다.

이때의 부하의 역률은

$$\cos\phi_1 = \frac{2.5}{2.5 + j9.68} = 0.25 \ \text{즉, } 25[\%] \text{가 된다.}$$

### 95-4-1

아래 그림은 11[kV]/400[V] 변압기를 통하여 부하에 전력을 공급하고 있는 3상 계통이다. 각 부분의 데이터는 아래와 같으며 ③모선에서 3상 단락고장이 발생한 경우 고장전류[kA]를 구하시오.

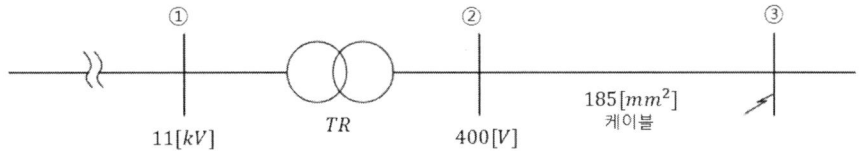

- 11[kV] 모선 : 고장용량 250[MVA]
- 11[kV]/400[V] 변압기 : 용량 500[kVA], $Z = 0.05[\text{pu}]$
- 185[mm$^2$] 케이블 : 0.1445[Ω/km], 길이 100[m]

### 해설

#### 1. 500[kVA] 기준 임피던스

전원측 $Z_s = \dfrac{P_n}{P_s} \times 100 = \dfrac{500}{250 \times 10^3} = 0.002[\%]$

변압기 $Z_t = 5[\%]$

케이블의 임피던스는 모두 리액턴스로 보면

$\%Z_L = \dfrac{ZP}{10 V^2} = \dfrac{0.1445 \times 0.1 \times 500}{10 \times 0.4^2} = 4.516[\%]$

고장점에서 본 임피던스는

$Z = 0.002 + 5 + 4.516 = 9.518[\%]$

#### 2. 단락전류

기준전류 $I_n = \dfrac{500}{\sqrt{3} \times 0.4} = 721.7[\text{A}]$

단락전류 $I_s = \dfrac{100 I_n}{\%Z} = \dfrac{100 \times 721.7}{9.518} = 7,582[\text{A}]$ [59]

---

[59] 여기서는 케이블 및 변압기 전원측의 임피던스를 모두 리액턴스로 보고 계산하였다. 물론 케이블의 임피던스를 순수한 저항으로 보고 계산할 수도 있겠지만 앞서서처럼 단서를 달고 풀이하면 문제가 없을 것으로 보인다.

### 95-4-3

선간전압이 173[V]인 3상 평형계통이 그림과 같이 연결되어 있다.
1) One phase Diagram을 그리시오.
2) $v_1$, $i_2$ 부분의 전압[V] 및 전류[A]의 실효값을 구하시오.

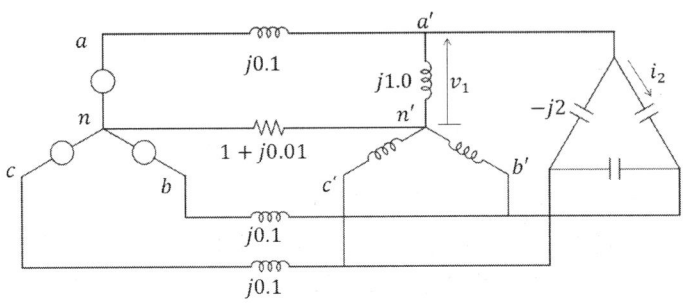

**해설**

**1. 전압 $v_1(t)$**

△결선인 커패시터를 △-Y 등가 변환하여 단상 등가회로도를 그리면

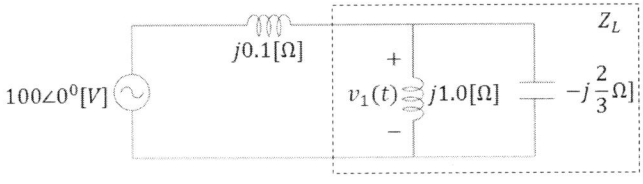

[단상 등가회로도]

부하임피던스는

$$Z_L = \frac{(j1.0) \times (-j\frac{2}{3})}{j1.0 - j\frac{2}{3}} = -j2.0[\Omega]$$

따라서 $v_1(t)$는 KVL에 따라 전압의 실효치는

$$V_1 = \frac{-j2}{-j2 + j0.1} \times (100 \angle 0) = 105 \angle 0°[V]$$

이므로 전압의 순시값은

$$v_1(t) = \sqrt{2}\, V_1 \cos(wt + 0°) = 105\sqrt{2} \cos(wt + 0°) = 148.5 \cos wt [V]$$

여기서, 전원전압의 순시치 $V = V_m \cos wt [V]$로 간주함

## 2. 전류 $i_2(t)$

그림에서 $V_{A'B'}$의 전압은

$$V_{A'B'} = V_{A'N'} - V_{B'N'} = \sqrt{3}\, V_{A'N'}\, e^{j30} = 173.2 \angle 30°[\text{V}]$$

이므로 전류의 실효치는

$$I_{A'B'} = \frac{173.2 \angle 30°}{-j2} = 86.6 \angle 120°[\text{A}]$$

이므로 전류의 순시치는

$$i_2(t) = \sqrt{2}\, I_{A'B'} \cos(wt + 120°) = 122.5 \cos(wt + 120°)[\text{A}]$$

### 96-1-9

다음 변압기 결선도와 같이 전압이 주어졌을 때 D-C간 전압을 구하는 식을 쓰고 계산하시오.

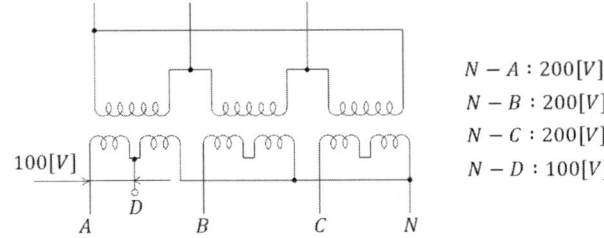

$N - A : 200[V]$
$N - B : 200[V]$
$N - C : 200[V]$
$N - D : 100[V]$

**해설**

전압 벡터도를 그리면

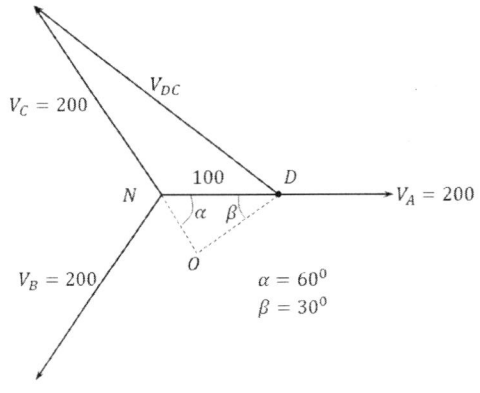

$\alpha = 60°$
$\beta = 30°$

[벡터도]

변압기 2차 결선의 상전압을 평형으로 보고 A상 상전압의 중간점에서 C점으로 이은 전압이 $V_{DC}$가 되므로 벡터도는 그림과 같다.

벡터도에서

$$\overline{NO} = 100\cos60 = 50, \quad \overline{DO} = 100\sin60 = 86.6$$

따라서

$$V_{DC} = (200 + 50) + j86.6 = 264.6[V] \ ^{60)}$$

---

60) 또는 다음과 같이 복소수로 표현하여

$$V_{DC} = 200 + 100\cos60 + j(100\sin60) = 250 + j86.6 = 264.6[V]$$

## 96-4-6

22.9[kV] 수전설비에서 다음 조건에 대하여 F1, F2점의 3상 단락전류를 계산하고 차단기의 종류, 정격전류 및 정격차단용량을 산정하시오.

(조건)
- 100[MVA] [pu]법을 사용한다.
- 22.9/6.6/[kV] 변압기 임피던스는 6[%], 6.6/0.38[kV] 변압기는 3.5[%]이며 제작오차를 고려한다.
- 전동기 기동전류는 전부하전류의 600[%]로 계산한다.
- 선로 임피던스는 무시한다.

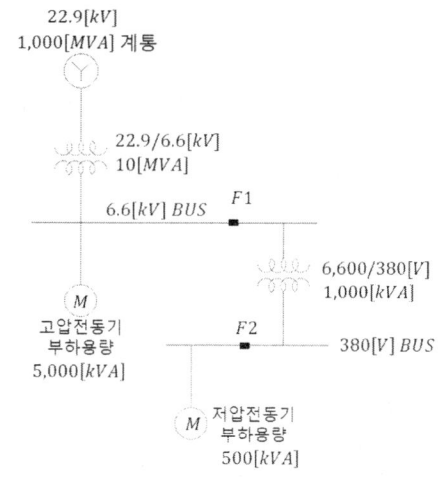

### 해설

**1. 단락전류**

1) 100[MVA] 기준 임피던스 환산

전원측  $Z_s = \dfrac{100}{1,000} = j0.1 \,[\mathrm{pu}]$

제작오차를 고려한 변압기(변압기 %임피던스는 ±10[%]로 여기서는 가혹한 조건인 -10[%]를 적용한다.)

$Z_{t1} = 0.06 \times \dfrac{100}{10} = \dfrac{0.6}{1.1} = j0.545 \,[\mathrm{pu}]$

$Z_{t2} = 0.035 \times \dfrac{100}{1} = \dfrac{3.5}{1.1} = j3.182 \,[\mathrm{pu}]$

고압 전동기  $Z_{m1} = \dfrac{100}{5 \times 6} = j3.33 \,[\mathrm{pu}]$

저압 전동기  $Z_{m2} = \dfrac{100}{0.5 \times 6} = j33.33 \,[\mathrm{pu}]$

2) Impedance map

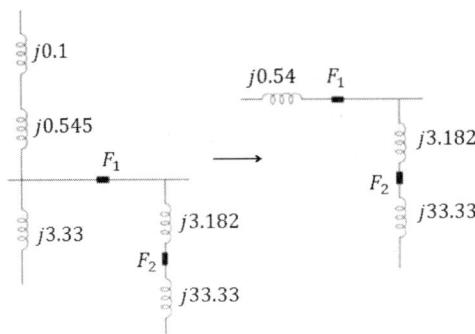

[Impedance map]

3) $F_1$점의 단락전류

$$Z_{F1} = \frac{0.54 \times 36.512}{0.54 + 36.512} = j0.532 \text{[pu]}$$

$$I_{S1} = \frac{1}{j0.532} \times \frac{100 \times 10^3}{\sqrt{3} \times 6.6} = 16,443 \text{[A]}$$

4) $F_2$점의 단락전류

$$Z_{F2} = \frac{3.722 \times 33.33}{3.722 + 33.33} = j3.348 \text{[pu]}$$

$$I_{S1} = \frac{1}{j3.348} \times \frac{100 \times 10^3}{\sqrt{3} \times 0.38} = 45,380 \text{[A]}$$

## 2. 차단기 종류, 정격전류 및 정격차단용량 [61]

----- 생략 -----

---

**61)** 차단기의 차단용량 산정 시 주의해야 할 것은 단락전류는 비록 위에서와 같이 계산되더라도 차단용량 산정시는 설치점에서 본 전원측 임피던스에 제한을 받는다. 따라서 위에서 계산한 단락전류로 계산하여 $P_S = \sqrt{3}\ VI_S \text{[MVA]}$로 계산하지 말고 합성 임피던스가 아닌 차단기 설치점에서 본 전원측 임피던스를 고려하여 계산하여야 한다. 다시 말해 $F_2$점의 차단용량 계산시에는 저압전동기의 기여전류(저압전동기 임피던스)는 포함되지 않는다는 것에 주의하여야 한다.

### 97-1-6
그림과 같은 회로에서 교류전압을 인가하는 경우 저항 $R$을 변화시켜 저항에서 소비되는 전력이 최대가 되기 위한 조건과 최대 소비전력을 구하시오.

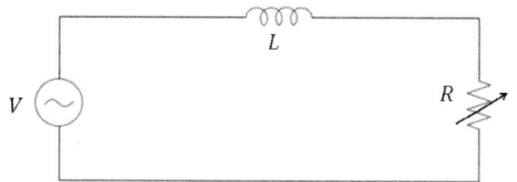

**해설**

**1. 최대전력 전달조건**

임피던스 $Z = R + jX_L = \sqrt{R^2 + X_L^2}$ ······ (1)

전류 $I = \dfrac{V}{Z}$ ······ (2)

전력 $P = I^2 R = \left(\dfrac{V}{Z}\right)^2 \cdot R = \dfrac{V^2 R}{(\sqrt{R^2 + X_L^2})^2} = \dfrac{V^2 R}{R^2 + X_L^2}$ ······ (3)

식(2)의 분모, 분자를 $R$로 나누면

$$P = \dfrac{V^2}{R + \dfrac{X_L^2}{R}}$$ ······ (4)

식(4)의 분모 값이 최소일 경우이므로 미분 값이 0이면 최대전력이 된다. 분모를 $A$로 치환 후 미분하면

$$\dfrac{dA}{dR} = \dfrac{d}{dR}\left(R + \dfrac{X_L^2}{R}\right) = 1 - \dfrac{X_L^2}{R^2} = 0 \quad \therefore R = X_L$$ ······ (5)

따라서 최대전력 전달조건은 $R = X_L = wL$이 되고 전원 임피던스와 부하의 임피던스가 동일할 때 최대전력이 전달된다.

**2. 최대전력**

식(3)에 조건을 대입하면

$$P_{max} = I^2 R = \left(\dfrac{V}{Z}\right)^2 \cdot R = \dfrac{V^2 R}{(\sqrt{R^2 + X_L^2})^2} = \dfrac{V^2 R}{R^2 + R^2} = \dfrac{V^2 R}{2R^2} = \dfrac{V^2}{2R}$$

### 97-1-7 전력간선의 전압강하 계산에서 간이 계산식과 정식 계산식의 차이점을 설명하시오.

**해설**

1. **회로도 및 벡터도**

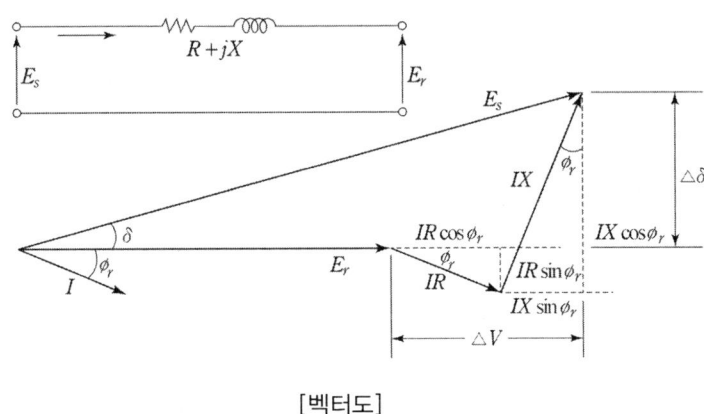

[벡터도]

2. **전압강하 계산식**

   1) 정식 계산식

   $$E_s = E_r + IZ = (E_r + IR\cos\phi_r + IX\sin\phi_r) + j(IX\cos\phi_r - IR\sin\phi_r)$$
   $$= \sqrt{(E_r + IR\cos\phi_r + IX\sin\phi_r)^2 + (IX\cos\phi_r - IR\sin\phi_r)^2} \quad \cdots\cdots (1)$$

   따라서 전압강하는

   $$e = \sqrt{(IR\cos\phi_r + IX\sin\phi_r)^2 + (IX\cos\phi_r - IR\sin\phi_r)^2} = \Delta V + j\Delta\delta$$

   2) 약식 계산식

   식(1)에서 일반적으로 상차각 $\delta$는 매우 적고 $\sqrt{\ }$ 내의 제 2항은 1항에 비해 미미하므로 무시하면

   $$E_s = E_r + I(R\cos\phi_r + X\sin\phi_r)$$

   따라서 전압강하는

   $$e = E_s - E_r = I(R\cos\phi_r + X\sin\phi_r) = \Delta V \quad \cdots\cdots (2)$$

   선간 전압으로 고치면

   $$v = \sqrt{3}\,I(R\cos\phi_r + X\sin\phi_r) \quad \cdots\cdots (3)$$

3) 유무효전력을 이용한 약산식

   식(2)의 분모, 분자에 $V_r$을 곱하면

$$e = \frac{RP + XQ}{V_r} \text{ 62)}$$

---

**62)** 예제를 통해 약산식과 정식 계산식의 차이점을 고찰해 보자.

**문제** 다음과 같은 3상 3선식 선로에서 송전단 전압을 구하시오.

$V_S$ — $I$ — $2 + j5[\Omega]$ — $V_R = 6.0[kV]$ — $2,000[kW]$, $pf\ 0.8$

**풀이**
먼저 약산식으로 구해보자.
수전단전력

$$P + jQ = 2,000 + j2,000\tan\theta = 2,000 + j1,500 = 2,500\angle -36.87°[\text{kVA}]$$

선로전류

$$I = \frac{P - jQ}{\sqrt{3}\,V_R} = \frac{2,500\angle 36.87}{\sqrt{3}\times 6} = 240.6\angle -36.87°[\text{A}]$$

약산식을 동원하면

$$\Delta V = \frac{RP + XQ}{V_R} = \frac{2\times 2,000 + 5\times 1,500}{6} = 1,917[\text{V}] \quad \cdots\cdots (1)$$

따라서 송전단 전압은

$$V_S = V_R + \Delta V = 6,000 + 1,917 = 7,917[\text{V}] \quad \cdots\cdots (2)$$

다음은 약산식이 아닌 정식계산식으로 계산해 보는데 이때는 벡터의 곱으로 계산해 본다.

$$\Delta V' = \sqrt{3}\,ZI = \sqrt{3}\times(2 + j5)(240.6\angle -36.87°) = 1,917 + j1,167[\text{V}]$$
$$\cdots\cdots (3)$$

이 되어 큰 차이를 보인다. 한편 정식 계산식에서의 송전단 전압은

$$V_S = V_R + \Delta V' = 6,000 + 1,917 + j1,167 = 8,002\angle 8.4°[\text{V}] \quad \cdots\cdots (4)$$

가 되는데 식(1), (2), (3)에서 보면 약산식과 정식계산식의 실수부는 동일하지만 허수부가 무시된 계산식이라는 것을 알 수 있고 또한 식(2)와 식(3)의 차이는 $8,002 - 7,917 = 85[\text{V}]$

로 상당한 차이를 보인다는 것을 알 수 있다. 즉, 약산식은 전압강하 중 미미한 부분인 허수측 $j\Delta\delta$를 무시한 식이 된다.

한편, 위 문제는 건축전기설비기술사 문제이므로 구내선로의 전압강하 약산식을 이야기하는지도 모른다. 구내 배전선로의 경우 $X ≒ 0$, $\cos\phi ≒ 1$로 두면

전압강하 $e = V_s - V_r = kRI$에서 $R = \left(\rho\dfrac{l}{A}\right)$을 대입하면

$$e = kRI = \left(k\rho\dfrac{lI}{A}\right)$$

$$\rho = \left(\dfrac{1}{58} \times \dfrac{100}{C}\right) = \left(\dfrac{1}{58} \times \dfrac{100}{97}\right)$$

이므로

$$e = kRI = \left(k \times \dfrac{1}{58} \times \dfrac{100}{97}\right)\left(\dfrac{lI}{A}\right) = k(0.0178)\left(\dfrac{lI}{A}\right) = k\left(\dfrac{17.8}{1,000A}\right)lI$$

여기서, $k$는 상계수

| 공급방식 | $k$ | 전압강하 |
|---|---|---|
| 단상 2선식 | 2 | $e = \left(\dfrac{35.6}{1,000A}\right)lI$ |
| 단상 3선식 | 1 | $e = \left(\dfrac{17.8}{1,000A}\right)lI$ |
| 3상 3선식 | $\sqrt{3}$ | $e = \left(\dfrac{30.8}{1,000A}\right)lI$ |
| 3상 4선식 | 1 | $e = \left(\dfrac{17.8}{1,000A}\right)lI$ |

전압강하와 관련하여 다음과 문제를 풀어보자.

**문제** 345[kV], 1,000[MVA] 기준에서 임피던스가 $(2+j50)$[%]인 송전선의 수전단에 500[MW](역률 0.9)의 조류가 흘렀을 때 이 송전선의 유, 무효전력 손실 및 송전단의 Y전압 및 선간 전압을 구하고 송수전단간의 위상차와 벡터도를 그리시오. 단, 수전단 운전전압은 345[kV]라 한다.

**풀이**

1. 전력 손실

수전단 전력은

$$P_r + jQ_r = 500 + j500 \times \tan(\cos^{-1}0.9) = 500 + j242 [\text{MVA}]$$

$$\therefore P_r + jQ_r = 0.5 + j0.24 [\text{pu}]$$

전류

$$I = \frac{P_r - jQ_r}{V_r} = \frac{0.5 - j0.24}{1} = 0.5 - j0.24 [\text{pu}]$$

유효전력 손실은

$$P_L = I^2 R = (0.5 - j0.24)^2 \times 0.02 = 0.006152 \angle -51.28$$
$$\therefore P_L = 0.006152 \times 1,000 = 6.152 [\text{MW}]$$

무효전력 손실은

$$Q_L = I^2 X = (0.5 - j0.24)^2 \times 0.5 = 0.1538 [\text{pu}]$$
$$\therefore Q_L = 15.38 [\text{MVar}]$$

## 2. 송전단 전압

송전단 선간전압은

$$V_s = V_r + ZI = 1.0 + (0.02 + j0.5)(0.5 - j0.24) = 1.156 \angle 12.24$$
$$\therefore V_s = 345 \times 1.156 = 398.82 [\text{kV}]$$

상전압은

$$E_s = \frac{V_s}{\sqrt{3}} = \frac{398.82}{\sqrt{3}} = 230.26 [\text{kV}]$$

## 3. 벡터도

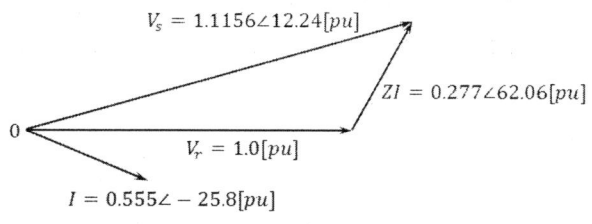

[벡터도]

이상에서 보면 3상 계통이라 할지라도 [pu]법에서는 $\sqrt{3}$이 필요 없어 식이 간단해진다. 한편 송전단 전압을 전압강하 약산식으로 계산해본다. 먼저 %임피던스를 [Ω]으로 변환하면

$$\%Z = \frac{ZP}{10V^2}$$

$$\therefore Z = \frac{\%Z \cdot 10V^2}{P} = \frac{(2 + j50) \times 10 \times 345^3}{1,000 \times 10^3} = 2.3805 + j59.125 [\Omega]$$

송전단 전압은

$$V_s = V_r + \frac{RP_r + XQ_r}{V_r}$$
$$= 345{,}000 + \frac{2.3805 \times 500 \times 10^6 + 59.125 \times 242 \times 10^6}{345{,}000}$$
$$= 389.92\,[\text{kV}]$$

### 97-2-2

3상 계통에서 Y부하(한 상당 임피던스 $30+j40[\Omega]$)와 △부하(한 상당 임피던스 $60-j45[\Omega]$)가 병렬 연결된 부하에 $2+j4[\Omega]$의 선로를 통해 전력을 공급하고 있다. 전원측 전압은 $207.85[V]$이다. 물음에 답하시오.
1) 전원에서 공급하는 전류, 유효 및 무효전력은?
2) 부하단 전압은?
3) Y부하 및 △ 부하의 한 상에 흐르는 전류는?
4) Y부하 및 △ 부하에서 사용하는 전력 및 선로 손실은?

**해설**

#### 1. 등가 회로도

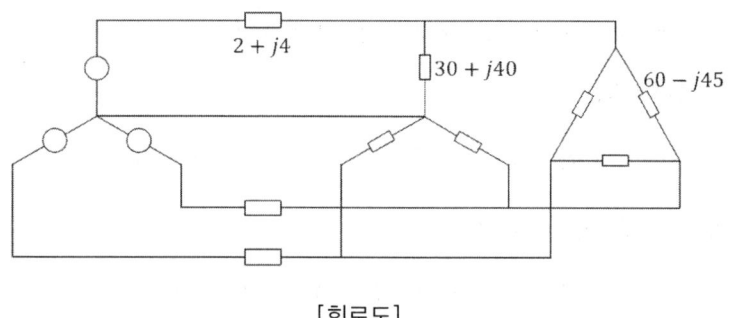

[회로도]

위 회로의 △부분을 $\Delta - Y$ 등가 변환하면

$$Z_{\Delta \to Y} = \frac{Z_{ab} Z_{ca}}{Z_{ab} + Z_{bc} + Z_{ca}} = \frac{(60-j45)(60-j45)}{(60-j45) \times 3} = 20 - j15 \quad \cdots\cdots (1)$$

이를 적용한 단상 등가회로는

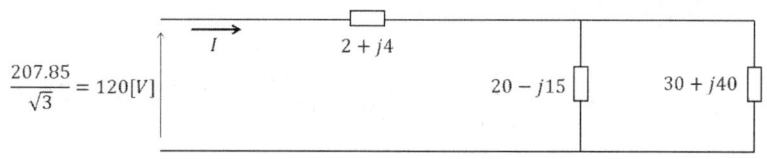

[단상 등가회로]

#### 2. 전원단 전류 및 유·무효전력

1) 전류

합성임피던스

$$Z = 2 + j4 + \frac{(20-j15) \times (30+j40)}{(20-j15) + (30+j40)} = 24[\Omega] \quad \cdots\cdots (2)$$

위 식(2)에서 허수부가 0인 것은 전원계통과 부하 임피던스의 직렬공진에 해당된다.

$$\text{송전단 전류} \quad I = \frac{E}{Z} = \frac{120}{24} = 5[\text{A}]$$

2) 송전단 유·무효전력

$$P + jQ = EI^* = 120 \times 5 = 600 + j0[\text{VA}] \quad \cdots\cdots (3)$$

위 식(3)은 단상 전력이므로 3상 전력은

$$S = 3(P + jQ) = 3 \times 600 = 1,800[\text{VA}] \quad \cdots\cdots (4)$$

따라서 유효전력 : 1,800[W], 무효전력은 0이 된다.

### 3. 부하단 전압

$$\text{전압강하} \quad \Delta E = IZ_L = 5 \times (2 + j4) = 10 + j20 = 22.4 \angle 63.43°[\text{V}]$$

따라서 부하단 상전압은

$$V_L = 120 - 22.4 \angle 63.43 = 111.8 \angle -10.3°[\text{V}] \quad \cdots\cdots (5)$$

### 4. 부하의 상전류

1) Y결선 부하의 상전류

$$I_Y = \frac{V_L}{Z_Y} = \frac{111.8 \angle -10.3°}{30 + j40} = 2.236 \angle -63.45°[\text{A}] (\text{선전류})$$

2) △결선 부하의 상전류

Y결선 변환시의 상전류는

$$I_{\Delta \to Y} = \frac{V_L}{Z_{\Delta \to Y}} = \frac{111.8 \angle -10.3°}{20 - j15} = 4.472 \angle 26.57°[\text{A}] (\text{선전류})$$

실제의 부하는 △결선이므로 실제의 상전류는

$$I_\Delta = \frac{4.472 \angle (26.57 + 30)}{\sqrt{3}} = 2.58 \angle 56.57°[\text{A}] \quad \cdots\cdots (6)[63]$$

여기서 참고로 위 선전류를 더하여 송전단 전류가 되는지 확인해보면

$$I = (2.236 \angle -63.45°) + (4.472 \angle 26.57°) = 5[\text{A}]$$

## 5. 부하에서 사용하는 전력 및 손실

1) 부하에서 사용하는 전력

① Y결선 부하

$$S_Y = 3V_L I_Y^* = 3 \times (111.8 \angle -10.3°) \times (2.236 \angle 63.45°)$$
$$= 450 + j600 [\text{VA}]$$

② △결선 부하

$$S_\Delta = 3 \times (111.8 \angle -10.3°) \times (4.472 \angle -26.57°) = 1{,}200 - j900 [\text{VA}]$$

따라서 부하에서 소비되는 전력은

$$S = (450 + 1{,}200) + j(600 - 900) = 1{,}650 + j300 [\text{VA}] \qquad \cdots\cdots (8)$$

2) 선로 손실

$$P_L = 3I^2 R = 3 \times 5^2 \times 2 = 150 [\text{W}]$$
$$Q_L = 3I^2 X = 3 \times 5^2 \times 4 = 300 [\text{Var}]$$

---

63) △결선의 상전류는 선전류에 비해 위상이 30° 앞서므로 위상에 30을 더하여 계산하였다.

### 97-2-6

그림과 같은 계통에서 F점에서 단락사고 발생 시 전동기의 과도 리액턴스($X_d''$)에 의한 M.F(Multiplying Factor)를 고려하여 단락전류를 계산하시오.
(단, 전원측과 선로의 임피던스는 무시한다)

| 전동기 용량 | $X_d''[\%]$ | M.F(Interrupting duty 3~8 cycle) |
|---|---|---|
| 500 [kVA] | 17 | 1.5 |
| 100 [kVA] | 17 | 3 |

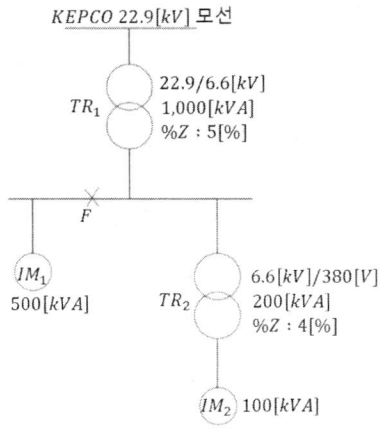

**해설**

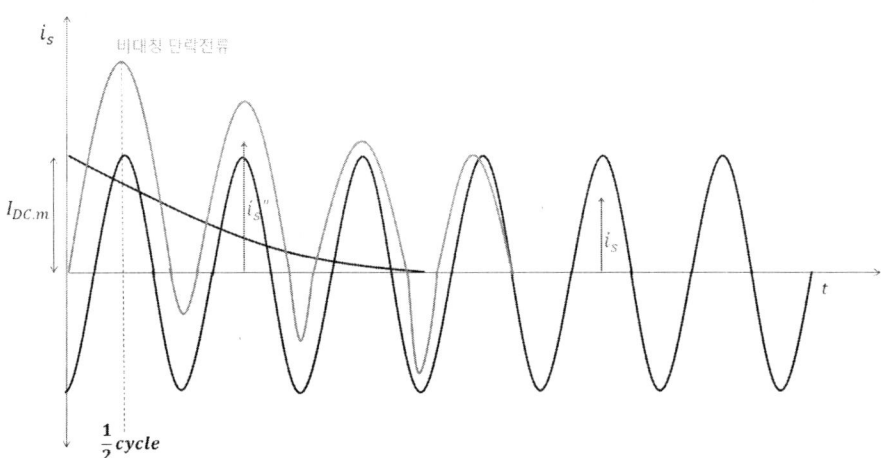

[단락전류의 시간적 변화 예]

우선은 지문에서의 M.F(Multiplying Factor)의 의미를 이해해야 한다. 회전기의 임피던스는 차과도 리액턴스(초기 과도 리액턴스) $X_d''$ → 과도 리액턴스 $X_d'$ → 동기 리액턴스 $X_d$로 변화하며 그 크기는 시정수에 따라 늘어나다가 $X_d$에서는 더 이상 늘어나지 않고 동일한 크기로 지속된다. 다시 말해 단락전류는 시간적으로 줄어들다가 $X_d$에 이르러서는 지속단락전류(Steady state Fault Current)로 일정하게 지속된다. 이러한 단락전류의 시간적 변화에 따른 크기를 계산하기 위해서는 지수함수적으로 감쇄하는 방식으로 계산하여야 하므로 매우 복잡할 수밖에 없다. 이를 간단히 수치화(계수화)한 것이 M.F이다.

위 그림에서 $i_s$는 $X_d$를 적용한 지속단락전류이다. 또 $i_s''$은 $X_d''$를 적용한 단락전류이다. 이들의 관계에서

$$\frac{i_s''}{i_s} = M.F$$

라 할 수 있다. 이것은 $X_d$를 적용한 지속단락전류에 임의의 시간의 M.F를 곱하면 임의의 시간의 단락전류가 된다는 의미이다. 단락전류의 경우에는 M.F를 곱하였으나 리액턴스인 경우 M.F를 반대로 적용하여 나누어주어야 한다. 그러나 리액턴스가 어떤것이냐? 에 따라 달라지는 것은 당연한 것이다. 이를 정리하면

① 회전기 리액턴스가 $X_d$이고 M.F가 주어졌을 경우 임의 시간의 단락전류
 • 단락전류를 $X_d$로 계산하고 M.F를 곱하는 방법
 • $X_d$를 M.F로 나누어서 이를 적용하여 계산하는 방법
② 회전기 리액턴스가 $X_d''$이고 M.F가 주어졌을 경우 임의 시간의 단락전류
 • 단락전류를 $X_d''$로 계산하고 M.F로 나누는 방법
 • $X_d''$에 M.F를 곱하여서 이를 적용하여 계산하는 방법

으로 구분할 수 있고 어느 방법으로 계산하더라도 동일한 결과를 얻는다. 이제 계산을 해본다.

### 1. 임피던스 환산

1) 기준용량을 1,000[kVA]로 두면

$$X_{T1} = 5[\%]$$

$$X_{M1} = 17 \times \frac{1,000}{500} = 34[\%]$$

$$X_{M2} = 17 \times \frac{1,000}{100} = 170[\%]$$

$$X_{T2} = 4 \times \frac{1,000}{200} = 20[\%]$$

[M.F를 감안하지 않은 map]

위 임피던스 map은 M.F를 감안하지 않았으므로 단순히 임피던스를 병렬합성하면 안 된다. 지문에서 $X_d''$으로 주어졌고 3~8[cycle]후에는 M.F만큼 리액

턴스가 늘어나므로 회전기 리액턴스는 다시 환산해야 한다.

$$X_{T1} = 5[\%]$$

$$X_{M1} = 17 \times \frac{1,000}{500} \times 1.5(\text{M.F}) = 51[\%] \qquad \cdots\cdots (1)^{64)}$$

$$X_{M2} = 17 \times \frac{1,000}{100} \times 3(\text{M.F}) = 510[\%]$$

$$X_{T2} = 4 \times \frac{1,000}{200} = 20[\%]$$

따라서 임피던스 map은

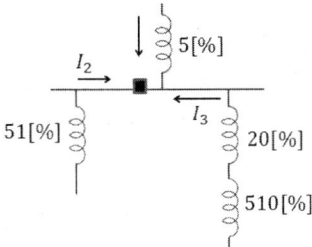

[M.F를 감안한 map]

2) 합성 임피던스

$$Z_F = \{(51)//(530)\}//5 = 4.51[\%] \qquad \cdots\cdots (2)$$

## 2. 단락전류

1) 기준전류

$$I_N = \frac{1,000}{\sqrt{3} \times 6.6} = 87.5[\text{A}]$$

2) 단락전류

$$I_s = \frac{100 I_N}{\%Z_F} = \frac{100 \times 87.5}{4.51} = 1,940[\text{A}] \ ^{65)}$$

---

**64)** 식(1)에서 주의할 것은 M.F는 어디까지나 발전기, 전동기 등 회전기에만 적용해야 한다. 변압기, 선로 등에는 M.F를 적용해서는 안 된다.

**65)** 전력계통에서의 동기발전기의 표현
전력 계통에서 가장 기본적인 요소는 **동기 발전기**이며, 단락발생 시 단락전류 공급원도 거의 대부분이 동기발전기가 차지한다. 동기 발전기는 회전자(Rotor)와 고정자(Stator)로 구성되어 있고 회전자의 형태에 따라 **원통기**(비돌극기)와 **돌극기**로 나누어진다. 어느 것이나 회전자 철심에는 계자 권선이 감겨져 있으며 여기에 직류 계자전류를 흘려 회전자와 고정자 사이의 공극에 계자 자속을 만들고 회전자가 회전하면서 전기자 권선과 쇄교하는 자속수가 변화해서 전기자 권선에 3상 교류 전압이 유기되어 전기자 권선을 통해 부하에 전력을 공급하는 것이다.

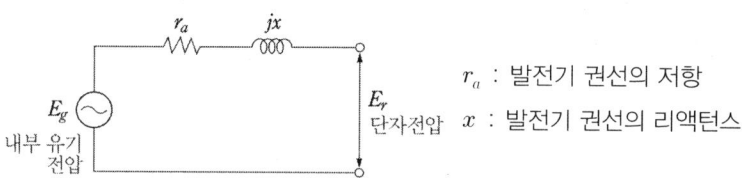

$r_a$ : 발전기 권선의 저항
$x$ : 발전기 권선의 리액턴스

[동기 발전기의 등가 회로도]

과도 안정도의 해석처럼 동적인 상태를 검토할 때는 동기기를 정밀하게 모델링하는데 이 때는 **Park의 2반작용**을 사용한다. 한편, 전력 계통의 경제운용 등을 대상으로 할 경우에는 동기기를 위처럼 정밀하게 취급할 필요가 없다. 따라서 해석하고자 하는 문제의 성격에 따라, 즉 안정도, 제어 특성 등을 해석할 경우에는 보다 정밀한 모델을, 경제운용 등과 같은 문제에서는 그림과 같은 간단한 모델을 사용한다.

동기기는 단락 직후에는 내부 임피던스가 작기 때문에 단락 순시전류는 동기 리액턴스 $x_d$에 비해 상당히 적은 값인 초기 과도 리액턴스 $x_d''$에 의해서, 이어서 과도 리액턴스인 $x_d'$에 의해서 제한된다. 이는 단락시 전류가 갑자기 변하는 상황에서 제동권선이라든지 계자 권선에 직류가 유기되어 전기자 권선이 이들 권선에 의해서 단락된 상태에 있기 때문이며, 어느 정도 시간이 지나면 정상 상태로 안정되어서 이후에는 정상 단락 전류가 흐르며 이는 동기 리액턴스인 $x_d$에 의해서 제한된다.

이와 같이 동기 발전기에서 3상 단락 발생시 단락전류는 시간적으로 변화 즉, 리액턴스가 변하며 이때 이 리액턴스를 어느 것을 적용하느냐는 문제 해석을 어느 것을 하느냐에 따라 다음과 같이 적용한다.

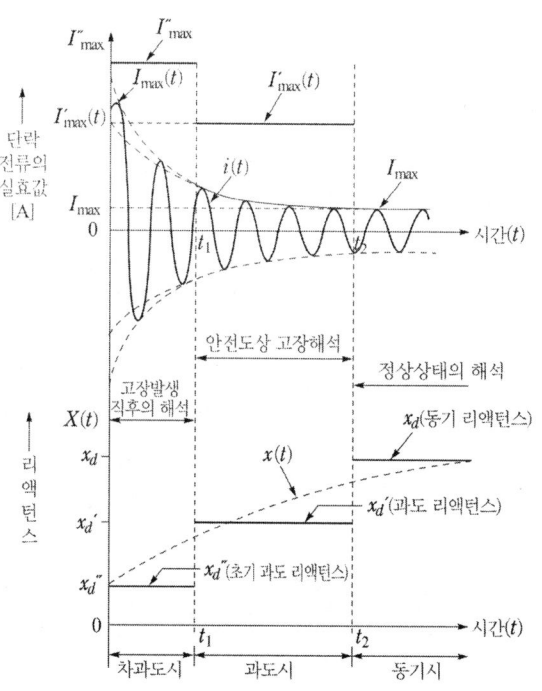

[동기 발전기의 단락전류의 시간적 변화]

(1) 고장 발생 직후의 문제 해석
   원통기 또는 제동 권선을 갖는 돌극기에서는 차과도 리액턴스 $x_d'' ≒ x_q''$를 사용한다.
(2) 안정도, 고장 해석
   일반적으로 과도 리액턴스인 $x_d' ≒ x_q'$를 사용한다.
(3) 정상 상태의 해석
   동기 리액턴스인 $x_d$를 사용한다.

### 97-4-2

그림과 같은 계통에서 계통 Base 용량 및 전압을 100[MVA], 13.5[kV]로 할 때 변압기 $T_7$과 $Z_1$의 [pu] 임피던스를 구하시오.
(단, 변압기 권선비는 3.31이고 변압기 저항성분은 무시한다. 또한 Bus에 표시된 전압은 공칭전압이고 공급전원의 운전전압은 13.5[kV]이다)

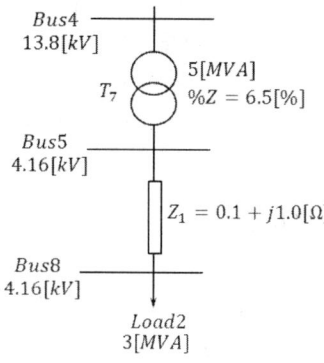

**해설**

#### 1. 변압기 임피던스

100[MVA] 기준 임피던스

$$Z_T = 0.065 \times \frac{100}{5} = j1.3 [\text{pu}] \qquad \cdots\cdots (1)$$

이는 13.8[kV]에서의 임피던스이므로 기준전압 13.5[kV]로 환산하면

$$\%Z = \frac{ZP}{10V^2} \quad \therefore \%Z \propto \frac{1}{V^2}$$

$$Z_T = j1.3 \times \left(\frac{13.8}{13.5}\right)^2 = j1.358 [\text{pu}]$$

#### 2. 선로 임피던스

변압기 권선비를 적용한 변압기 2차 전압은

$$V_2 = \frac{V_1}{a} = \frac{13.5}{3.31} = 4.0785 [\text{kV}]$$

따라서 선로 임피던스는

$$Z_1 = \frac{ZP}{10V^2} = \frac{(0.1 + j1.0) \times 100 \times 10^3}{10 \times 4.0785^2}$$

$$= 60.11 + j601.17 [\%] = 0.6011 + j6.01 [\text{pu}]$$

## 97-4-3

13.8[kV]를 수전하고 있는 변압기의 2차측에 750[kVar]의 커패시터 뱅크가 연결되어 있다. 이 계통에 가장 악영향을 미칠 수 있는 고조파의 차수를 구하시오.
(단, 변압기의 정격은 다음과 같다)

| 정격용량 | 2,000[kVA] |
|---|---|
| 1차측 공칭전압 | 13.8[kV] |
| 2차측 공칭전압 | 480[V] |
| 리액턴스 | 6[%] |

### [해설]

**1. 가장 악영향을 미치는 조건**

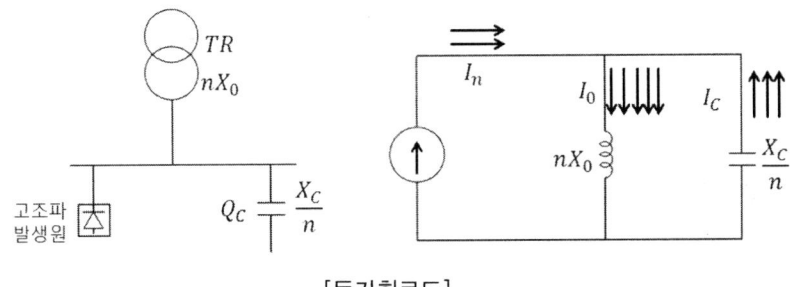

[등가회로도]

1) 콘덴서 회로와 전원측 병렬공진 조건

$$nX_0 \fallingdotseq -\frac{X_c}{n}$$

2) 전류의 확대 현상
① 이 경우 커패시터 회로는 용량성이 된다.
② 고조파 전류는 콘덴서측 회로와 전원측 회로 모두가 증가한다.
③ 이때 커패시터 회로와 전원측 회로는 전류가 $n$차 고조파에 대해 모두 확대된다. 따라서 고조파에 대해 가장 악영향 조건은 병렬공진이 된다.

**2. 단락용량과 커패시터의 관계**

배전전압을 $V$라고 하면 단락용량 $S_n$은

$$S_n = \frac{V^2}{X_L} = \frac{V^2}{2\pi f_n L_n} \quad \cdots\cdots (1)$$

콘덴서 용량은

$$Q_c = 2\pi f_n CV^2$$

공진주파수는

$$\frac{S_n}{Q_c} = \frac{\frac{V^2}{2\pi f_n L_n}}{2\pi f_n C V^2} = \frac{V^2}{(2\pi)^2 f_n^2 L_n C V^2} = \frac{1}{(2\pi)^2 f_n^2 L_n C}$$

$$\rightarrow f_n^2 \left(\frac{S_n}{Q_c}\right) = \frac{1}{(2\pi)^2 L_n C} = f_r^2$$

따라서 공진주파수는

$$f_r = f_n \sqrt{\frac{S_n}{Q_c}} \quad \text{66)} \quad \cdots\cdots (2)$$

## 3. 고조파 차수

가장 큰 악영향을 미치는 경우는 공진의 경우이므로

$$S_n = \frac{100 P_n}{\%Z} = \frac{100 \times 2 \times 10^3}{6} = 33,333 [\text{kVA}]$$

커패시터 뱅크 용량

$$Q_c = 750 [\text{kVar}]$$

수치를 식(2)에 대입하면

$$f_r = f_n \sqrt{\frac{S_n}{Q_c}} = f_n \sqrt{\frac{33,333}{750}} = 6.67 f_n$$

따라서 고조파 차수는 $n = 6.67$이 되고 현실적으로 가장 악역향을 미치는 고조파는 제7고조파가 된다. 또는 부하측 변압기 용량을 $S_T$라고 하면 공진주파수는

$$f_r = f_n \sqrt{\frac{100 S_T}{Q_c \times \%Z}} = f_n \sqrt{\frac{100 \times 2,000}{750 \times 6}} = 6.67 f_n \quad \cdots\cdots (3)$$

위 식(3)과 같이 수치를 대입하여도 동일한 결과를 얻는다. [67]

---

66) 고조파 억제대책 중 "단락용량이 큰 계통에서 공급"이란 말이 있다. 이것은 위 문제와 같이 병렬공진 고조파 차수가 단락용량에 비례한다는 것뿐이지 고조파 자체를 감소시키거나 없애는 것이 아니다. 필터의 경우 고조파 자체를 전원측으로 유출을 방지하지만 단락용량이 큰 계통은 이와 같지 않다. 다시 말해 고조파 차수가 높아지면 그 함유율이 줄어들고 함유율이 적음에 따라 가장 가혹한 조건인 병렬공진 가능성이 낮아지는 것뿐이다.

**67)** $L$, $C$ 공진을 이용한 풀이

**1) 변압기 리액턴스**

$$\%Z = \frac{ZP}{10\,V^2}$$

$$\therefore Z = \frac{\%Z \times 10\,V^2}{P} = \frac{6 \times 10 \times 0.48^2}{2,000} = j0.006912\,[\Omega] = X_L$$

이를 인덕턴스로 고치면

$$X_L = 2\pi f L$$

$$\therefore L = \frac{X_L}{2\pi f} = \frac{0.006912}{2\pi \times 60} = 0.00001833\,[\mathrm{H}]$$

**2) 캐패시터 정전용량**

$$Q_C = 2\pi f C V^2$$

$$\therefore C = \frac{Q_C}{2\pi f V^2} = \frac{750 \times 10^3}{2\pi \times 60 \times 480^2} = 0.008634\,[\mathrm{F}]$$

**3) 공진 주파수**

$$f_r = \frac{1}{2\pi\sqrt{LC}} = \frac{1}{2\pi\sqrt{0.00001833 \times 0.008634}} = 400\,[\mathrm{Hz}]$$

따라서 고조파 차수는

$$n = \frac{f_r}{f_n} = \frac{400}{60} = 6.67$$

### 98-1-1

정격전압이 같은 A, B 2대의 단상 변압기가 있다. A변압기 용량은 100[kVA], %임피던스는 5[%]이고, B변압기는 용량 300[kVA], %임피던스 3[%]이다. 이 두 변압기를 병렬운전하여 360[kVA]의 부하를 접속하였을 때 각 변압기의 부하분담을 구하고 %임피던스가 같은 경우와 비교 설명하시오.

**해설**

1. **%임피던스와 용량이 다른 경우 부하분담**

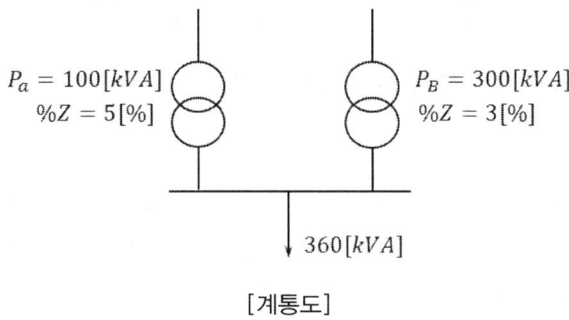

[계통도]

기준용량 100[kVA]로 두고 임피던스를 환산하면

$$\%Z_a = 5.0[\%], \quad \%Z_b = 3 \times \frac{100}{300} = 1.0[\%]$$

부하분담은

$$P_A = \frac{\%Z_b}{\%Z_a + \%Z_b} \times P_L = \frac{1.0}{5.0 + 1.0} \times 360 = 60[\text{kVA}]$$

$$P_B = \frac{\%Z_a}{\%Z_a + \%Z_b} \times P_L = \frac{5.0}{5.0 + 1.0} \times 360 = 300[\text{kVA}]$$

또는 $P_B = P_L - P_A = 360 - 60 = 300[\text{kVA}]$

이와 같이 %임피던스를 기준용량으로 환산한 후 자기 임피던스에 반비례해서 부하를 분담하고 용량 합계가 400[kVA]인데도 불구하고 360[kVA] 밖에 부하를 걸 수 없다.

2. **%임피던스가 동일한 경우**

%임피던스가 동일한 경우는 용량에 비례하여 부하를 분담한다. 따라서

$$P_A = \frac{P_a}{P_a + P_b} \times P_L = \frac{100}{100 + 300} \times 360 = 90[\text{kVA}]$$

$$P_B = \frac{P_b}{P_a + P_b} \times P_L = \frac{300}{100+300} \times 360 = 270[\text{kVA}]$$

로 부하를 분담하고 만약 부하를 변압기 용량인 400[kVA]인 부하를 걸었다면 부하분담은

$$P_A = \frac{P_a}{P_a + P_b} \times P_L = \frac{100}{100+300} \times 400 = 100[\text{kVA}]$$

$$P_B = \frac{P_b}{P_a + P_b} \times P_L = \frac{300}{100+300} \times 400 = 300[\text{kVA}]$$

이 되어 용량만큼 부하를 분담할 수 있다. [68]

---

**68)** 이는 병렬운전조건에서 %임피던스가 동일해야 하는 이유도 부하를 변압기 용량의 100[%]를 걸 수 있기 때문이다. 만약, 지문에서의 경우에서 부하를 변압기 용량의 합계인 400[kVA]를 걸었다고 가정하면

$$P_A = \frac{\%Z_b}{\%Z_a + \%Z_b} \times P_L = \frac{1.0}{5.0+1.0} \times 400 = 66.67[\text{kVA}]$$

$$P_B = \frac{\%Z_a}{\%Z_a + \%Z_b} \times P_L = \frac{5.0}{5.0+1.0} \times 400 = 333.3[\text{kVA}]$$

가 되어 B변압기는 과부하가 된다. 이는 %임피던스가 다를 경우 자기 용량만큼 부하를 분담할 수 없음을 의미하고 위에서와 같이 자기 용량 기준 %임피던스가 적은 쪽이 먼저 과부하가 됨을 알 수 있다.

### 98-3-6

다음과 같은 수전설비에서 MOF의 과전류 강도를 계산하고, 정격 과전류강도를 선정하시오.
- 한전측 변압기 %$Z$ : 14.5[%] (45[MVA] 기준)
- 한전 변압기에서 수용가 MOF까지의 %임피던스 : 3.4+$j$7.4 (100[MVA] 기준)
- X/R 값에 의한 $\alpha$계수(최대 비대칭 전류 실효치 계수) : 1.5
- 단락 사고시 PF의 동작시간 : 0.02초(200AF/40AT), MOF CT비 30/5
- 수용가 수전변압기 용량 3상 3선, 22.9[kV]/380-220[V], 750[kVA]

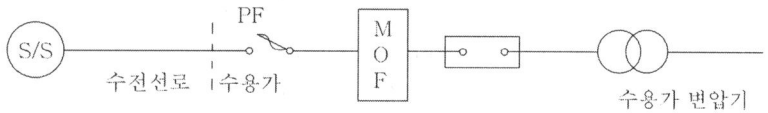

### 해설

**1. 임피던스 환산**

1) 기준용량 100[MVA] 기준 임피던스

변전소 임피던스  $Z_{ts} = 14.5 \times \dfrac{100}{45} = j32.2[\%]$  ······ (1)

수전선로 임피던스  $Z_L = 3.4 + j7.4$  ······ (2)

지문에는 없지만 사실상 한전측 변압기의 전원측 임피던스도 제시되어야 하나 제시되지 않아 여기서는 무시한다. 또한, 고장 발생 시 MOF로 흐르는 전류를 감안할 때 위 계통에서는 가장 가혹한 단락조건은 MOF가 설치된 선로의 2차 단락이므로 변압기와는 아무런 관련이 없다. 설령 기여전류를 발생하는 고압 유도전동기가 설치되어 있다고 하더라도 이는 무시해야 한다. 이 경우 단락전류의 합을 계산시에는 고려하여야 하나 단락전류의 합이 아닌 단순히 MOF의 통과전류만을 고려해야 하기 때문이다.

2) 임피던스 합계

$$Z = 3.4 + j(32.2 + 7.4) = 3.4 + j39.6 = 39.75[\%] \quad \cdots\cdots (3)$$

일부의 교재 또는 서적에서 임피던스의 절댓값으로 하여 계산하는 경우도 있는데 이렇게 하면 오류가 발생한다.

$Z_{ts} = 14.5 \times \dfrac{100}{45} = 32.2[\%]$

$Z_L = 3.4 + j7.4 = 8.14[\%]$

∴ $Z = 32.2 + 8.14 = 40.34[\%]$  ······ (4)

로 되어 식(3)과 다르다. 물론 수치는 거의 비슷하여 실용상은 지장이 없으나 시험문제는 시험문제일 뿐이다. 또한, 이와 같이 임피던스 각을 무시하면 전력계통의 안정도 판별, 위상각 등이 달라지므로 주의가 필요하고 반드시 실수부와 허수부를 따로 계산하기를 권장한다.

## 2. 단락전류 계산

$$\text{기준전류 } I_N = \frac{P_N}{\sqrt{3}\ V_N} = \frac{100 \times 10^3}{\sqrt{3} \times 22.9} = 2,521 [\text{A}]$$

$$\text{단락전류 } I_S = \frac{100 I_N}{\%Z} = \frac{100 \times 2,521}{3.4 + j39.6} = 543 - j6,320 = 6,343 [\text{A}] \quad \cdots\cdots (5)$$

$X/R$비에 의한 $\alpha$계수를 적용한 단락전류는

$$I_S' = 1.5 \times 6,343 \equiv 9,515 [\text{A}] \quad \cdots\cdots (6)$$

위에서 (X/R)비에 따른 $\alpha$계수는 Multiplying Factor(비대칭 계수)를 말한다. 단락전류는 시간이 지남에 따라 감쇄되는 특성이 있는데 이는 계통의 시정수에 따라 감쇄하고 식(5)의 단락전류는 임피던스가 안정화되고 난 후의 대칭분 성분이므로 M.F를 적용해야 한다.

즉, M.F란 단락전류의 비대칭 성분이 대칭성분에 비해 어느 정도의 크기인가를 나타내는데 현실적으로 계산식(시정수)으로는 계산이 상당히 어려우므로 위에서와 같이 차단기 차단특성과 시간에 따라 그 배수로 나타낸다.

## 3. MOF 과전류 강도

1) 열적 과전류 강도

$$S = \frac{S_n}{\sqrt{t}} = \frac{I_1 \times n}{\sqrt{t}} \geq I_S' \quad \therefore\ n \geq \frac{I_S' \times \sqrt{t}}{I_1} \quad \cdots\cdots (7)$$

여기서, $I_1$ : MOF 1차 정격전류, $t$ : PF 동작시간

기본적으로 과전류 강도는 1초 동안 MOF 1차에 흐를 때 열적으로 견디는 성능으로 CT 1차 전류의 몇 배에 해당되는가가 열적 과전류강도이다. 위 계통과 같이 PF가 0.02초에 재빨리 차단하면 열적 과전류 강도 1초 기준 과전류 강도보다 훨씬 작아진다. 이는 차단시간의 제곱에 비례하여 감소한다. 수치를 대입하면

$$n \geq \frac{9,515 \times \sqrt{0.02}}{30} = 44.85 \quad \cdots\cdots (8)$$

2) 표준품을 적용한 과전류 강도

표준품이 40, 75, 150, 300 이므로 위 수전설비 MOF의 과전류 강도는 75배를 선정한다. 일반적으로 이들의 표시는 $40I_n$, $75I_n$ 등으로 정격 1차 전류의 배수로 표현한다.

여기서 주의할 점은 과전류 정수와는 다르다는 사실이다. 과전류 강도는 고장 발생시와 같이 큰 전류가 흐를 때 견디는 능력이지만 과전류 강도는 큰 고장전류가 흐를 때 오차의 관점이다. 즉, 보호계전기에서 오차가 많이 발생하면 부동작, 오동작할 가능성이 있으므로 이러한 오차의 개념이다. 일반적으로 국내 배전계통에서는 전원측 단락용량을 500[MVA](12.5[kA])가 넘지 않고 이를 이용하여 계산하면 실용상에는 거의 문제가 없다. [69]

---

**69)** 한편, 다음과 같이 계산하여도 된다.

단락시 MOF 1차측 정격전류 배수는

$$a = \frac{9,515}{30} = 317.6$$

위 수치는 1초 기준이므로 PF 동작시간을 감안한 열적 과전류 강도는

$$n = 317.6 \times \sqrt{0.02} = 44.85$$

가 되어 앞서의 수치와 같다.

위 문제의 답안에 기계적 과전류 강도는 열적 과전류 강도의 2.6배이므로

$$S = 44.85 \times 2.6 = 116.6 \text{ 또는 } S = 75 \times 2.6 = 195 = 300 \text{ 적용}$$

이런 식으로 답해서는 안 된다. 열적 과전류 강도와 기계적과전류 강도의 차이는 단락전류의 비대칭성에 기인한다.

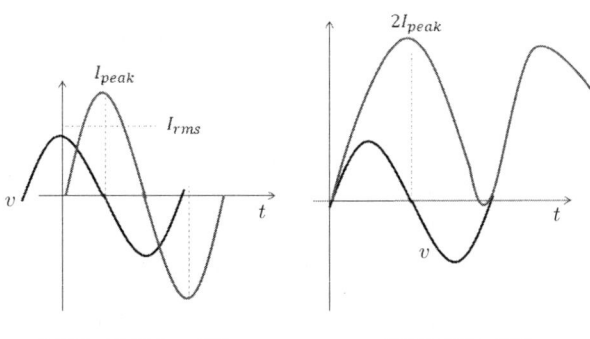

[전압 최대점 고장]　　　[전압0점 고장]

열적 과전류 강도는 열적내력 $I^2Rt$에 따른 것으로 실효치를 기준으로 한다. 그러나 기계적 과전류 강도는 단락전류에 의한 전자력 등에 의한 외형의 변형 등을 기준으로 하므로 실효치가 아닌 peak치를 적용한다. 왜 2.6배를 적용하는 것인지를 살펴보면 다음과 같다. 단락전류의 비대칭성은 고장발생시의 전압의 위상과 관련이 있다.

단락발생시 단락전류는 0에서부터 시작하며 $X \gg R$이므로 전압보다 90°지상이어야 한다. 전압 최대치에서 고장 발생시는 그림1과 같이 상하 대칭인 단락전류가 흐르지만 전압 0점에서 단락 발생시는 전류가 90°지상이어야 하므로 전류는 1/4분면에 극단적으로 치우치게 된다. 이때 peak치는

$$I_{peak} = 2\sqrt{2}\,I = 2.8I$$

가 되지만 정확히 0점에서 고장이 발생할 가능성과 저항 성분 $R$을 감안하여 2.5~2.6배를 적용한다.

### 99-1-12
다음과 같은 부하가 존재할 때 종합역률과 피상전력을 계산하시오.

| 구분 | 용량 [kW] | 역률 | 피상전력 [kVA] |
|---|---|---|---|
| 부하 1 | 50 | 0.5 | 100 |
| 부하 2 | 100 | 0.75 | 133.33 |
| 부하 3 | 200 | 0.9 | 222.22 |
| 합계 | 350 | ? | ? |

**해설**

#### 1. 종합 역률

부하를 복소전력으로 계산하면

부하 1 $P_1 + jQ_1 = P_1 + jP_1\tan(\cos^{-1}\phi_1) = 50 + j50\tan(\cos^{-1}0.5)$
$= 50 + j86.6 [\text{kVA}]$

부하 2 $P_2 + jQ_2 = 100 + j100\tan(\cos^{-1}0.75) = 100 + j88.19 [\text{kVA}]$

부하 3 $P_3 + jQ_3 = 200 + j200\tan(\cos^{-1}0.9) = 200 + j96.86 [\text{kVA}]$

전체 부하는

$$P + jQ = 350 + j271.65 = 443 [\text{kVA}] \quad \cdots\cdots (1)$$

종합 역률은

$$\cos\phi = \frac{P}{P+jQ} = \frac{350}{350+j271.65} ≒ 79 \angle (-37.8)[\%] (\text{지상}) \quad \cdots\cdots (2)$$

#### 2. 피상전력

식(1)에서 $S = 443 [\text{kVA}]$ 또는

$$S = \sqrt{P^2 + Q^2} = \sqrt{350^2 + 271.65^2} = 443 [\text{kVA}]^{70)}$$

---

70) 합계 피상전력을 표에서 그냥 더하면 어떻게 될까?

$$S = 100 + 133.33 + 222.22 = 455.55 [\text{kVA}]$$

위 결과치와 다르다. 이것은 피상전력이라 하더라도 위상이 있는데 이를 무시하고 스칼라 합으로 계산하였기 때문이다. 또한 $\cos\phi = \frac{P}{\sqrt{P^2+Q^2}} = \frac{350}{\sqrt{350^2+271.65^2}} ≒ 79$로 계산하면 답의 수치는 동일하다. 그러나 이 방법은 역률이 진상인지 지상인지를 알 수 없다.

따라서 기술사 시험에서는 전자의 방법으로 계산하는 것이 옳은 방법이라 할 수 있다. 참고로 위 부하들을 벡터도로 그리면 다음과 같다.

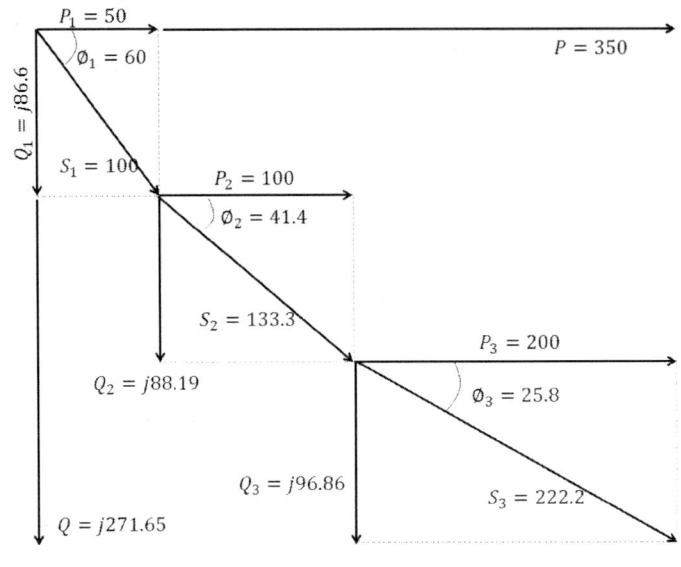

[전력 벡터도]

### 99-2-1

그림과 같이 Y-Y-△ 결선된 변압기가 있다. 이 변압기의 내부사고 보호를 위해 비율차동계전기를 사용하였다. 이 계전기의 동작비율치를 정정하시오.

변압기 용량 : 20[MVA], 154/6.9[kV], 임피던스 10[%]
      Tap Changer : ±10[%], NGR : 100[A], 38[Ω]
CT 1차 BCT : 150/5[A], △결선
   2차 BCT : 3,000/5[A], Y결선

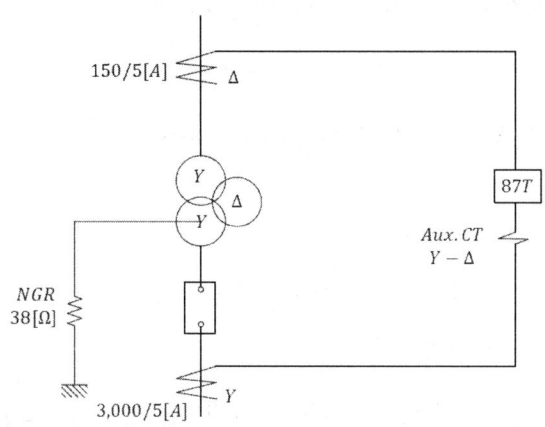

**해설**

계통에서 NGR은 87T 정정과 무관하다. 변압기 임피던스도 마찬가지다. 계통도를 자세히 보면 결선도가 잘못된 부분이 있다. 다단자 전원 계통이라면 CT의 K 또는 L이 서로 마주 보아야 제대로 된 결선인데 여기서는 그렇지 못하다. 이것은 수지상 선로로 표시한 것으로 보인다. 또 보조CT에서 결선을 조정하여 Y-△로 변경하였음에 유의한다.

#### 1. 보조 CT 결선과 tap 부정합률

1) 정격 부하전류

 1차측 전류 $I_1 = \dfrac{20 \times 10^3}{\sqrt{3} \times 154} = 75[A]$

 2차측 전류 $I_2 = \dfrac{20 \times 10^3}{\sqrt{3} \times 6.9} = 1,673[A]$

2) CT 2차 전류

 1차측 $i_1 = 75 \times \dfrac{5}{150} = 2.5[A]$      …… (1)

결선이 △결선이므로 선전류는

$$i_1' = \sqrt{3} \times 2.5 = 4.3301[A] \quad \cdots\cdots (2)$$

2차측  $i_2 = 1{,}673 \times \dfrac{5}{3{,}000} = 2.7883[A]$  $\cdots\cdots$ (3)

3) 보조 CT tap

식(1)과 (3)에서 $i_2$가 크므로 보조 CT는 2차측에 설치한다. 보조 CT의 2차측이 △결선이므로 이를 다시 선전류로 환산하면

$$i_2' = \sqrt{3} \times 2.7883 = 4.8294[A] \quad \cdots\cdots (4)$$

식(2) 및 (4)에서 전류비율을 구하면

$$n = \dfrac{4.3301}{4.8294} = 0.8966$$

이므로 보조 CT tap은 $n = 0.9$로 둔다.

4) tap 부정합률

$$e_1 = \dfrac{(4.8294 \times 0.9) - 4.3301}{4.8294 \times 0.9} \times 100 = 0.376[\%] \quad \cdots\cdots (5)$$

또는 위에서와 같이 선전류로 계산하지 않고 상전류로 계산하여도 무방하다. 왜냐면 보조 CT에서 CT결선과 반대로 결선을 바꾸었기 때문에 어느 것으로 계산해도 그 비율은 식(5)와 동일하게 나온다. 만약 보조CT를 설치하지 않았을 경우 전류 부정합률은

$$e_1 = \dfrac{4.8294 - 4.3301}{4.8294} \times 100 = 10.339[\%]$$

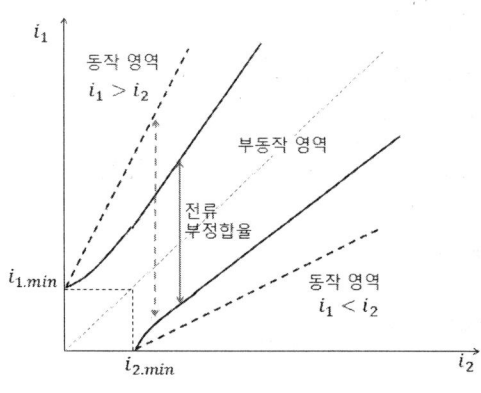

[87T 동작특성]

이 되는데 이 경우 전류부정합률 5[%]를 상회한다. 일반적으로 5[%] 미만을 권장하고 있다. 그렇다면 왜 하필 전류 부정합률을 낮추는 것일까? 그 이유는 다음과 같은 동작특성 곡선에서 찾을 수 있다.

위 그림에서 87T는 1,2차 전류의 차의 비율로 동작하므로 어느 비율 이하에서는 부동작하고 정정비율 이상에서는 동작하므로 위와 같은 동작특성을 갖는다. 전류 부정합률이 크다는 이야기는 1,2차 전류차가 크다는 것을 의미하므로 동작한계 곡선은 그림의 점선처럼 변하게 된다. 이는 부동작 영역이 넓어짐을 의미하고 동작영역은 줄어들게 된다. 즉, 감도가 떨어지고 보호 영역이 줄어듦을 의미한다. 예를 들어 변압기의 권선 층간 단락 등은 고장전류 자체가 적어 87T가 부동작할 수도 있다.

## 2. 87T 정정 값

① tap 부정합율 $e_1$ : 0.376[%]
② Tap Changer의 전압 조정 오차 $e_2$ : 10[%]
③ CT 과전류 영역에서의 오차 $e_3$ : 10[%]
④ Safety Margin(여유) $e_4$ : 10[%]
합 계 $e$ : 30.376[%]

따라서 비율차동계전기는 30.376[%]보다 큰 가장 가까운 값으로 정정한다.

### 99-2-2

단상 100[kVA], 2,400/240[V], 60[Hz]의 배전용 변압기가 직렬 임피던스 (1.0+j2.0)[Ω]의 선로를 통하여 전력을 공급 받고 있다. 변압기 1차측 환산 임피던스는 (1.0+j2.5)[Ω]이고 변압기 2차측 부하가 240[V], 지역률 0.8로 운전할 때 다음을 구하시오. (단, 변압기 부하율은 50[%]로 운전한다고 본다.
1) 변압기 1차측 단자전압
2) 선로 인입단 전압

**해설**

지문의 내용은 "변압기-선로-부하"로 구성된 것이 아니라 "선로-변압기-부하"로 구성된 것으로 파악할 수 있는데 이는 변압기 1차측 단자전압과 선로 인입단 전압을 묻는 것에서 유추할 수 있다. 변압기 부하율 50[%]라 함은 사실상 유효전력의 부하율이 50[%]란 이야기이나 여기서는 피상전력의 50[%]에 역률을 감안하고 부하율을 적용하였다. 또한 변압기 2차측의 단자전압을 정전압으로 두고 계산하였다.

#### 1. 부하 및 회로도

1) 부하전력

부하율이 50[%]이고 역률이 지상 0.8이므로 부하전력은

$$P+jQ = (50 \times 0.8) + j50\sin(\cos^{-1}0.8) = 40 + j30 [\text{kVA}] \quad \cdots\cdots (1)$$

2) 회로도

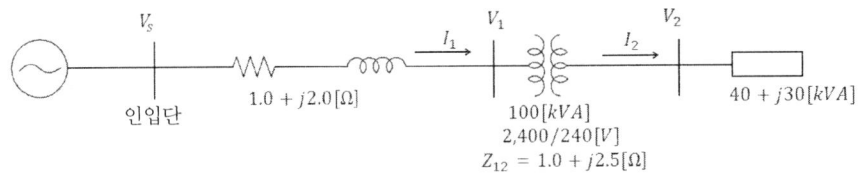

[회로도]

#### 2. 변압기 1차측 단자전압

부하전류(단자전압 $V_2$를 기준벡터로 취함)

$$I_2 = \frac{P-jQ}{V_2} = \frac{40-j30}{0.24} = 166.7 - j125 = 208.3 \angle (-36.9) [\text{A}] \quad \cdots\cdots (2)$$

이를 1차측으로 환산하면

$$I_1 = \frac{I_2}{a} = \frac{166.7 - j125}{(2,400/240)} = 16.67 - j12.5 = 20.84 [\text{A}] \quad \cdots\cdots (3)$$

변압기에서의 전압강하

$$\Delta V_{TR} = Z_{12}I_1 = (1.0 + j2.5)(16.67 - j12.5)$$
$$= 47.92 + j29.18 = 56.1 \angle 31.33 [\text{V}]$$

변압기 1차측 전압은

$$V_1 = 2,400 \angle 0 + 56.1 \angle 31.33 = 2,448 \angle 0.682 [\text{V}]$$

## 3. 선로 인입단 전압

$$V_s = V_1 + Z_L I_1$$
$$= 2,448 \angle 0.682 + (1.0 + j2.0)(16.67 - j12.5)$$
$$= 2,475 \angle 1.447 [\text{V}]$$

## 99-2-5

계자권선 및 전기자 권선의 저항이 각각 0.1[Ω] 및 0.12[Ω]인 직류 직권 전동기가 있다. 이 전동기를 230[V] 전원에 접속하였다. 부하전류가 80[A]인 경우 회전속도가 12.5[rps]이었다면 부하전류가 20[A]일 때의 회전속도를 구하시오.
(단, 여기서 20[A]일 때 계자자속은 80[A]일 때의 45[%]이다.

**해설**

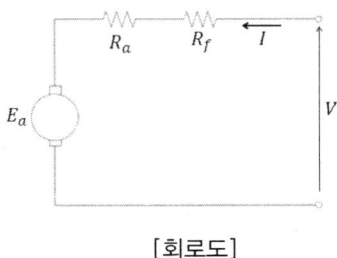

[회로도]

회전속도 $N$

$$N = \frac{V - I(R_a + R_f)}{\Phi} = \frac{230 - 80(0.1 + 0.12)}{\Phi} = 12.5 \quad \cdots\cdots (1)$$

따라서 부하전류 80[A]에서의 자속은

$$\Phi_{80} = 16.992 [\text{Wb}]$$

부하전류 20[A]에서의 자속

$$\Phi_{20} = 0.45 \Phi_{80} = 0.45 \times 16.992 = 7.6464 [\text{Wb}]$$

부하전류 20[A]에서의 회전속도는 식(1)에 수치를 대입하면

$$N = \frac{V - I_{20}(R_a + R_f)}{\Phi_{20}} = \frac{230 - 20(0.1 + 0.12)}{7.6464} = 29.5 [\text{rps}]$$

## 99-3-1

아래와 같은 3상 계통에서 각 설비의 per unit 리액턴스 값은 다음과 같다. 물음에 답하시오.

| 구 분 | | 용량[MVA] | 전압[kV] | 리액턴스 [p.u] |
|---|---|---|---|---|
| 동기 발전기 | $G_1$ | | 25 | $X_1 = X_2 = 0.2,\ X_0 = 0.05$ |
| | $G_2$ | | 13.8 | $X_1 = X_2 = 0.2,\ X_0 = 0.05$ |
| 변압기 | $T_1$ | 100 | 25/230 | $X_1 = X_2 = X_0 = 0.05$ |
| | $T_2$ | | 13.8/230 | $X_1 = X_2 = X_0 = 0.05$ |
| 송전선로 | $T/L_{12}$ | | 230 | $X_1 = X_2 = 0.1,\ X_0 = 0.3$ |
| | $T/L_{13}$ | | 230 | $X_1 = X_2 = 0.1,\ X_0 = 0.3$ |
| | $T/L_{23}$ | | 230 | $X_1 = X_2 = 0.1,\ X_0 = 0.3$ |

1) 송전선로의 100[MVA], 230[kV] 값을 단위 기준 값(per unit base)으로 사용하여 시퀀스도를 그리시오.
2) 모선 3에서 본 테브난의 등가 회로를 그리시오.
3) 모선 3에서의 3상 단락전류(per unit)를 구하시오.

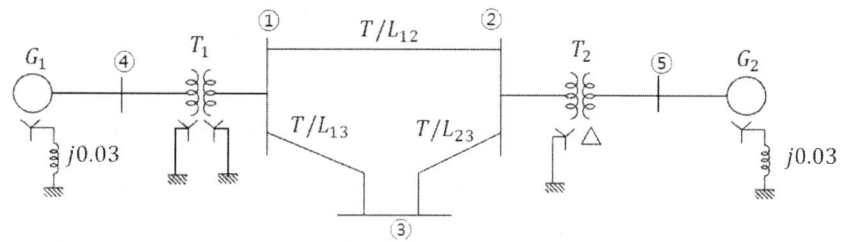

### 해설

우선은 다음을 이해하자.

▶ **Sequence도?**

임피던스를 영상, 정상, 역상으로 구분하여 해당되는 임피던스는 연결하고 불필요한 부분은 개방하여 작성한다. 특히, 영상 임피던스의 경우 중성점 접지 여부에 따라 달라짐에 유의 한다.

▶ **테브난의 등가회로도?**

고장전류를 계산할 때 고장점의 고장전류는 어디까지나 그 지점의 전원측 임피던스와 그 지점의 고장 직전 전압에 기인한다. 따라서 고장점의 고장저항을 무시하면 테브난의 정리 중 테브난의 임피던스 $Z_{TH}$에 해당된다.

$$I_{TH} = \frac{V_{TH}}{Z_{TH} + Z_L}$$

이라는 식에서 유추하면 된다.

▶ **모선의 단락전류?**

해당 모선의 단락전류는 앞서 설명한 바와 같이 모선에서 바라본 테브난의 등가 임피던스를 구하는 것과 같고 단락전류를 계산하므로 정상분 임피던스만 감안하면 된다.

**1. Sequence도 및 3모선 기준 테브난의 등가 회로도**

  1) 영상분

  ① 영상분 Sequence도

  $T_2$ 변압기는 발전기 측으로 비접지 계통이므로 이는 영상분에 포함되지 않는다. 또한, 발전기는 리액터로 접지되어 있으므로 지락시 3배 취급된다. 이를 적용하여 Sequence도를 그리면 다음과 같다.

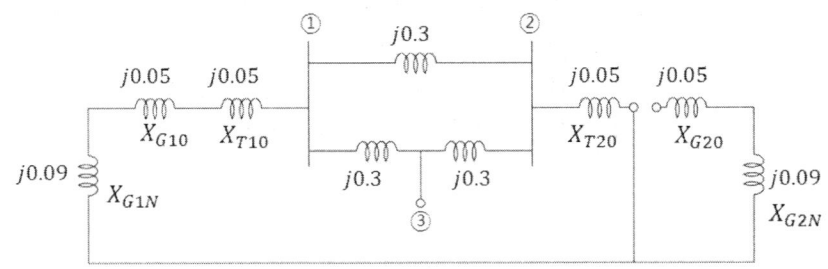

[영상분 Sequence도]

  ② 테브난의 등가 회로도

  앞서서 설명한 바와 같이 테브난의 등가 회로도는 해당 모선에서 바라본 전원측 임피던스에 해당되므로 ①-②모선간 리액턴스를 △-Y 등가 변환하면

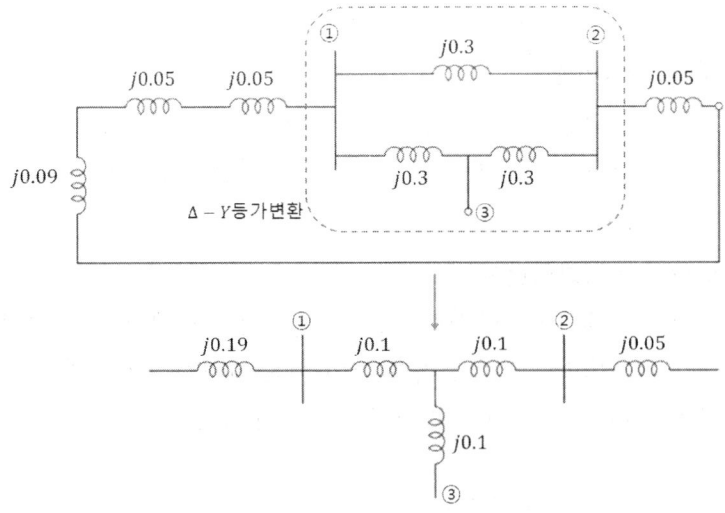

[영상분 등가 회로도]

③ 모선에서 바라본 영상분 임피던스는

$$X_0 = 0.1 + \frac{(0.05+0.1)\times(0.1+0.19)}{(0.05+0.1)+(0.1+0.19)} = j0.199[\text{pu}]$$

따라서 테브난의 등가 회로도는 다음과 같다.

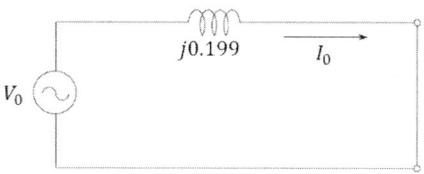

[영상분 테브난 등가 회로도]

2) 정상 및 역상분

정상 및 역상분은 중성점 접지방식과 무관하고 정상분과 역상분은 동일하다. 또한 발전기의 중성점 접지 리액터는 해당이 없다. 앞서와 같은 과정을 거치면 등가 회로도는 다음과 같이 된다.

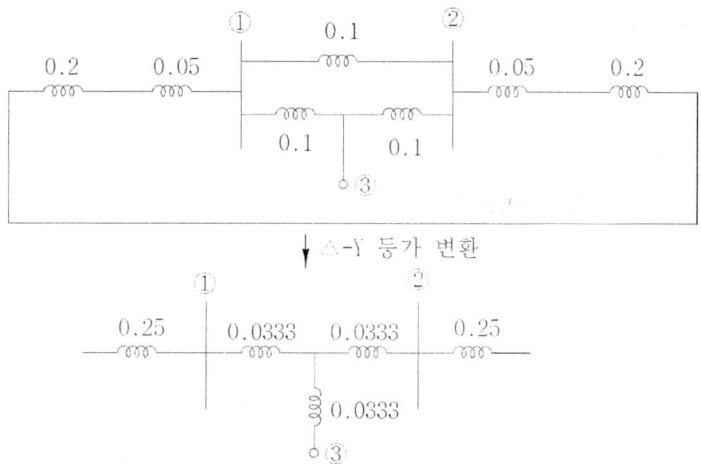

[정상, 역상분 등가 회로도]

따라서 정상 등가 임피던스는 위 그림을 직병렬 합성하면

$$X_1 = 0.0333 + \frac{(0.25+0.0333)\times(0.0333+0.25)}{(0.25+0.0333)+(0.0333+0.25)} = j0.175[\text{pu}]$$

결국, 정상 테브난의 등가회로도는 아래와 같다.

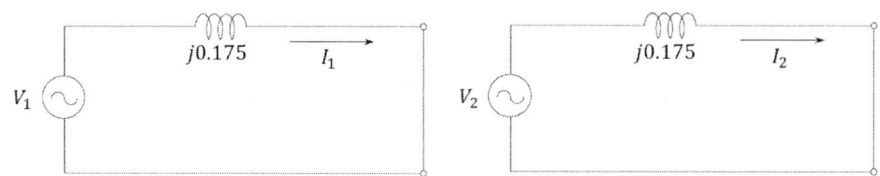

[정상, 역상분 테브난 등가 회로도]

## 2. ③모선 단락전류

$$I_{s3} = \frac{V_3}{Z_1} = \frac{1.0}{0.175} = 5.714[\text{pu}]$$

단, $V_3$ : 고장 직전 ③모선 전압

$Z_1$ : ③모선에서 바라본 정상분 등가 임피던스

한편, 단락전류를 암페어 단위로 구하면

$$I_{s3} = 5.714 \times \frac{100 \times 10^3}{\sqrt{3} \times 230} = 1,434[\text{A}]$$

가 된다.[71]

---

**71)** 위 문제에서 ③모선에서 1선 완전지락 시 지락전류를 구해보면 다음과 같다.

$$Z_0 = j0.199$$
$$Z_1 = j0.175 = Z_2$$

이므로 1선 지락전류는

$$I_G = \frac{3I_N}{Z_0 + Z_1 + Z_2} = \frac{3 \times \left(\frac{100 \times 10^3}{\sqrt{3} \times 220}\right)}{j(0.199 + 2 \times 0.175)} = \frac{787.3}{0.549} = 1,434[\text{A}]$$

한편 이 문제는 임피던스의 △-Y 등가 변환 등의 복잡한 과정이 필요하다. 그러나 이 문제를 어드미턴스 행렬을 구한 후 이의 역행렬인 임피던스 행렬인 $Z_{BUS}$를 구하면 각 모선의 단락전류와 전압 등을 아주 쉽게 계산할 수 있다. 그러나 건축전기설비기술사에서는 이러한 방법으로 계산하라는 문제는 출제되지 않을 것으로 보이나 이 문제의 정상분의 $Y_{BUS}$를 아래와 같이 구해보니 이후는 스스로 계산해보기 바란다. 먼저 각 모선 어드미턴스 행렬은 3모선 계통이므로 3×3 행렬이 된다.

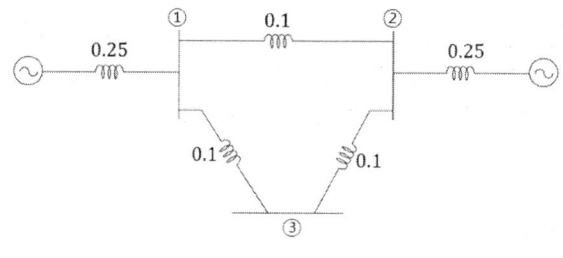

[계통도]

$Y_{11} = y_{10} + y_{12} + y_{13} = 0.25 + 0.1 + 0.1 = 0.45 \,[\text{pu}]$

$Y_{12} = -y_{12} = -0.1 = Y_{21}$

$Y_{13} = -y_{13} = -0.1 = Y_{31}$

$Y_{22} = y_{20} + y_{21} + y_{23} = 0.25 + 0.1 + 0.1 = 0.45 \,[\text{pu}]$

$Y_{23} = -y_{23} = -0.1 = Y_{32}$

$Y_{33} = y_{31} + y_{32} = 0.1 + 0.1 = 0.2 \,[\text{pu}]$

따라서 $Y_{BUS}$는 다음과 같다.

$$Y_{BUS} = \begin{bmatrix} Y_{11} & Y_{12} & Y_{13} \\ Y_{21} & Y_{22} & Y_{23} \\ Y_{31} & Y_{32} & Y_{33} \end{bmatrix} = \begin{bmatrix} 0.45 & -0.1 & -0.1 \\ -0.1 & 0.45 & -0.1 \\ -0.1 & -0.1 & 0.2 \end{bmatrix}$$

이제 $Y_{BUS}$의 역행렬인 $Z_{BUS}$를 구한다.

$$Z_{BUS} = Y_{BUS}^{-1} = \begin{bmatrix} 0.45 & -0.1 & -0.1 \\ -0.1 & 0.45 & -0.1 \\ -0.1 & -0.1 & 0.2 \end{bmatrix}^{-1} = \begin{bmatrix} Z_{11} & Z_{12} & Z_{13} \\ Z_{21} & Z_{22} & Z_{23} \\ Z_{31} & Z_{32} & Z_{33} \end{bmatrix}$$

으로 계산하면 각모선의 단락전류는

$$I_{S1} = \frac{V_1}{Z_{11}}, \quad I_{S2} = \frac{V_2}{Z_{22}} \cdots\cdots$$

으로 계산 할 수 있으니 꼭 한 번 계산해보고 앞서의 계산과 동일한지 확인해보기 바란다.

### 99-4-5

권선형 3상 유도전동기가 있다. 60[Hz] 회로에서 전부하로 운전하고 있는 경우 회전수가 1,140[rpm]이다. 동일 전압 동일 토크로 회전수를 950[rpm]으로 할 경우 회전자 회로의 각 상의 저항을 계산하시오.

**해설**

1. **전동기 슬립**

    1,140[rpm]에서의 슬립

    $$N = N_s(1-s) = \frac{120f}{p}(1-s) = \frac{120 \times 60}{6}(1-s) = 1,140$$

    $$\therefore s = 0.05$$

    950[rpm]에서의 슬립

    $$\frac{120 \times 60}{6}(1-s') = 950$$

    $$\therefore s' = 0.2083$$

2. **비례추이**

    $$\frac{r}{s} = \frac{r+R}{s'}, \quad rs' = (r+R)s \quad \therefore R = \frac{s'r}{s} - r$$

    $$R = \frac{0.2083r}{0.05} - r = 3.166r$$

### 100-1-5

K-factor가 13인 비선형부하에 3상 750[kVA] 몰드변압기로 전력을 공급하는 경우 고조파손실을 고려한 변압기 용량을 계산하시오.
(단, 와류손 비율은 변압기 손실의 5.5[%]이다.

**해설**

지문을 살펴보자.

① 3상 750[kVA] 몰드변압기로 전력 공급?

이미 변압기 용량이 정해져 있는데 변압기 용량을 계산하라? 여기서는 부하가 3상 모두 비선형 부하인 경우에 K-factor가 13에 해당되며 실제로는 비선형 부하가 750[kVA]로 해석하면 될 것으로 보인다.

② 우선은 K-factor에 의한 변압기 출력감소율을 구한 후 감소한 용량만큼 더해주어 설계단계에서 변압기 용량을 선정하면 된다.

#### 1. THDF(Transformer Harmonics Derating Factor)

THDF는 비선형 부하에서의 변압기 출력 감소율이며 다음과 같다.

$$THDF = \sqrt{\frac{1+P_e}{1+(k \cdot P_e)}} \quad \cdots\cdots (1)$$

여기서, $k$ : K-factor

$P_e$ : 고조파에 의한 와전류 손실 [pu]

식(1)에 수치를 대입하면

$$THDF = \sqrt{\frac{1+0.055}{1+(13 \times 0.055)}} = 0.7843 \quad \cdots\cdots (2)$$

#### 2. 변압기 용량 선정

식(2)에서 용량이 78.43[%]로 출력이 감소함에 따라 변압기 용량은

$$T_R = \frac{1}{THDF} \times P_L = \frac{1}{0.7843} \times 750 = 956.3 [kVA]$$

따라서 약간의 여유를 두어 1,000[kVA]를 선정한다. [72]

---

72) 비선형부하와 변압기 용량 선정

K-factor는 비선형 부하로 인한 고조파가 변압기의 와류손을 얼마만큼 늘어나게 하느냐 하는 척도이다. 따라서 비선형 부하에 변압기 용량을 증가시키는 방법이 있고 또는 비선형 부하에 대응하는 K-factor 변압기를 설치하면 된다. 위 계산에서는 용량을 증가시킨

것은 K-factor가 1인 변압기이고 만약, 변압기 용량을 부하용량과 동일하게 할 경우에는 K-factor가 13인 750[kVA] 변압기를 그대로 설치하면 고조파에 의한 와전류 손실에 대한 보상이 이루어져 적정한 변압기 용량이 된다.

## 100-1-7

변압기에서 철손과 동손이 동일할 때 최고 효율이 되는 이유를 수식적으로 증명하시오.

**해설**

변압기 효율

$$\eta = \frac{출력}{입력} = \frac{출력}{출력 + 손실} = \frac{V_2 I_2 \cos\phi}{V_2 I_2 \cos\phi + P_i + P_c} \quad \cdots\cdots (1)$$

여기서, 철손 $P_i$는 부하와 무관하게 일정하고, 동손 $P_c = I_2^2 R$

단, $R = \dfrac{R_1}{a^2} + R_2$ (1차를 2차로 환산한 저항)

식(1)을 다시 쓰면

$$\eta = \frac{V_2 I_2 \cos\phi}{V_2 I_2 \cos\phi + P_i + I_2^2 R} \quad \cdots\cdots (2)$$

식(2)의 분모, 분자를 $I_2$로 나누면

$$\eta = \frac{V_2 \cos\phi}{V_2 \cos\phi + \dfrac{P_i}{I_2} + I_2 R} \quad \cdots\cdots (3)$$

최대 효율이 되기 위해서는 식(3)의 분모가 최소가 되어야 하는데 $V_2 \cos\phi$는 일정하므로 결국 $(\dfrac{P_i}{I_2} + I_2 R)$가 최소가 되어야 한다. 이를 $y$로 두고 $I_2$에 대해 미분하면

$$\frac{dy}{dI_2} = \frac{d}{dI_2}(P_i I_2^{-1} + I_2 R) = -P_i I_2^{-2} + R = -\frac{P_i}{I_2^2} + R = 0$$

따라서

$$R = \frac{P_i}{I_2^2} \quad \therefore P_i = I_2^2 R = P_c = 동손$$

즉, 철손=동손일 경우 최대효율이 된다. 이상의 내용을 그래프로 표현하면

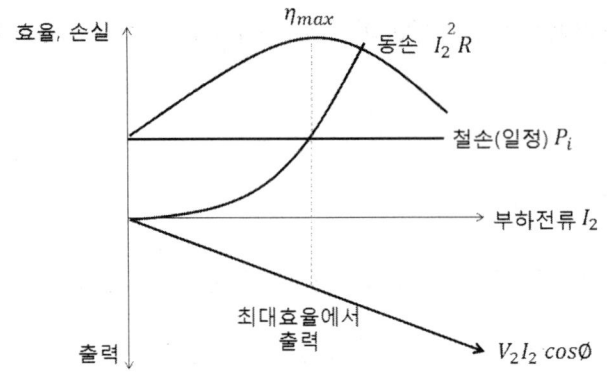

[손실과 효율 및 부하의 관계][73]

73) 병렬운전시 효율 측면에서 다음 문제를 풀어보자.

**문제** 아래와 같은 정격을 가진 2대의 3상 변압기를 병렬 운전하고 있다. 이때 부하가 어느 값 이하가 되면 병렬운전하는 것보다 b변압기를 정지하는 쪽이 효율이 높다. 이때의 한계부하는 얼마인가? 단, 변압기의 전압비, 권선비, 결선 %Z는 동일하고 부하 역률은 90[%] 이다

| 변압기 | 정격용량[MVA] | 철손[kW] | 전부하시 동손[kW] |
|---|---|---|---|
| A | 30 | 50 | 200 |
| B | 10 | 18.8 | 80 |

**풀이**

1. 각 변압기 부하 분담

%$Z$가 동일하므로 변압기의 부하분담은 용량에 비례한다. 전부하를 $P_L$, 각각의 부하분담을 $P_A$, $P_B$라면

$$P_L = P_A + P_B$$

$$P_A = \frac{P_A}{P_A + P_B} \times P_L = \frac{30}{30+10} P_L = 0.75 P_L [\text{MVA}]$$

$$P_B = \frac{P_B}{P_A + P_B} \times P_L = \frac{10}{30+10} P_L = 0.25 P_L [\text{MVA}]$$

## 2. 각 변압기 손실

1) 부하율

$$m_A = \frac{분담부하}{자기용량} = \frac{0.75 P_L}{30} = 0.025 P_L$$

$$m_B = \frac{0.25 P_L}{10} = 0.025 P_L$$

(용량에 비례해서 분담하므로 부하율은 동일하다)

2) 각 변압기 손실

A변압기 손실 $P_{lA} = 50 + (0.025 P_L)^2 \times 200 = 50 + 0.125 P_L^2$

B변압기 손실 $P_{lB} = 18.8 + (0.025 P_L)^2 \times 80 = 18.8 + 0.05 P_L^2$

전체손실 $P_l = 50 + 18.8 + (0.125 + 0.05) P_L^2 = 68.8 + 0.175 P_L^2$ ······ (1)

## 3. 병렬운전시의 B변압기 병렬운전 정지조건

전체 손실과 A변압기 전부하시 손실이 같을 경우가 B변압기를 정지시키는 한계이므로 A변압기만 전부하 $P_L$로 운전할 경우의 손실 $P_{lA}'$는

$$P_{lA}' = 50 + \left(\frac{P_L}{30}\right)^2 \times 200 = 50 + \left(\frac{P_L^2}{30^2}\right) \times 200$$

$$= 50 + 0.222 P_L^2 \text{ [MW]} \qquad \cdots\cdots (2)$$

즉, $P_l = P_{lA}'$ 일 때가 한계가 된다.

$$(50 + 0.222 P_L^2) = 68.8 + 0.175 P_L^2$$

$$(0.222 - 0.175) P_L^2 = 68.8 - 50, \quad 0.0472 P_L^2 = 18.8$$

$$\therefore P_L = \sqrt{\frac{18.8}{0.0472}} = 19.96 \text{ [MVA]}$$

이때의 한계부하는 부하 역률이 90[%]이므로

한계부하 $P_L' = P_L \cos\phi = 19.95 \times 0.9 = 18 \text{[MW]}$

**문제** 정격용량 단상 20[kVA] 변압기에서 역률이 80[%]일 때, 부하율이 각각 80[%], 50[%]인 경우에 효율이 모두 98[%]였다면,

1) 철손 및 전부하 동손은 얼마인가?
2) 역률이 100[%]일 경우 최고 효율은 얼마인가?

**풀이**

$\cos\phi = 0.8$, $m_1 = 0.8$, $m_2 = 0.5$, 정격출력을 $P_0$라면

$$\text{효율 } \eta = \frac{P_0 \times m \times \cos\phi}{P_0 \times m \times \cos\phi + P_i + m^2 P_c} \times 100 \, [\%]$$

부하율 80[%]인 경우

$$0.98 = \frac{20 \times 0.8 \times 0.8}{20 \times 0.8 \times 0.8 + P_i + 0.8^2 P_c}$$

$$0.98 = \frac{12.8}{12.8 + P_i + 0.64 P_c} \rightarrow 12.8 + P_i + 0.64 P_c = \frac{12.8}{0.98} = 13.061$$

$$\therefore P_i + 0.64 P_c = 13.061 - 12.8 = 0.261$$

부하율 50[%]인 경우

$$0.98 = \frac{20 \times 0.5 \times 0.8}{20 \times 0.5 \times 0.8 + P_i + 0.5^2 P_c} \times 100$$

$$0.98 = \frac{8}{8 + P_i + 0.25 P_c} \rightarrow 8 + P_i + 0.25 P_c = \frac{8}{0.98} = 8.1633$$

$$\therefore P_i + 0.25 P_c = 8.1633 - 8 = 0.1633$$

위식에서

$$0.25 P_c = 0.1633 - P_i$$

$$\therefore P_c = \left(\frac{0.1633 - P_i}{0.25}\right) = 0.6532 - 4P_i$$

$$P_i + 0.64 P_c = 0.261$$

$$P_i + 0.64 (0.6532 - 4P_i) = 0.261$$

$$P_i + 0.418 - 2.56 P_i = 0.261 \rightarrow -1.56 P_i = 0.261 - 0.418 = -0.157$$

$$\therefore P_i = \frac{0.157}{0.25} = 0.1 \, [\text{kW}] = 100 \, [\text{W}]$$

따라서 $P_c = 253 \, [\text{W}]$이 되고, 최고 효율시 부하율은

$$m = \sqrt{\frac{P_i}{P_c}} = \sqrt{\frac{100}{253}} = 0.63 = 63[\%]$$

이므로 역률 100[%]에서의 효율

$$\eta = \frac{20 \times 0.63}{(20 \times 0.63) + 0.1 + (0.63^2 \times 0.253)} \times 100 = 98.4[\%]$$

### 100-1-12

3상 4선식 옥내배선에서 무유도 부하 3[Ω], 4[Ω], 5[Ω]을 각 상과 중성선 사이에 접속하였다. 지금 변압기 2차 단자에서 선간전압을 173[V]로 할 때 중성선에 흐르는 전류를 구하시오.(단 변압기 및 전선의 임피던스는 무시한다.)

**해설**

① 무유도 부하?

무유도 부하라 함은 유도성, 용량성이 아닌 순수한 저항 부하를 이야기 한다. 따라서 이때의 각상(선) 전류는 120°의 위상각을 가지고 있는 전류이며 상전압과 동상이다.

② 중성점 잔류전압을 생각하여 $I_a = \dfrac{V_a - V_n}{Z_a}$로 구하지 말 것.

이는 중성선이 접지되지 않았을 경우나 중성선의 임피던스가 주어졌을 경우에는 중성점 잔류전압을 구해야 하고 이때의 중성선 전류는 $I_n = \dfrac{V_n}{R_n}$이 된다.

③ 간단한 회로도를 반드시 그릴 것.
④ 지문에는 없으나 전압은 평형으로 보고 계산한다.

**1. 회로도**

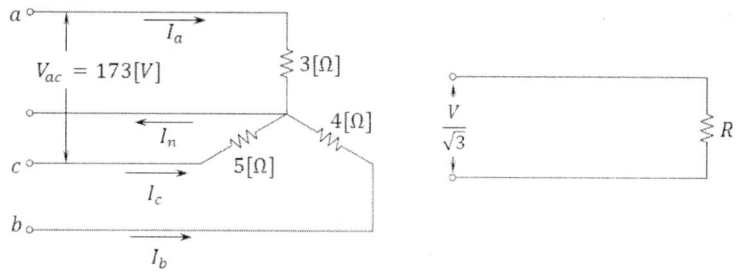

[회로도]

**2. 중성선 전류**

각 상전압은

$$E_a = E_b = E_c = \dfrac{173}{\sqrt{3}} = 100[\text{V}]$$

a상 전압을 기준벡터로 하면 각 선(상)전류는

$$I_a = \dfrac{E_a}{R_a} = \dfrac{100}{3} = 33.3[\text{A}]$$

$$I_b = \frac{E_b}{R_b} = \frac{100\angle-120°}{4} = 25.0\angle-120°[\text{A}]$$

$$I_c = \frac{E_c}{R_c} = \frac{100\angle 120°}{5} = 20.0\angle 120°[\text{A}]$$

따라서 중성선 전류는

$$I_n = \vec{I_a} + \vec{I_b} + \vec{I_c} = 33.3\angle 0 + 25\angle(-120) + 20\angle(120)$$
$$= 10.8 - j4.33 = 11.64[\text{A}] \ ^{74)}$$

---

74) 이 문제의 전류를 대칭성분으로 분해하여 실제의 전류와 중성선 전류를 구해본다.

$$I_0 = \frac{1}{3}\{I_a + I_b + I_c\} = \frac{1}{3}\{33.3 + (25\angle-120°) + (20\angle 120°)\} = 3.888[\text{A}]$$

$$I_n = 3I_0 = 11.66[\text{A}]$$

가 되고 각 선전류는

$$I_a = Y_a E_a = \frac{100}{3} \ \cdots\cdots$$

등으로 계산하여도 된다.

### 100-2-3

아래 그림과 같은 전력계통의 A, B점에서 3상고장이 발생하였을 때 A, B점의 차단용량[MVA]와 차단전류[kA]를 구하시오.(단, 모선전압은 11[kV]이고 선로 임피던스는 고려하지 않는다)

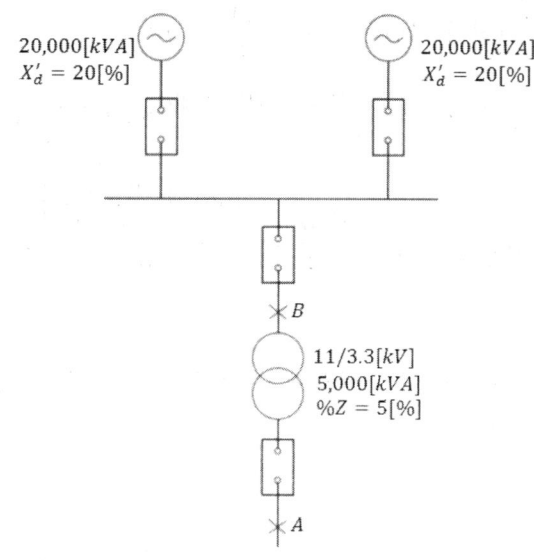

**해설**

#### 1. 임피던스

20[MVA] 기준 임피던스는

발전기 임피던스 $Z_{g1} = j20[\%] = Z_{g2}$

변압기 임피던스 $Z_t = j5 \times \dfrac{20}{5} = j20[\%]$

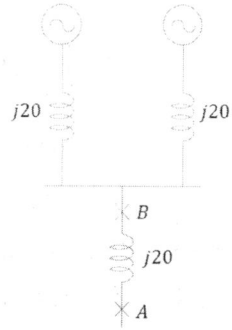

[Impedance map]

#### 2. 차단용량 및 차단전류

1) A차단기

등가 환산 임피던스 $Z_A = \dfrac{20}{2} + 20 = j30[\%]$

차단용량 $P_A = \dfrac{100 P_n}{\%Z_A} = \dfrac{100 \times 20}{30} = 66.67[MVA]$

차단전류는 $I_{SA} = \dfrac{100 I_n}{\% Z_A} = \dfrac{100 \times \left(\dfrac{20 \times 10^3}{\sqrt{3} \times 3.3}\right)}{30} \times 10^{-3} = 11.66 [\text{kA}]$

2) B차단기

등가 환산 임피던스 $Z_B = \dfrac{20}{2} = j10[\%]$

차단용량 $P_B = \dfrac{100 P_n}{\% Z_B} = \dfrac{100 \times 20}{10} = 200 [\text{MVA}]$

차단전류는 $I_{SA} = \dfrac{100 I_n}{\% Z_B} = \dfrac{100 \times \left(\dfrac{20 \times 10^3}{\sqrt{3} \times 11}\right)}{10} \times 10^{-3} = 10.5 [\text{kA}]^{75)}$

---

75) 앞서의 내용 중 "단락전류 $\propto$ 단락용량 $\propto$ 차단용량인가?"에 대해 $G_1$ 차단기를 기준으로 해서 알아본다.

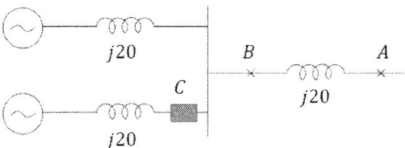

부하측으로부터 기여전류는 없는 것으로 간주하고 C점의 단락전류는 다음과 같다.

$Z_C = \dfrac{20}{2} = j10[\%]$

$I_{SC} = \dfrac{100 I_n}{\% Z_C} = \dfrac{100 \times \left(\dfrac{20 \times 10^3}{\sqrt{3} \times 11}\right)}{10} \times 10^{-3} = 10.5 [\text{kA}]$

위 수치에서 주의할 것은 이 전류가 단락점으로 유입되는 전류의 합이란 사실이다. 즉, C점으로 $G_1$과 $G_2$에서 공급하는 전류의 합에 불과하다. 위 전류를 이용해 차단용량을 구하면

$P_C = \sqrt{3} \, V I_{SC} = \sqrt{3} \times 11 \times 10.5 = 200 [\text{MVA}]$

가 되어 B차단기 용량과 동일한 값이 된다. 이렇게 계산하면 맞을까?

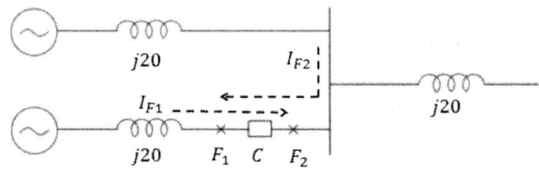

C차단기 차단조건은 $F_1$ 및 $F_2$점 고장인 경우이다. 이때의 차단기 통과전류는

$$I_{SC}' = \frac{100 I_n}{\% Z_C} = \frac{100 \times \left(\frac{20 \times 10^3}{\sqrt{3} \times 11}\right)}{20} \times 10^{-3} = 5.25 [\text{kA}]$$

가 되어 앞서의 50[%]에 불과하다. 따라서 차단용량도 당연히 50[%]가 되어 100[MVA]면 충분하다. 물론 혹자는 차단기 최저 용량이 520[MVA]이므로 별 관계가 없다고 할 수는 있으나 만약, 차단기 용량이 커진다면 이는 대단한 오류일 수 있다. 즉, 1,000[MVA]와 2,000[MVA]는 가격 차이는 아마 4배 이상 비쌀 것이다. 적은 용량으로도 충분한데도 불구하고 굳이 큰 용량을 설치할 필요가 있는가?
다음과 같은 예제를 풀어 보자.

**문제** 다음 계통에서 F점 3상 단락 시 단락전류와 단락용량을 구하시오.
(단, 100[MVA] 기준으로 한다.)

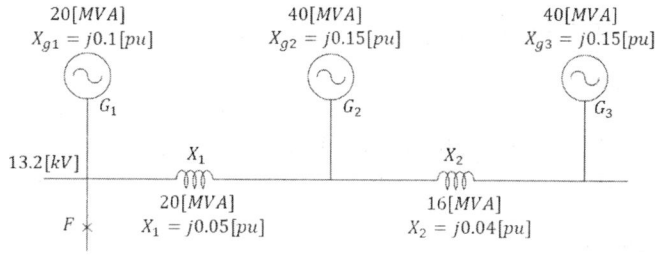

**풀이**

1. 3상 단락전류

1) [pu] 임피던스(100[MVA] 기준)

$$X_{g1} = j0.1 \times \frac{100}{20} = j0.5 [\text{pu}]$$

$$X_{g2} = j0.15 \times \frac{100}{40} = j0.375 [\text{pu}] = X_{g3}$$

$$X_1 = j0.05 \times \frac{100}{20} = j0.25 [\text{pu}]$$

$$X_1 = j0.04 \times \frac{100}{16} = j0.25 [\text{pu}]$$

2) 고장점 임피던스

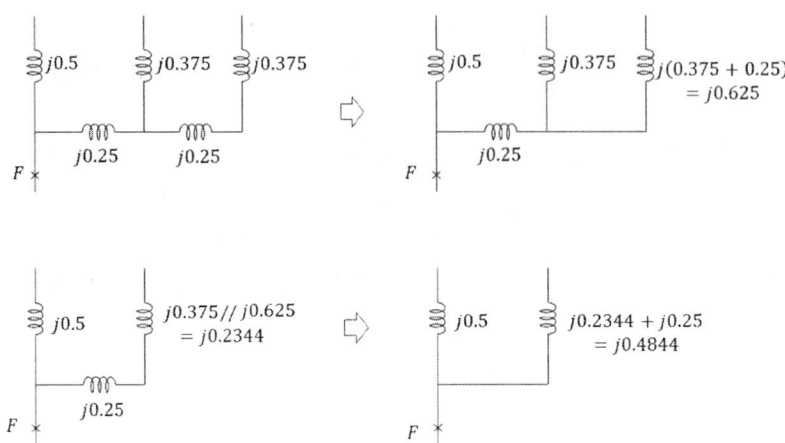

[임피던스의 변환 과정]

$$X_F = \frac{0.5 \times 0.4844}{0.5 + 0.4844} = j0.246[\text{pu}]$$

3) 단락전류

$$I_S = \frac{I_N}{X_F} = \frac{100 \times 10^3 / (\sqrt{3} \times 13.2)}{0.246} = 17.78[\text{kA}]$$

2. 3상 단락용량

$$P_S = \frac{P_N}{X_F} = \frac{100}{0.246} = 406.5[\text{MVA}]$$

또는

$$P_S = \sqrt{3}\,VI_S = \sqrt{3} \times 13.2 \times 17.8 = 406.5[\text{MVA}]$$

한편 위 계통에서 다음 그림과 같이 차단기가 위치를 가정하여 차단기 차단용량을 구해 본다.

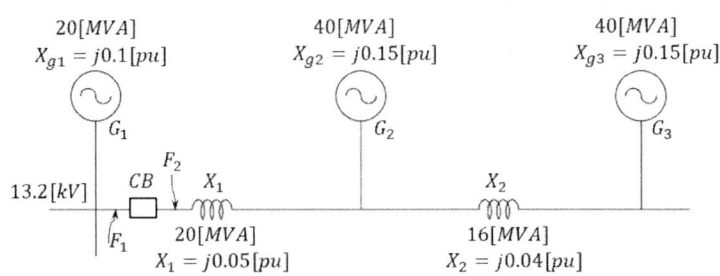

위 그림에서 $F_1$ 및 $F_1$점 고장 시 단락용량은

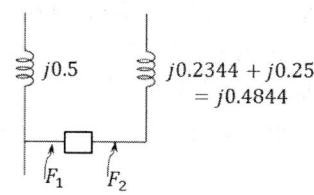

$$P_{S1} = \frac{P_N}{Z_1} = \frac{100}{0.4844} = 206.4 [\text{MVA}]$$

$$P_{S2} = \frac{P_N}{Z_2} = \frac{100}{0.5} = 200 [\text{MVA}]$$

이므로 차단용량은 206.4[MVA]이며, 이 둘의 합은 206.4 + 200 = 406.4[MVA]가 되어 앞서 계산한 전체 단락용량과 동일하다는 것을 알 수 있고 단락고장 계산 시 주의할 것은 단순 단락용량과 차단기의 차단용량은 다르다는 것이다.

### 100-1-2

그림과 같은 동축케이블이 있다. 내·외에 도체를 전류 $I$가 왕복할 때 다음의 각 항에 대한 자계의 세기를 구하시오. (단 $r$은 반지름)
1) 내부 도체 내($r<a$)의 자계 $H_1$
2) 내부 도체와 외부 도체간 ($a<r<b$)의 자계 $H_2$

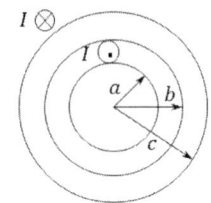

**[해설]**

본인이 보기에는 그림도 이상하고 전류의 표시도 잘 못되었고 실제로 지면으로 들어가는 방향의 전류는 중심점에 위치해야 하고 나오는(귀로) 전류는 그림의 c점에 위치해야 하는데 ….

지문 1)은 ($r<a$)가 아니라 ($0<r\leq a$)이어야만 내부자계를 구할 수 있고 그림이 현실적으로 동축케이블이라 할 수 없다. 다음은 동축케이블을 다시 그려 계산해 본다.

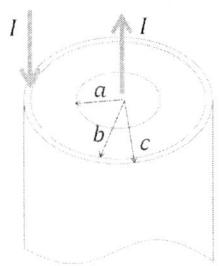

#### 1. $0<r\leq a$인 경우 내부자계 $H_1$

직류전류(또는 표피효과를 무시)라면 전류밀도는

$$\text{전류밀도} = \frac{I}{\pi a^2}$$

따라서 반경 $r$인 원주의 적분하면

$$\oint_L H \cdot dl = \int_0^{2\pi} H_\phi(r) r d\phi = 2\pi r H_\phi(r)$$

위식 중 좌변은

$$\frac{I}{\pi a^2} \int_0^r \int_0^{2\pi} r dr d\phi = \frac{I}{\pi a^2} \pi r^2 = I\frac{r^2}{a^2}$$

따라서 내부자계는

$$H_1 = H_\phi(r) = \frac{I \cdot r}{2\pi a^2}$$

## 2. $a < r < b$인 경우 $H_2$

마찬가지로

$$\oint_L H \cdot dl = \int_0^{2\pi} H_\phi(r) r d\phi = 2\pi r H_\phi(r)$$

$$H_\phi(r) = H_2 = \frac{I}{2\pi r}$$

이 된다. 위 문제에서 실제로 우리가 알고자 하는 것은 유입과 유출전류의 합이 0이 되고 자계 또한 0이 되어 우리가 유도장해 방지용으로 동축케이블을 사용한다는 것이다.

### 100-1-11

다음 그림과 같은 회로에서 a-b에 $10+j4[\Omega]$의 부하를 연결할 때 a-b간에 흐르는 전류를 구하시오.

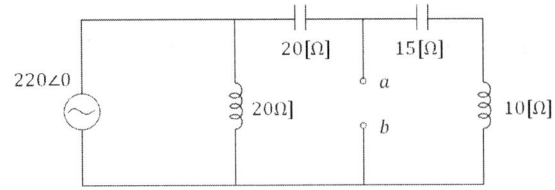

**해설**

쉬운 해석을 위해 다음과 같이 등가 회로도를 변형한다.

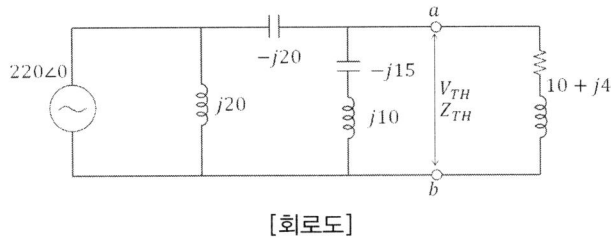

[회로도]

전압원을 단락하면 $j20[\Omega]$을 무시하게 되며 a-b단자에서 본 테브난의 등가 임피던스는

$$Z_{th} = -j20 // -j5 = \frac{-j20(-j5)}{-j20-j5} = -j4[\Omega]$$

a-b단자의 테브난 등가전압은

$$V_{th} = 220 \times \frac{-j5}{-j20-j5} = 44[V]$$

따라서 a-b단자에 부하 연결 시 흐르는 전류는

$$I_{ab} = \frac{V_{th}}{Z_{th}+Z_{ab}} = \frac{44}{-j4+10+j4} = 4.4[A]\ ^{76)}$$

---

76) 노튼의 정리로 해석하면 테브난의 임피던스와 등가전압은 동일하다. 즉

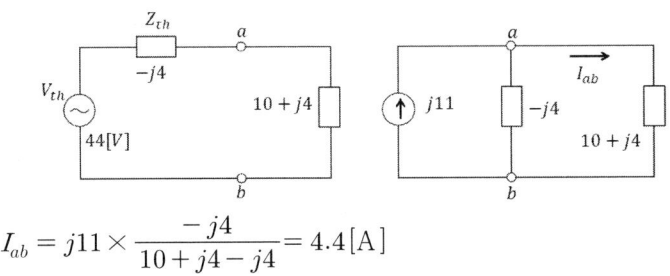

$$I_{ab} = j11 \times \frac{-j4}{10+j4-j4} = 4.4[A]$$

### 102-3-6
다음 그림과 같이 선로 길이가 6[km]인 배전선로 말단 C에서의 전압강하율을 구하시오.

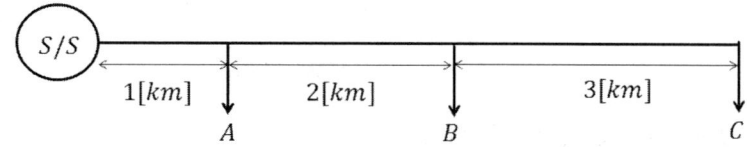

1) 선로 1[km]당 저항 0.6[Ω], 리액턴스 0.5[Ω]
2) 배전방식 3상 3선식
3) B점의 전압 : 22,000[V]
4) 부하현황

| 부하군 | 부하전류[A] | 역률(지상) |
|---|---|---|
| A | 50 | 0.8 |
| B | 40 | 0.6 |
| C | 30 | 0.8 |

**[해설]**

### 1. 각 부하군의 전류 및 역률

1) 각 부하군의 전류

$$I_A = (50 \times 0.8) - j(50\sin\cos^{-1}0.8) = 40 - j30 [\text{A}]$$

$$I_B = (40 \times 0.6) - j(40\sin\cos^{-1}0.6) = 24 - j32 [\text{A}]$$

$$I_C = (30 \times 0.8) - j(30\sin\cos^{-1}0.8) = 24 - j18 [\text{A}]$$

2) 전류분포

① 변전소-A구간

$$I_{SA} = (40+24+24) - j(30+32+18) = 88 - j80 = 118.9 [\text{A}]$$

따라서 역률은

$$\cos\phi_{SA} = \frac{88}{88+j80} = 0.74$$

② A-B구간

$$I_{AB} = (24+24) - j(32+18) = 48 - j50 = 69.3 [\text{A}]$$

$$\cos\phi_{AB} = \frac{48}{48+j50} = 0.693$$

③ B-C구간

$$I_{BC} = 24 - j18 [\text{A}]$$

$$\cos\phi_{BC} = 0.8$$

```
         I_A + I_B + I_C      I_B + I_C       I_C         C
    (S/S)─────────────▶──────────────▶────────────▶
                      │A              │B             │
                      ▼               ▼              ▼
                  40 − j30[A]     24 − j32[A]    24 − j18[A]
```

[전류 분포도]

## 2. 전압강하 및 송수전단 전압

1) 전압강하

① 변전소−A구간

$$\Delta V_{SA} = \sqrt{3}\, I_{SA}(R\cos\phi_{SA} + X\sin\cos^{-1}\phi_{SA})$$
$$= \sqrt{3} \times 118.9(0.6 \times 0.74 + 0.5\sin\cos^{-1}0.74)$$
$$= 160.7\,[\text{V}] \quad\cdots\cdots (1)$$

② A−B구간

$$\Delta V_{AB} = \sqrt{3} \times 69.3(1.2 \times 0.693 + 1.0\sin\cos^{-1}0.693) = 186.4\,[\text{V}]$$

따라서 송전단전압은

$$V_S = 22{,}000 + 160.7 + 186.4 = 22{,}347\,[\text{V}]$$

③ B−C구간

$$\Delta V_{BC} = \sqrt{3} \times 30(1.8 \times 0.8 + 1.5 \times 0.6) = 121.6\,[\text{V}]$$

따라서 수전단전압은

$$V_R = 22{,}000 - 121.6 = 21{,}878\,[\text{V}]$$

2) 전압강하율

$$\epsilon = \frac{V_S - V_R}{V_R} \times 100 = \frac{22{,}347 - 21{,}878}{21{,}878} \times 100 = 2.144\,[\%]\ ^{77)}$$

---

**77)** 이 풀이는 전압강하의 약산식으로 계산하였는데 정식계산식으로 계산해 본다.

```
         I_A + I_B + I_C      I_B + I_C       I_C         C
    (S/S)─────────────▶──────────────▶────────────▶
                      │A              │B             │
                      ▼               ▼              ▼
                  40 − j30[A]     24 − j32[A]    24 − j18[A]
```

$$\Delta V_1 = \sqrt{3}\,ZI = \sqrt{3} \times (0.6 + j0.5) \times (88 - j80) = 160.88\,[\text{V}]$$
$$\Delta V_2 = \sqrt{3}\,ZI = \sqrt{3} \times (1.2 + j1.0) \times (48 - j50) = 187.5\,[\text{V}]$$
$$\Delta V_3 = \sqrt{3}\,ZI = \sqrt{3} \times (1.8 + j1.5) \times (24 - j18) = 121.7\,[\text{V}]$$

이 되어 거의 비슷한 수치가 되며 어쩌면 이와 같이 계산하는 것이 더 빠를 수도 있다.

## 103-1-6

$R = 22[\Omega]$, $L = 10[H]$, $C = 10[\mu F]$의 직렬공진회로에 220[V]의 전압을 인가할 때 공진주파수 $f_r$과 공진시의 전류 $I_r$을 구하고 직렬공진의 특성에 대하여 설명하시오.

### 해설

### 1. 공진주파수 및 공진전류

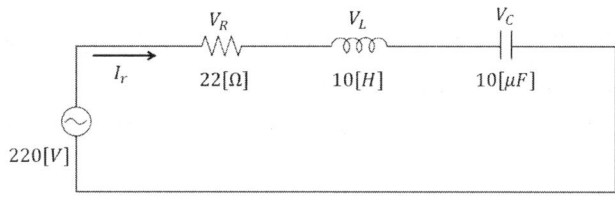

[회로도]

$$\text{임피던스} \quad Z = R + j(X_L - X_C) = R + j\left(wL - \frac{1}{wC}\right) \quad \cdots\cdots (1)$$

위 식(1)에서 허수부가 0이면 공진이므로

$$\left(wL - \frac{1}{wC}\right) = 0 \quad wL = \frac{1}{wC} \quad w^2 = \frac{1}{LC} = (2\pi f_r)^2$$

$$\therefore f_r = \frac{1}{2\pi\sqrt{LC}}[\text{Hz}] \quad \cdots\cdots (2)$$

공진주파수는 식(2)에 수치를 대입하면

$$f_r = \frac{1}{2\pi\sqrt{10 \times 10 \times 10^{-6}}} = 15.92[\text{Hz}]$$

공진시 전류는 공진시 임피던스 $Z_R = R$이므로

$$I_r = \frac{V}{R} = \frac{220}{22} = 10[\text{A}]$$

### 2. 직렬공진 특성

① 임피던스의 허수부가 0이 되어 임피던스는 최소
② 임피던스가 최소이므로 전류는 최대
③ 임피던스 저항성분만 존재하므로 회로의 역률은 100[%], 전원전압과 전류는 동상

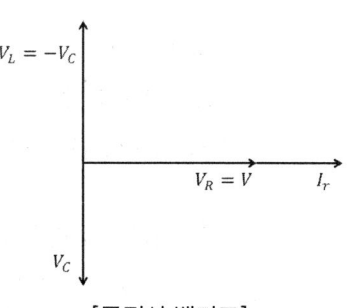

[공진시 벡터도]

④ 전압공진으로 $L$, $C$에 걸리는 전압은 서로 상쇄되고 전원전압만 남는다.

⑤ 전압공진이므로 $L$, $C$ 소자에 걸리는 전압이 이상 증폭될 수 있다. [78]

---

**78)** 직렬공진과 관련하여 다음 문제에서 역률 개선 시 직렬 커패시터를 사용할 수 없는 이유를 살펴본다.

**문제** 저항 4[Ω]과 유도성 리액턴스 3[Ω]이 직렬연결 된 회로에 교류 100[V] 전압이 인가되어 있다. 이 회로에서 용량성 리액턴스 3[Ω]의 콘덴서를 직렬로 연결하여 역률개선을 하려고 하는 경우 역률 개선이 곤란한 이유를 설명하시오.

**풀이**

**1. 회로의 역률**

  1) 용량성 리액턴스 연결 전

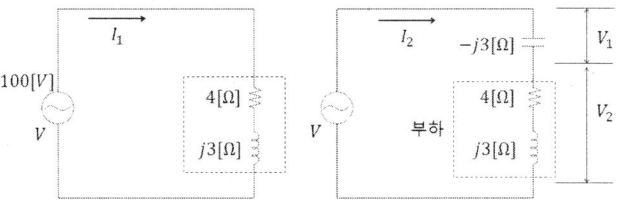

[용량성 리액턴스 연결 전]   [용량성 리액턴스 연결 후]

그림에서 용량성 리액턴스 연결 전 회로의 역률을 구해보면

$$\cos\phi_1 = \frac{R}{R+jX_L} = \frac{4}{4+j3} = 0.8 \angle (-36.87)(\text{지상}) \quad \cdots\cdots (1)$$

  2) 용량성 리액턴스 연결 후의 역률

  용량성 리액턴스 연결 후 역률을 구해보면

$$\cos\phi_2 = \frac{R}{R+j(X_L-X_c)} = \frac{4}{4+j(3-3)} = 1.0 \angle 0 \quad \cdots\cdots (2)$$

위 식(2)에서는 직렬공진이 발생하여 역률은 100[%]로 개선된다. 그러나 다음과 같은 문제가 발생한다.

**2. 직렬 커패시터로 역률을 개선해서는 안 되는 이유**

  1) 전류

   ① 커패시터 연결 전

$$I_1 = \frac{100}{4+j3} = 16 - j12 = 20 \angle (-36.87)[\text{A}] \quad \cdots\cdots (3)$$

② 커패시터 연결 후(직렬 공진)

$$I_2 = \frac{100}{4} = 25 \angle 0 [\text{A}] \quad \cdots\cdots (4)$$

이 되어 직렬공진으로 전류는 오히려 증가한다.

2) 부하 단자 전압

커패시터 연결 후의 부하단 단자전압은 다음과 같다.

$$V_2 = I_2 Z_L = 25 \times (4+j3) = 125 \angle 36.87 [\text{V}] \quad \cdots\cdots (5)$$

① 이상에서 공진으로 인해 부하단 전압이 전원 전압 100[V]보다 상승하여 부하에 악영향을 미칠 수 있다.

② 따라서 직렬 커패시터의 설치는 비록 역률개선은 되더라도 전압 상승으로 이어져 오히려 부하의 단자전압을 상승시켜 절연파괴 등의 악영향을 미친다.

③ 직렬 커패시터의 설치는 대부분이 유도성 리액턴스를 보상하여 전압강하 보상용으로 설치하고 역률개선용으로는 병렬 커패시터를 사용한다.

④ 커패시터 설치 후 전압 벡터도

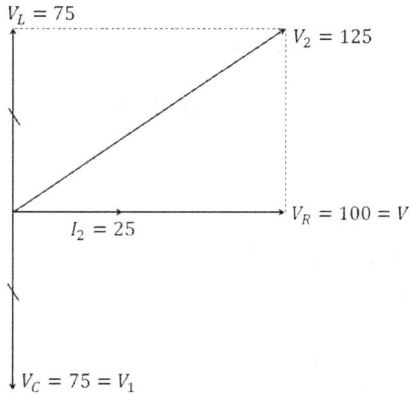

[용량성 리액턴스 연결 후 벡터도]

## 103-1-12
교류 평형 임피던스 회로에서 순시전력의 총합이 항상 일정하며 유효전력과 동일함을 설명하시오.

**[해설]**

### 1. 3상 회로의 전력

부하의 상전압을 각각 $E_a$, $E_b$, $E_c$ 및 상전류를 $I_a$, $I_b$, $I_c$로 두고 각상의 역률각을 $\theta_a$, $\theta_b$, $\theta_c$라면 각 상의 전력은

유효전력  $P_a = E_a I_a \cos\theta_a$,  $P_b = E_b I_b \cos\theta_b$,  $P_c = E_c I_c \cos\theta_c$

무효전력  $Q_a = E_a I_a \sin\theta_a$,  $Q_b = E_b I_b \sin\theta_b$,  $Q_c = E_c I_c \sin\theta_c$

3상 전력은 이들 각상전력의 합이므로

$$P = P_a + P_b + P_c = E_a I_a \cos\theta_a + E_b I_b \cos\theta_b + E_c I_c \cos\theta_c$$

$$Q = Q_a + Q_b + Q_c = E_a I_a \sin\theta_a + E_b I_b \sin\theta_b + E_c I_c \sin\theta_c$$

가 된다. 여기서, 3상 평형이므로 $E_a = E_b = E_c = E$, 전류는 $I$, 역률각은 $\theta$로 두면

$$P = 3EI\cos\theta, \quad Q = 3EI\sin\theta$$

가 되고, △, Y결선과 무관하게 선간전압을 $V$, 선전류를 $I_L$로 두면

$$P = \sqrt{3}\,VI_L\cos\theta, \quad Q = \sqrt{3}\,VI_L\sin\theta$$

### 2. 순시전력의 일정함 증명

a상을 기준으로 한 순시전압, 순시전류는

$$v_a = \sqrt{2}\,V\sin wt$$
$$v_b = \sqrt{2}\,V\sin(wt - 120)$$
$$v_c = \sqrt{2}\,V\sin(wt + 120)$$

$$i_a = \sqrt{2}\,I\sin(wt - \theta)$$
$$i_b = \sqrt{2}\,I\sin(wt - 120 - \theta)$$
$$i_c = \sqrt{2}\,I\sin(wt + 120 - \theta)$$

여기서 $\theta$ : 전압과 전류의 위상각(역률각, 지상으로 간주하였음)

3상 전력의 순시치는

$$p = p_a + p_b + p_c = v_a i_a + v_b i_b + v_c i_c$$
$$= 2VI(\sin wt \cdot \sin(wt-\theta) + \sin(wt-120) \cdot \sin(wt-120-\theta)$$
$$+ \sin(wt-120) \cdot \sin(wt+120-\theta))$$
$$= VI(\{\cos\theta - \cos(2wt-\theta)\} + \{\cos\theta - \cos(2wt+120-\theta)\}$$
$$+ \{\cos\theta - \cos(2wt-120-\theta)\})$$
$$= 3VI\cos\theta$$

가 되어 3상 전력과 동일하다. 식에서 각주파수($w$)가 없다는 것은 평형 3상 전력에서는 시간과 관계없이 항상 일정함을 뜻하고 곧, 유효전력이 된다. 이것은 3상 유도전동기에서 일정한 회전력(토크)를 가지는 것을 의미하여 전동기는 기동이 용이하고 진동이 매우 적음을 이야기한다.

## 103-2-1 전력계통에서 2상 단락과 3상 단락 고장전류를 비교 설명하시오.

**해설**

### 1. 2상 단락전류

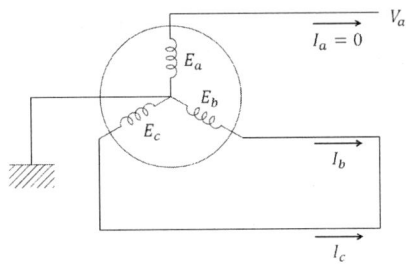

[2상 단락]

1) 고장조건(기지량)

$$I_a = 0, \quad V_b = V_c, \quad I_b = -I_c \rightarrow I_b + I_c = 0$$

2) 대칭분 전류

$$I_0 = \frac{1}{3}(I_a + I_b + I_c) = 0$$

$$I_1 = \frac{1}{3}(I_a + aI_b + a^2 I_c) = \frac{1}{3}(aI_b + a^2 I_c)$$

$$= \frac{1}{3}(aI_b - a^2 I_b) = \frac{1}{3}(a - a^2)I_b \;(\because I_b = -I_c)$$

$$I_2 = \frac{1}{3}(I_a + a^2 I_b + aI_c) = \frac{1}{3}(a^2 I_b + aI_c) = \frac{1}{3}(a^2 I_b - aI_b)$$

$$= \frac{1}{3}(a^2 - a)I_b = -\frac{1}{3}(a - a^2)I_b = -I_1$$

$$\therefore I_0 = 0, \; I_1 = -I_2, \; I_2 = -I_1$$

3) 대칭분 전압

$$V_0 = 0$$

$$V_1 = \frac{1}{3}(V_a + aV_b + a^2 V_c) = \frac{1}{3}\{V_a + (a + a^2)V_b\} \;(\because V_b = V_c)$$

$$V_2 = \frac{1}{3}(V_a + a^2 V_b + aV_c) = \frac{1}{3}\{V_a + (a^2 + a)V_b\} = V_1 \;(\because V_b = V_c)$$

$$\therefore V_0 = 0, \; V_1 = V_2$$

4) 발전기 기본식과 연립

발전기 기본식 $V_1 = E_a - Z_1 I_1$, $V_2 = -Z_2 I_2$

$$E_a - Z_1 I_1 = -Z_2 I_2 \to E_a - Z_1 I_1 = Z_2 I_1 \to E_a = Z_1 I_1 + Z_2 I_1$$

$$\therefore I_1 = \left(\frac{E_a}{Z_1 + Z_2}\right), \quad I_2 = -\left(\frac{E_a}{Z_1 + Z_2}\right)$$

따라서 2선 단락전류

$$I_b = I_0 + a^2 I_1 + a I_2 = (a^2 - a) I_1 = \frac{(a^2 - a)}{Z_1 + Z_2} E_a = -I_c$$

이 된다.

## 2. 3상 단락전류와 비교

2선 단락전류를 3상 단락전류와 비교해 보면 식(4)에서 일반적으로 $Z_1 \fallingdotseq Z_2$이므로

$$I_b = \frac{(a^2 - a)}{Z_1 + Z_2} E_a = \frac{a^2 E_a - a E_a}{2 Z_1} = \frac{E_b - E_c}{2 Z_1} = \frac{V_{bc}}{2 Z_1} = \frac{\sqrt{3} E_a}{2 Z_1} = \frac{\sqrt{3}}{2} I_s$$

가 되어 2상 단락전류는 3상 단락전류의 $\frac{\sqrt{3}}{2}$배가 된다.

## 103-2-5

비접지 계통에서 지락시 GPT를 사용하여 영상전압을 검출하기 위한 등가회로도를 그리고 지락지점의 저항과 충전전류가 영상전압에 미치는 영향에 대하여 설명하시오.

### 해설

**1. 등가회로도**

1) GPT의 영상전압

① 3차 open-delta 영상전압 벡터도

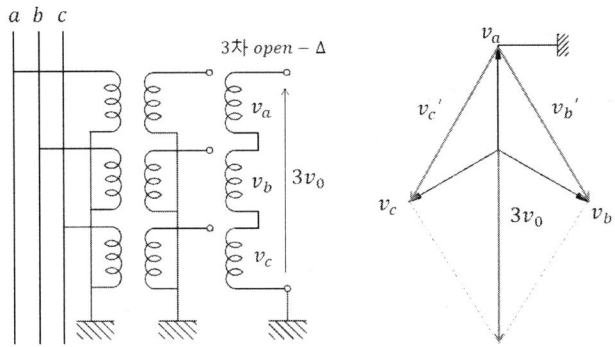

[GPT open-delta 결선과 지락시 영상전압 벡터도]

② 3차 영상전압

open-delta 각 상의 전압을 63[V]로 두고 a상 지락시 개방단에 나타나는 전압은

$$v_b' = \sqrt{3}\, v_b$$
$$v_c' = \sqrt{3}\, v_c = 110[V]$$
$$3v_0 = \sqrt{110^2 + 110^2 + 2 \times 110 \times \cos 60} = 190[V]$$

또는

$$v_0 = \frac{1}{3}(v_a + v_b + v_c) = \frac{1}{3}(110 + 110 \angle 60) = 63.5[V]$$
$$\therefore 3V_0 = 190.5[V]$$

2) 3차 영상전압 특징

① 3상중 임의의 어느 상이 지락이더라도 open-delta 양단 전압은 $3V_0$가 된다.

② 위상은 ±30° 변한다.

3) 등가 회로도

다음과 같은 Feeder가 두 개인 계통을 가정한다.

다음 계통에서 F1회선에서 지락 발생시 $R_N$으로 제한되는 유효분 전류와 건전회선의 대지정전용량에 의한 충전전류 $I_C$의 합성전류가 지락전류가 된다.

$$\vec{I_g} = \vec{I_N} + \vec{I_C}$$

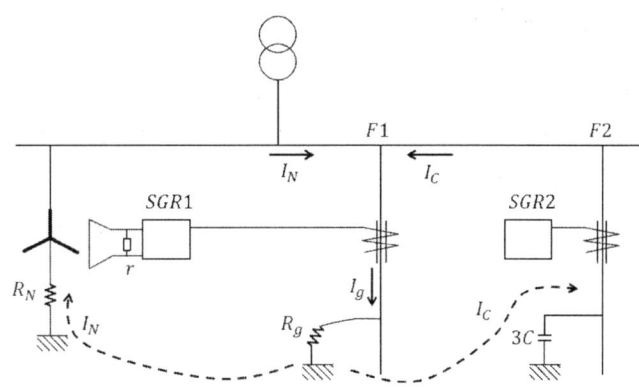

$R_g$ : 지락점 지락저항, $R_N$ : CLR을 1차로 환산한 저항, $3C$ : 건전회선 대지정전용량

[회로도]

위 그림에서 지락전류 $I_g$는 ZCT를 통과하고 제한저항 $R_N$과 건전회선의 충전전류로 분류하게 된다. 여기서 충전전류 $I_c$는 $I_N$보다 $90°$ 진상이다.

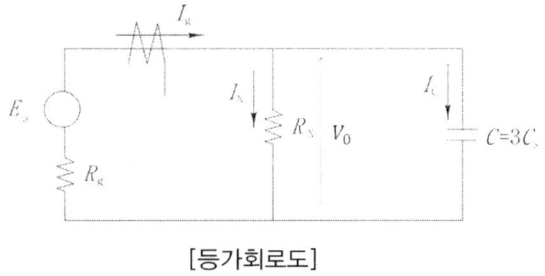

[등가회로도]

## 2. 지락점 저항과 충전전류가 영상전압에 미치는 영향

1) 영상전압 : GPT 1차측 영상전압은

$$V_{01} = \frac{Z_0}{Z_0 + R_g} \cdot E_a = \frac{\dfrac{1}{\dfrac{1}{3R_N} + jwC_s}}{\dfrac{1}{\dfrac{1}{3R_N} + jwC_s} + R_g} \cdot E_a = \frac{E_a}{\left(1 + \dfrac{R_g}{R_N}\right) + j\dfrac{I_C}{E_a} \cdot R_g}$$

…… (1)

GPT 3차측 영상전압은

$$V_{03} = \frac{3}{n}V_{01} = \frac{3E_a}{n\left\{\left(1+\dfrac{R_g}{R_N}\right)+j\dfrac{I_C}{E_a}\cdot R_g\right\}} \quad \cdots\cdots (2)$$

2) 지락점 저항과 충전전류의 영상전압에의 영향

위 식(1)에서 $V_0 \propto \dfrac{1}{R_g} \propto \dfrac{1}{I_C}$

① 지락점 저항 $R_g$가 크면 영상전압이 낮아져서 감도가 떨어진다.
② 케이블 선로와 같이 대지정전용량이 커서 충전전류가 커지면 영상전압이 낮아져 감도가 떨어진다.
③ GPT 대수가 증가하면 $R_N$이 병렬화되어 저항이 감소하므로 영상전압이 낮아진다. [79]

---

**79)** 위 계통에서 SGR의 동작특성을 해석해 보면 다음과 같다.
Feeder의 전류를 $I_1$, $I_2$라면

$$I_1 = \vec{I_N} + \vec{I_C}, \quad I_2 = -\vec{I_C}$$

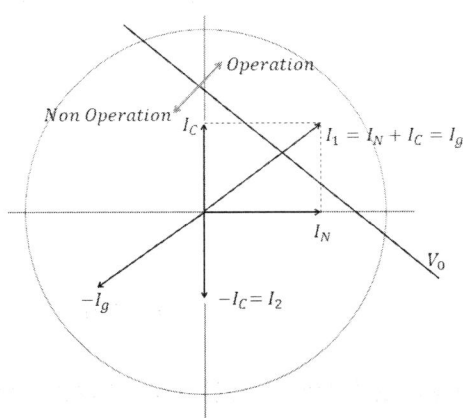

[SGR 동작특성]

위 그림에서 $V_0$를 나타내는 직선을 기준으로 볼 때
- $I_1$은 동작영역이므로 $SGR_1$은 동작(정동작)
- $I_2$는 부동작영역이므로 $SGR_2$은 부동작(정부동작)
- $SGR_1$의 ZCT가 오결선이면 $I_1 = -I_g$가 되어 부동작(오부동작)

### 104-4-2

다음과 같은 계통에서 F1과 F2 지점의 단락사고 시 수전점 차단기(CB1) 동작을 위한 계전기의 한시(OC) 와 순시(HOC)를 정정하고 보호 협조 곡선을 그리시오.
(단, 순시계전기 최소동작여유계수 : 0.5
한시계전기 최소동작여유계수 : 1.5
F1 지점의 3상 단락전류 : 10[kA]
F2 지점의 3상 단락전류 : 7[kA]
한시계전기 TAP : 4-5-6-7-8-9-12[A]
순시계전기 TAP : 20-40-60-80[A]

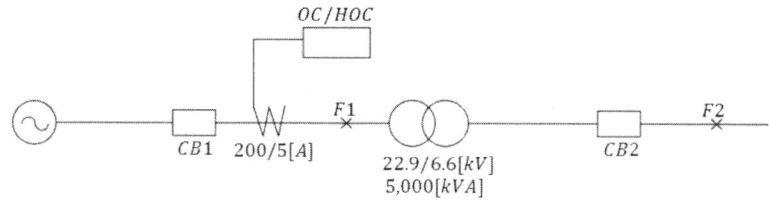

#### 해설

**1. 한시계전기**

지문에서 순시 및 한시요소의 여유계수의 의미를 정정치의 여유[%]를 의미하는지, CT 검출전류에 이 여유를 곱하란 의미인지는 모르겠으나 이기서는 단순히 전류에 대한 계수로 해석하고 계산한다.

1) 변압기 1차측 정격전류

$$I_n = \frac{P}{\sqrt{3}\,V} = \frac{5 \times 10^3}{\sqrt{3} \times 22.9} = 126[\text{A}]$$

과부하 여유계수를 1.5로 두면

$$I_n = 126 \times 1.5 = 189[\text{A}]$$

2) 한시 탭

변압기 1차측 최대 부하전류의 150[%] 정정

$$\therefore 189 \times 1.5 \times \frac{5}{200} = 7.08[\text{A}]$$

따라서 한시 탭은 8[A]에 정정한다.

**2. 순시계전기**

지문에서 변압기 1,2차 단락전류가 다르다. 그렇다면 CB1의 보호범위에 따라 정정치가 달라진다. CB1과 변압기 사이가 선로처럼 길어 이를 보호하기 위해서는 10[kA]를 적용해야 하지만 위 계통은 수전설비로서 차단기와 변압기의 거리가 매우 짧고 변압기 2차와 변압기의 권선의 단락도 보호해야 하므로 이때는 변압기 2차 최대 단락전류인 7[kA]를 적용하는 것이 바람직하다. 10[kA]를 제시한 것은 출제자가 함정을 둔 것이다. 따라서 다음과 같이 풀이한다. 다만 여기서 주의할 것은 변압기 2차 단락 시 순시요소는 0.6초 이내의 동작시한을 두어야 한다. 즉, 0.6초 이내에는 순시요소가 동작할 것.

1) 2차측 최대 단락전류의 1차측 환산치

$$I_s = 7,000 \times \frac{6.6}{22.9} = 2,017[A]$$

여유계수를 감안하면

$$I_s = 2,017 \times 0.5 = 1,009[A]$$

2) 변압기 2차측 최대 단락전류 1차측 환산치의 150[%] 정정

$$1,009 \times 1.5 \times \frac{5}{200} = 21.86[A] \rightarrow 순시 탭은 40[A] 정정$$

### 3. 변압기

지문에 시간-전류 협조곡선을 그리라고 되어 있으므로 각 기기의 열적용량, 변압기 여자돌입전류 등도 동시에 검토해야 한다. 시간-협조곡선을 그릴 때는 반드시 환산 전류를 적용해야 한다. 즉, 전압이 동일한 조건에서의 전류를 적용해야 만이 임의의 전류에서 보호협조가 되는지를 검토할 수 있다. 일반적으로 전류의 크기가 적은 1차측으로 환산하는 것이 수월하다.

1) 여자돌입전류

여자돌입전류는 정격전류의 약 8~12배 정도이나 여기서는 10배를 적용하고 지속시간은 0.1초로 둔다. 다시 말해 이 여자돌입전류에 의해 CB1이 투입불능상태에 이르러서는 안 된다는 뜻이다.

$$\therefore I_0 = I_n \times 10 = 126 \times 10 = 1,260[A]$$

2) 변압기 단락강도

변압기 단락강도는 일반적으로 정격전류의 25배에서 2초 동안 흘러도 견디도록 설계된다. 따라서 이 전류 이하와 2초 이내에 모든 차단기는 동작해야 만이 변압기가 열적으로 손상되지 않는다.

TR 단락강도는 $126 \times 25 = 3,150[A]$에서 2초

즉, 이 전류에서는 CB가 2초 이내에 차단해야 한다.

## 4. TCC협조곡선

1) CB1은 변압기 여자돌입전류에서 동작하지 않으며 1차측 환산전류인 583[A]에서 0.1초 이후 순시동작한다.
2) CB2이후에서 고장발생시는 CB2가 순시동작하고 CB1은 CB2동작시간보다 길어 서로 보호협조가 가능하다.
3) 변압기 단락강도인 3,150[A] 및 2초 이전에 CB1은 동작하여 변압기의 열적한계치에 도달하기 이전에 차단된다.

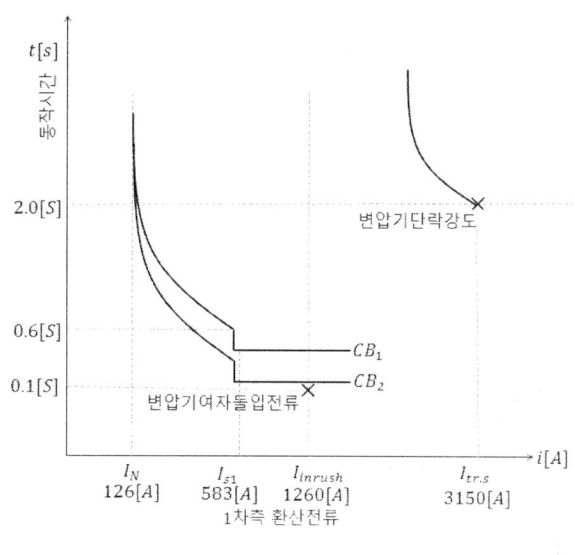

[보호협조 TCC]

### 105-1-13

22.9[kV] 수전설비의 부하전류가 18[A]이며 변류비가 30/5인 변류기를 통하여 과전류계전기를 시설하였다. 120[%]의 과부하에 차단기를 동작시키고자 할 때 과전류차단기의 탭은 몇 암페어에 설정하여야 하는지 설명하시오.

**해설**

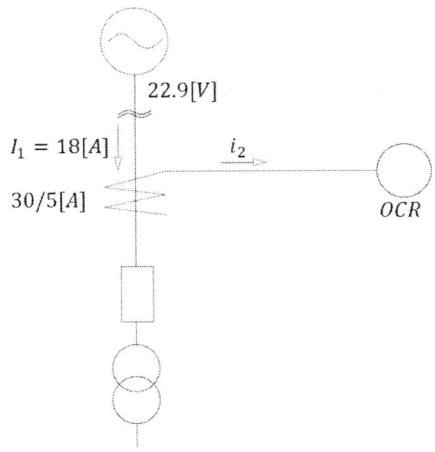

[간단한 계통도]

CT 2차측 전류는

$$i_2 = I_1 \times CT비 = 18 \times \frac{5}{30} = 3.0[A]$$

120[%] 과부하에서 동작하게 하려는 전류는

$$i_2' = 3.0 \times 1.2 = 3.6[A]$$

따라서 과전류계전기의 Tap은
기계식인 경우 : 3.6[A] 보다 크고 가장 가까운 탭을 선정
전자식의 경우 : 대부분의 Step이 0.1[A]이므로 3.6[A]에 정정

### 105-2-6

아래 그림과 같은 계통에서 F점에서 3상 단락 고장이 발생할 때 다음 사항을 계산하시오. (단, $G_1$, $G_2$는 같은 용량의 발전기이며 $X_d{'}$는 발전기 리액턴스 값)

가. 한류리액터 $X_L$이 없을 경우 차단기 A의 차단용량[MVA]

나. 한류리액터 $X_L$을 설치해서 차단기 A의 용량을 100[MVA]로 하려면 이에 소요될 한류리액터의 리액턴스($X_L$) 값

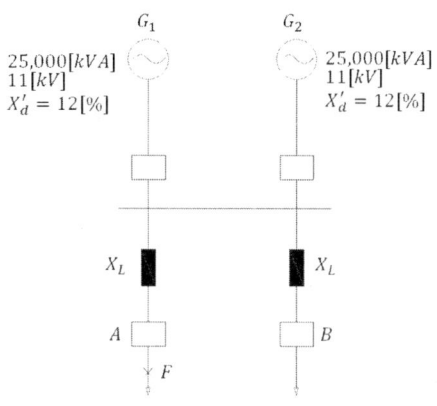

**해설**

**1. $X_L$이 없는 경우 차단기 A의 차단용량**

고장점 임피던스(기준용량 25[MVA])로 두면

$$jX_{G1} = j12[\%] = jX_{G2}$$

이들은 병렬이므로

$$Z_F = \frac{X_{G1}}{2} = \frac{12}{2} = j6[\%]$$

따라서 A차단기 용량은

$$P_{SA} = \frac{100 P_N}{\%Z_F} = \frac{100 \times 25}{6} ≒ 416.7 [\text{MVA}]$$

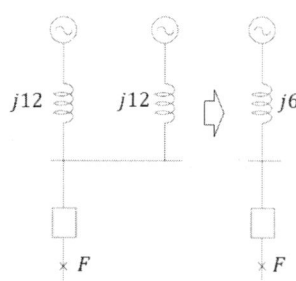

[$X_L$이 없는 경우]

## 2. $X_L$ 값

단락고장 시 단락용량이 100[MVA]를 넘지 않으면 되므로

$$P_{SA}' = \frac{100 P_N}{\%Z_F + \%X_L} = \frac{100 \times 25}{6 + \%X_L} = 100$$

$$6 + \%X_L = \frac{100 \times 25}{100} = 25$$

$$\therefore \%X_L = j19[\%]$$

즉, 25[MVA] 기준 19[%]의 리액터를 설치하면 된다. 용량으로 환산하면

$$X_L = 25 \times 0.19 = 4.75[\text{MVA}]$$

이를 [Ω]단위로 환산하면

$$X_L = \frac{\%X_L \times 10\,V^2}{P} = \frac{19 \times 10 \times 11^2}{25 \times 10^3} = j0.9196[\Omega]$$

이 된다. [80]

---

**80)** 단락전류 제한용으로 사용되는 한류리액터에 대한 아래의 문제를 해석해보자.

**문제** 그림과 같이 발전소 $G$는 1,000[kVA]와 2,000[kVA]를 갖는 발전소로 발전소 내에 정격차단용량 150[MVA]의 차단기가 사용되고 있다. 이 발전소를 10,000[kVA]의 주변압기를 갖는 인접한 변전소 $S$와 연계해서 운전하고자 할 경우 발전기 차단기는 절체하지 않고 한류리액터 $X$를 삽입하려고 한다. 전압변동을 고려하여 10[%]의 여유를 둘 경우의 리액턴스 $X$를 구하시오.

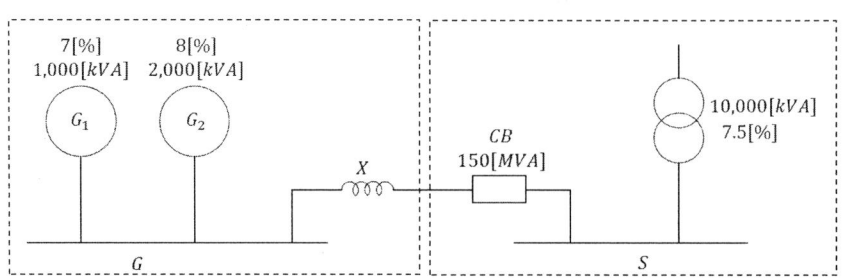

**풀이**

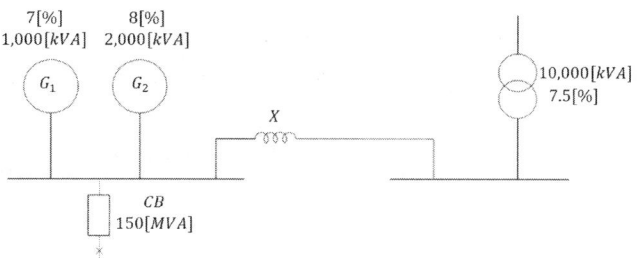

### 1. 발전소 단락용량

1[MVA] 기준 임피던스

$$X_{G1} = 7.0\,[\%], \quad X_{G2} = 8 \times \frac{1}{2} = 4.0\,[\%]$$

합성 임피던스

$$X_g = \frac{7 \times 4}{7 + 4} = 2.5454\,[\%]$$

발전소 단락용량

$$P_{SG} = \frac{100 P_n}{\% X_g} = \frac{100 \times 1}{2.5454} = 39.3\,[\text{MVA}]$$

### 2. 변전소 임피던스

1[MVA] 기준 임피던스 $X_T = 7.5 \times \frac{1}{10} = 0.75\,[\%]$

### 3. 한류 리액터 용량

발전기측의 차단기 용량 여유분은

$$150 - 39.3 = 110.7\,[\text{MVA}]$$

한류 리액터 용량은 변전소의 단락용량이 110.7[MVA]를 넘지 않으면 되므로

$$P_{ST} = \frac{100 \times 1}{0.75 + X} = 110.7 \;\to\; (0.75 + X) = \frac{100}{110.7} = 0.9033$$

$$\therefore X = 0.1533\,[\%] \;\text{여유를 10[\%] 두면}$$

$$X' = 0.1533 \times 1.1 = 0.1686\,[\%]$$

즉, 1[MVA] 기준 0.1686[%] 이상의 한류 리액터 사용하면 된다
위에서 한류리액터 여유를 $1.1X$로 두고 계산해 본다.

$$P_{ST} = \frac{100 \times 1}{0.75 + 1.1X} = 110.7 \;\to\; (0.75 + 1.1X) = \frac{100}{110.7} = 0.9033$$

$$\therefore X = 0.1394\,[\%]$$

가 된다. 이 경우에는 리액터의 여유가 10[%] 증가하는 것이 아니라 오히려 1.1배 감소한 결과를 초래한다. 또한 단락용량의 여유분을 10[%] 줄여 계산해 보면

$$P_{ST} = \frac{100 \times 1}{0.75 + X} = 110.7/1.1 \;\to\; (0.75 + X) = \frac{100}{100.64} = 0.9936$$

$$\therefore X = 0.2436\,[\%]$$

이 되어 앞서의 결과와 다르다.

이 문제는 근본적으로 잘못된 문제이다. 해설에서 보면 지문에서의 차단기 위치와 해설에서의 차단기 위치가 다르다. 왜 잘못되었는지 확인해 보자. 지문을 기준으로 차단기 용량 150[MVA]로 연계했을 때 차단용량이 부족한지 계산해 본다. 차단기 위치를 두 가지로 상정하여 2[MVA] 기준 Impedance map은 다음과 같다.

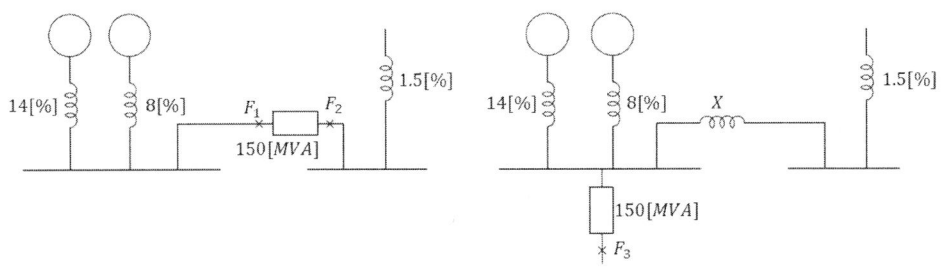

[연계용 차단기인 경우]  [발전소 2차 차단기인 경우]

① $F_1$ 고장 시 차단용량은

$$P_{S1} = \frac{100 P_n}{\%X_t} = \frac{100 \times 2}{1.5} = 133.3\,[\mathrm{MVA}]$$

② $F_2$ 고장 시 차단용량은

$$P_{S2} = \frac{100 P_n}{\%X_g} = \frac{100 \times 2}{5.09} = 39.3\,[\mathrm{MVA}]$$

150[MVA] 차단기는 위 $F_1$, $F_2$ 고장시 동작하므로 차단기 용량 150[MVA]는 부족하지 않다. 한편, 위의 우측 그림에서 $F_3$점에서의 단락용량은

$$P_{S3} = \frac{100 P_n}{(1.5//5.09)} = \frac{100 \times 2}{1.159} = 172.6\,[\mathrm{MVA}]$$

로 되어 차단용량 150[MVA]를 상회한다. 이때는 한류리액터가 필요함을 알 수 있다. 이러한 오류는 기여전류를 감안한 단락고장 계산 시 단락전류 크기를 차단기 용량에 직접 적용하는데서 문제가 발생한다. 즉, 차단기 설치점에 따라서 유입 단락전류는 같더라도 유입 단락전류의 방향은 달라지므로 차단기 용량 계산시는 주의가 필요하다. 이와 같이

단락전류 공급원이 2개 이상 병렬인 경우 차단기 용량은 어디까지나 차단기 설치점에 따라 차단기의 통과전류로 계산하면 된다. 본인이라면 단락용량이 부족하지 않다는 것, 한류 리액터가 필요 없다는 것을 피력하고 차단기 위치를 변경하여 리액터 용량을 구하는 방법으로 풀이하겠다.

다소 복잡할 수는 있으나 다음 문제를 풀어본다.

**문제** 다음과 같은 계통은 1,000[MVA] 기준 [pu]임피던스도이다.
　1) A, B 모선의 단락용량은 얼마인가?
　2) ①—②간 개방시 단락용량 감소는 어떻게 되는가?

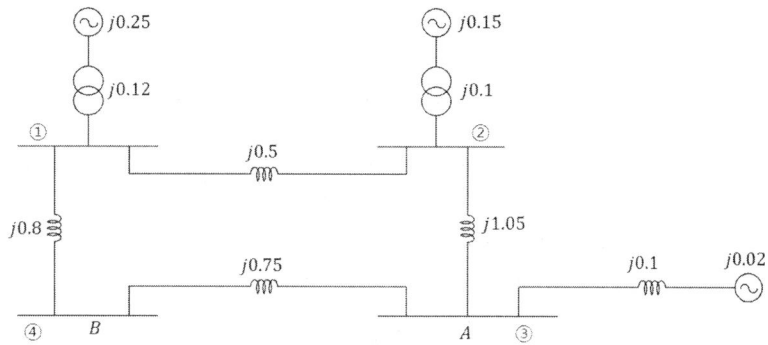

**풀이**

1. ①—②모선간에 연락선이 있는 경우 A, B모선의 단락용량

　발전기와 변압기 부분의 직렬 임피던스를 합성하고 다시 그리면

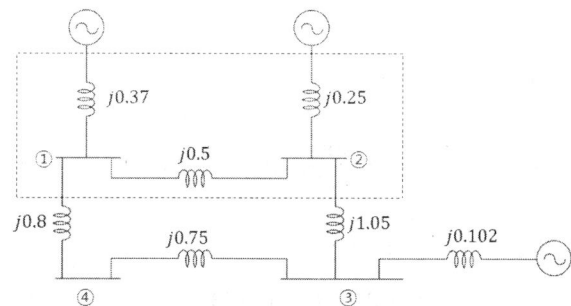

①—②번 모선 부분과 발전기 부분을 △—Y변환하면

$$Z_a = \frac{0.37 \times 0.25}{0.37 + 0.5 + 0.25} = 0.083$$

$$Z_b = \frac{0.125}{1.12} = 0.112$$

$$Z_c = \frac{0.185}{1.12} = 0.165$$

이를 적용하여 다시 그리면

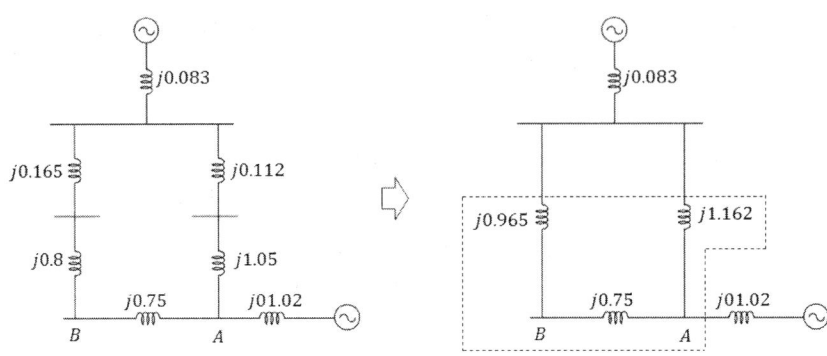

위 그림의 A, B를 중심으로 다시 △-Y변환하면(①-②번 모선 부분을 △-Y변환)

$$Z_a = \frac{0.965 \times 1.162}{0.965 + 1.162 + 0.75} = 0.3898$$

$$Z_b = \frac{0.8715}{2.877} = 0.303$$

$$Z_c = \frac{0.7238}{2.877} = 0.252$$

A모선에서 본 합성 임피던스는

$$Z_A = \frac{1.02 \times (0.473 + 0.303)}{0.12 + 0.303 + 0.473}$$
$$= 0.441 \,[\text{pu}]$$

따라서 A모선의 단락용량은

$$P_{SA} = \frac{P_n}{Z_A} = \frac{1,000}{0.441} = 2,268 \,[\text{MVA}]$$

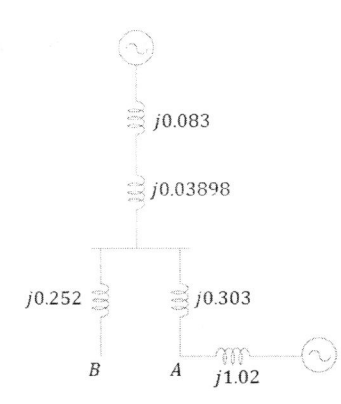

B모선에서 본 합성 임피던스는

$$Z_B = \frac{(1.02 + 0.303) \times 0.473}{0.12 + 0.303 + 0.473} + 0.252$$
$$= 0.6 \,[\text{pu}]$$

따라서 B모선의 단락용량은

$$P_{SB} = \frac{P_n}{Z_B} = \frac{1,000}{0.6} = 1,667 \,[\text{MVA}]$$

## 2. ①-②모선간에 연락선이 개방시

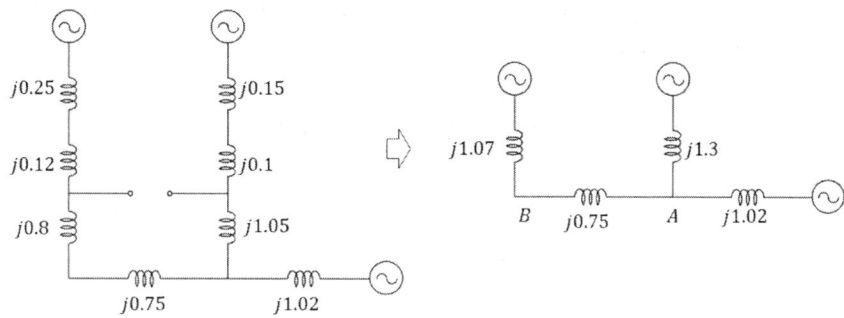

A모선에서 본 합성 임피던스는

$$Z_A{'} = \frac{1.82 \times 1.3}{1.82 + 1.3} = 0.758 \,[\text{pu}]$$

$$Z_A = \frac{0.758 \times 1.02}{0.758 + 1.02} = 0.435 \,[\text{pu}]$$

따라서 A모선의 단락용량은

$$P_{SA}{'} = \frac{P_n}{Z_A} = \frac{1,000}{0.435} = 2,298 \,[\text{MVA}]$$

동일방법으로 하면

$$P_{SB}{'} = \frac{P_n}{Z_B} = \frac{1,000}{0.621} = 1,610 \,[\text{MVA}]$$

### 106-1-5

그림과 같이 병렬 연결된 회로에서 $R$, $X$ 부하가 선로($0.5 + j0.4[\Omega]$)를 통하여 전력을 공급받고 있다. 부하단 전압이 120[V.rms], 부하의 소비전력은 3[kVA], 진상 역률 0.8이라면
1) 전원전압을 구하시오.
2) 선로의 손실 전력(유효 및 무효전력)을 구하시오.

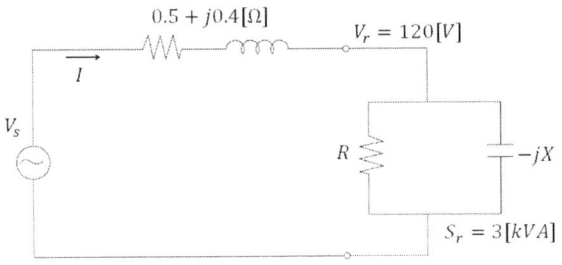

**해설**

① 지문을 잘 살펴보고 부하의 역률이 진상역률임에 유의한다.
② 비단 위 문제를 지문에 있는 것만 생각하면 다른 문제를 풀 수 없다. 따라서 첨언하는 것처럼 수 없이 많은 부분을 고민해 볼 필요가 있다. 이것이 곧 계산문제 정복의 지름길이며 논술형에 대해서도 접근이 쉽다는 것을 명심하자.
③ 약산식 만을 고집하지 말고 약산식의 의미를 잘 알아야 한다. 약산식의 허수부 "+"부호는 어디까지나 전류가 지상일 때문 통용된다.

### 1. 전원전압

1) 부하전류

전력(진상전력)

$$P_r - jQ_r = S_r \cos\theta - jS_r \sin\theta$$
$$= (3 \times 10^3 \times 0.8) - j(3 \times 10^3 \times \sin\cos^{-1}0.8)$$
$$= 2,400 - j1,800 [\text{VA}] \quad \cdots\cdots (1)$$

부하전류는

$$I = \frac{(P-jQ)^*}{V_r} = \frac{2,400 + j1,800}{120} = 20 + j15 = 25 \angle 36.87 [\text{A}] \quad \cdots\cdots (2)$$

전류가 단자전압보다 역률각 만큼 진상임에 유의한다. 또는 다음과 같이 계산해도 된다.

$$I = \frac{S_r}{V_r} = \frac{3{,}000}{120} = 25\,[\text{A}]$$

또는

$$I = \frac{P_r}{V_r \cos\theta} = \frac{2{,}400}{120 \times 0.8} = 25\,[\text{A}]$$

크기는 동일하게 나오지만 위 경우 전류의 위상을 알 수 없다. 이와 같이 계산할 경우에는 다음에 설명하는 약산식만으로 계산이 가능하다. 또한 식(2)의 전류를 다음과 같이 계산해도 된다.

$$I = \frac{S_r}{V_r}(\cos\theta + j\sin\theta) = \frac{3{,}000}{120}(0.8 + j0.6)$$
$$= 20 + j15\,[\text{A}]\,(\text{진상이므로 } + j\sin\theta)$$

2) 전원전압

$$V_s = V_r + Z_L I = 120 + (0.5 + j0.4) \times (20 + j15)$$
$$= 125 \angle 7.12\,[\text{V}] \quad\quad \cdots\cdots\,(3)$$

## 2. 전력손실

유효전력 손실  $P_l = I^2 R = 25^2 \times 0.5 \times 10^{-3} = 0.322\,[\text{kW}]$

무효전력 손실  $Q_l = I^2 X = 25^2 \times 0.4 \times 10^{-3} = 0.25\,[\text{kVar}]$ [81]

---

81) 위 식(3)에서와 다르게 전압강하 약산식을 이용해서 풀어본다.

$$V_s = V_r + I(R\cos\theta + X\sin\theta)$$
$$= 120 + 25(0.4 \times 0.8 - 0.5 \times 0.6) = 120.5\,[\text{V}] \quad\quad \cdots\cdots\,(4)$$

앞서의 식(3)과는 차이가 있음을 알 수 있다. 또 다른 방법으로 식(4)를 변형하면

$$V_s = V_r + \frac{RP + XQ}{V_r} = 120 + \frac{0.5 \times 2{,}400 - 0.4 \times 1{,}800}{120}$$
$$= 124\,[\text{V}] \quad\quad \cdots\cdots\,(5)$$

가 되어 식(3)과는 약간의 차이가 있다. 다음과 같이 벡터도를 그려서 확인해 본다.

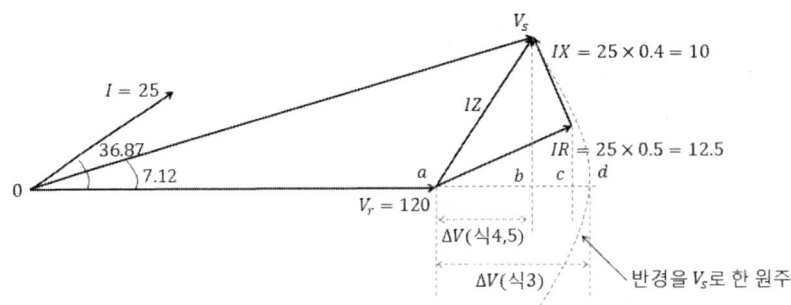

위 그림에서 부하의 역률은 진상이므로 단자전압보다 역률각 만큼 앞서게 된다. 또한 저항강하 $IR$은 부하전류와 동상이고 리액턴스강하 $IX$는 전류보다 90° 진상이 되고 이들의 벡터 합이 임피던스강하로 나타난다.

다시 말해 약산식은 위 벡터도의 $\overline{ab}$만을 계산한 것이고 식(3)으로 계산한 것은 $\overline{ad}$를 계산한 것이다. 위 그림에서 식(4), (5)처럼 계산할 경우

$$\Delta V = \overline{ab} = \overline{ac} - \overline{bc} = IR\cos\theta - IX\sin\theta = I(R\cos\theta - X\sin\theta)$$

한편 다음과 같이 계산해 보자. 부하의 역률이 진상인데도 불구하고 전류를 절댓값으로 하여 약산식에 대입해 보면

$$V_s = V_r + I(R\cos\theta + X\sin\theta)$$
$$= 120 + 25(0.5 \times 0.8 + 0.5 \times 0.6) = 137.5[V] \quad \cdots\cdots \text{(6)}$$

이 되어 엉뚱한 값이 나온다. 이는 전류의 위상(진상)을 무시한 결과이다. 위의 경우는 역률이 0.8(지상)일 경우에 해당된다.

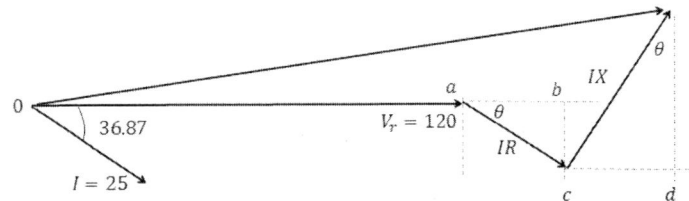

식(6)의 경우 위 벡터도에서 전압강하는

$$\Delta V = \overline{ab} + \overline{cd} = IR\cos\theta + IX\sin\theta = I(R\cos\theta + X\sin\theta)$$

가 되어 잘못 계산한 결과를 초래한다. 즉, 약산식 식(6)에서는 천편일률적으로

$$V_s = V_r + I(R\cos\theta + X\sin\theta)$$

가 아니며 전류의 위상에 따라

$$V_s = V_r + I(R\cos\theta \pm X\sin\theta)$$

가 될 수 있음에 유의하기 바란다. 전압변동률 $\varepsilon = p\cos\theta \pm q\sin\theta$에서도 무효전력의 위상에 따라 ±가 될 수 있음에 유의하기 바란다. 식(3)과 (6)에서 보듯이 전류의 위상을 잘못한 경우 상당히 큰 차이를 보임을 알 수 있다. 따라서 정확한 전압강하 계산을 위해서는 본인이 보기에는 천편일률적인 약산식 적용보다는 식(3)의 방법을 권장하고 싶다.

이상의 결과를 전력벡터도로 그려 위 내용을 고찰해 본다. 여기서는 부하가 진상역률이므로 전력을 편의상 $P - jQ$로 표현한다.

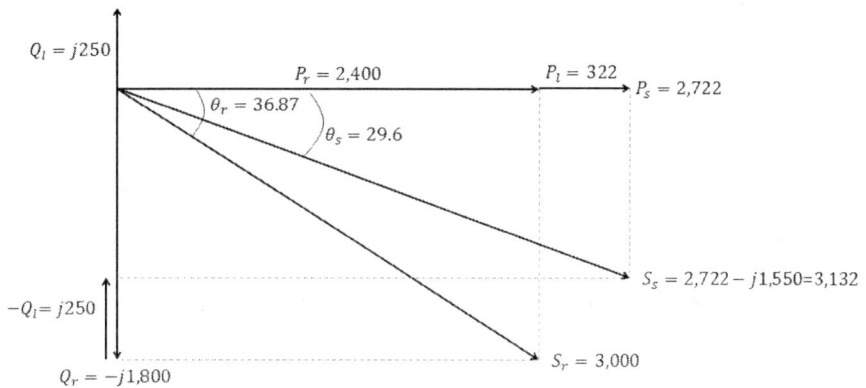

위 벡터도에서 유효전력은 손실 322[W]를 선로에서 열손실을 한 후 부하에는 2,400[W]만 도달한 것이며 무효전력은 선로에서 진상 무효전력을 250[Var]을 소비한 후 부하에는 1,800[Var]만 도달한 것을 알 수 있다. 이상에서 보면 부하의 역률이 진상이어서 송전단 역률이 오히려 높다는 것을 알 수 있다.

### 107-1-1

CT 1차에 흐르는 3상 단락전류가 30[kA]일 때 정격 과전류 강도와 정격 과전류 정수를 계산하시오. 단, CT비는 400/5[A], 2차 부담은 40[VA], CT 2차측 실제부담은 30[VA], 과전류 정수 선정 시 계수는 0.5이다)

**해설**

#### 1. 과전류 강도

과전류 강도란 CT 1차측에 큰 전류(단락전류)가 1초 동안 흘렀을 때 CT가 열적, 기계적으로 견딜 수 있는 것으로 단락전류에 대한 CT 1차 전류비를 말한다.

$$과전류\ 강도 = \frac{정격\ 내전류}{1차\ 정격전류} = \frac{단시간\ 전류(1.0초)}{1차\ 정격전류}$$

후비 보호기기 등으로 1초 이내에 고장이 제거가 가능할 경우는 다음과 같이 계산한다.

$$열적\ 과전류강도 = S^2 R t = S_n^2 \cdot R \cdot t_n = S_n^2 \cdot R \cdot t$$

$$\therefore\ S = \frac{S_n}{\sqrt{t}}$$

따라서 열적 과전류 강도는

$$S = \frac{단락전류}{CT\ 1차\ 정격전류} = \frac{30 \times 10^3}{400} = 75$$

따라서 표준품으로 과전류 강도는 75를 적용한다.

#### 2. 과전류 정수

1) 과전류 정수란?

① 과전류 정수 $n = \dfrac{비오차\ -10[\%]에서의\ 1차\ 전류}{정격\ 1차\ 전류}$

② 정격부담, 정격 주파수에서 비오차가 −10[%]일 때 1차 전류와 CT의 정격 1차 전류와의 비를 말한다.

2) 과전류 정수 계산

원칙적으로 단락전류에서 포화하지 않아야 하므로

$$n = \frac{30 \times 10^3}{400} = 75$$

실제의 부담이 다르므로

$$n' = \frac{30}{40} \times n \times k = \frac{30}{40} \times 75 \times 0.5 = 28.125$$

따라서 과전류 정수 $n = 40$을 선정한다.

## 107-1-12

$R-L$ 직렬회로에 $i = 10\sin wt + 20\sin(3wt + \frac{\pi}{4})$[A]의 전류를 흘리는데 필요한 순시단자전압 $v$를 계산하시오. (단, $R = 8\Omega$, $wL = 6\Omega$ 이다.)

### 해설

지문에서 전류의 2항은 $3wt$ 즉, 기본 주파수의 3배로 진동하는 3고조파가 흐르고 있다. 여기서 주의할 것은 주파수가 3배로 진동하므로 리액턴스 역시 3배의 값이 된다는 사실이다. 만약, 순시전류라 하여 다음의 잘못된 해석처럼 과도현상으로 해석하며 안 되고 순시전류는 지속전류를 순시적으로 표현하고 있음에 주의 바란다. 따라서 기본파와 3고조파의 임피던스와 위상각만을 고려하면 이 문제는 쉽게 해결된다.

### 1. 기본파에 대한 임피던스와 위상각

전류가 정현파와 제3고조파를 포함하고 있으므로 기본파에 대한 임피던스와 위상각은

$$Z_1 = R + jX = \sqrt{R^2 + wL^2} = \sqrt{8^2 + 6^2} = 10[\Omega]$$

$$\theta_1 = \tan^{-1}\frac{wL}{R} = \tan^{-1}\left(\frac{6}{8}\right) = 36.9°$$

### 2. 3고조파에 대한 임피던스와 위상각

$$Z_3 = \sqrt{R^2 + (3wL)^2} = \sqrt{8^2 + (3 \times 6)^2} = 19.7[\Omega]$$

$$\theta_3 = \tan^{-1}\frac{3wL}{R} = \tan^{-1}\left(\frac{18}{8}\right) = 66.04°$$

### 3. 순시 단자전압

$$v_1 = i_1 Z_1 = (10\sin wt) \times 10 \angle 36.9 = 100\sin(wt + 36.9)$$

$$v_3 = i_3 Z_3 = 20\sin(3wt + 45) \times 19.7 \angle 66.04 = 394\sin(3wt + 111.04)$$

따라서 순시전압은

$$v = v_1 + v_2 = 100\sin(wt + 36.9) + 394\sin(3wt + 111.04)$$

여기서, 순시전압도 3고조파 성분은 기본파의 3배로 진동한다. 위상각이 (111.03/3 = 37)이 됨을 알 수 있다. 또한 기본파에서는 전압이 역률각인 36.9°만큼 전압이 위상이 앞서있음을 알 수 있다. 한편, 전압의 실효치를 구해보면 다음과 같다.

$$V = \sqrt{\left(\frac{100}{\sqrt{2}}\right)^2 + \left(\frac{394}{\sqrt{2}}\right)^2} = 287.4[\text{V}]$$

## 107-3-3

아래와 같이 수용가 변압기 2차측(F점)에서 3상 단락이고장이 발생하였을 경우 고장전류를 계산하시오.(단, 선로의 임피던스 $0.2305+j0.1502[\Omega/\text{km}]$, 고장전류 계산 시 기준용량은 2,000[kVA]로 하고 변압기의 X/R비는 그림과 같다.

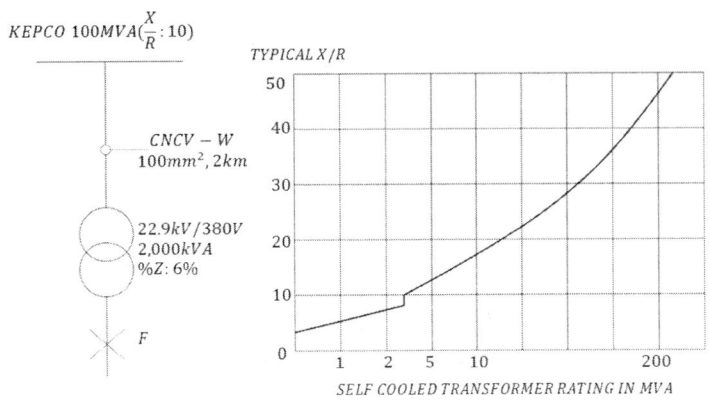

### 해설

지문에서 X/R비가 전원측은 10, 변압기는 약 7임에 주의해야 한다. 만약 X/R비를 무시하고 모두 임피던스의 절댓값으로 계산하거나 모두 리액턴스로만 생각하고 계산하면 안 된다. 물론 X/R비가 크므로 이를 무시하고 계산해도 결과치는 크게 차이가 없어 실용상으로는 문제가 없다. 그러나 기술사 시험 중 계산문제는 실용상 적용하는 것과 다르므로 주의해야 한다. 임피던스의 위상을 무시하고 계산한 주석을 참조할 것.

### 1. 임피던스 환산(2MVA 기준)

전원측 임피던스

$$Z_s = \frac{P_N}{P_S} \times 100 = \frac{2.0}{100} \times 100 = 2[\%]$$

X/R비가 10이므로

$$R_s + jX_s = Z_s(\cos\tan^{-1}10 + j\sin\tan^{-1}10)$$
$$= 2.0(\cos\tan^{-1}10 + j\sin\tan^{-1}10)$$
$$= 0.199 + j1.99 \quad \cdots\cdots (1)$$

선로 임피던스

$$Z_L = \frac{ZP_N}{10V^2} = \frac{(0.2305+j0.1502)\times 2.0 \times 2,000}{10 \times 22.9^2}$$

$$= 0.1758 + j0.1146 \qquad \cdots\cdots (2)$$

변압기 임피던스는 그래프에서 X/R비가 2[MVA]인 경우 약 7이므로

$$R_T + jX_T = 6.0(\cos\tan^{-1}7 + j\sin\tan^{-1}7)$$
$$= 0.84855 + j5.9397 \qquad \cdots\cdots (3)$$

합성임피던스는

$$Z_F = (0.199 + j1.99) + (0.1758 + j0.1146) + (0.84855 + j5.9397)$$
$$= 1.223 + j8.0443[\%]$$

## 2. 단락전류

$$I_S = \frac{100 I_N}{Z_F} = \frac{100 \times \left(\frac{2,000}{\sqrt{3} \times 0.38}\right)}{1.223 + j8.0443} = 37,345 \angle -81.3[A] \text{ [82]}$$

---

82) 한편, 임피던스를 절댓값으로 해서 계산해 본다.

$$Z_s = \frac{P_N}{P_S} \times 100 = \frac{2.0}{100} \times 100 = 2[\%]$$

$$Z_L = \frac{ZP_N}{10\,V^2} = \frac{(0.2305 + j0.1502) \times 2.0 \times 2,000}{10 \times 22.9^2}$$
$$= 0.1758 + j0.1146 = 0.2098[\%]$$

$$Z_T = 6.0[\%]$$

합성임피던스

$$Z_F = (2 + 0.2098 + 6.0) = 8.2098[\%]$$

단락전류

$$I_S = \frac{100 I_N}{Z_F} = \frac{100 \times \left(\frac{2,000}{\sqrt{3} \times 0.38}\right)}{8.2098} = 37,013[A]$$

가 되어 앞서 계산 값과 약 1[%] 이하의 오차가 나서 실용상에는 거의 문제가 없다. 그러나 이렇게 계산해서 제출한다면 과연 점수를 줄까? 또한 이 방법은 단락전류의 위상을 알 수 없어 위상 등으로 정정하는 보호계전기 정정시는 문제가 된다.

### 108-1-9

다음과 같이 평형 Y결선 부하에 공급하는 3상 전로에서 b상이 개방(단선)되어 있고 부하측 중성선은 접지되어 있다.

불평형 전류 $I_l = \begin{vmatrix} I_a \\ I_b \\ I_c \end{vmatrix} = \begin{vmatrix} 10\angle 0° \\ 0 \\ 10\angle 120° \end{vmatrix}$ [A]이다.

대칭분 전류와 중성선 전류($I_n$)를 구하시오.

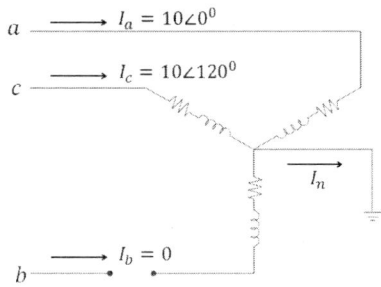

### 해설

#### 1. 대칭분 전류

$$I_0 = \frac{1}{3}(I_a + I_b + I_c) = \frac{1}{3}(10\angle 0° + 0 + 10\angle 120°) = 3.333\angle 60°[\text{A}] \quad \cdots\cdots (1)$$

$$I_1 = \frac{1}{3}(I_a + aI_b + a^2 I_c) = \frac{1}{3}(10\angle 0° + 0 + 10\angle(120° + 240°))$$
$$= 6.667\angle 0°[\text{A}] \quad \cdots\cdots (2)$$

$$I_2 = \frac{1}{3}(I_a + a^2 I_b + aI_c) = \frac{1}{3}(10\angle 0° + 0 + 10\angle(120° + 120°))$$
$$= 3.333\angle -60°[\text{A}] \quad \cdots\cdots (3)$$

#### 2. 중성선 전류

$$I_n = I_a + I_b + I_c = 10\angle 0° + 0 + 10\angle 120° = 10\angle 60°[\text{A}] \quad \cdots\cdots (4)\ [83]$$

---

[83] 이상의 내용을 살펴보자.

식(4)에서 보면 중성선 전류의 크기와 위상은 식(1)의 영상분 전류의 3배의 크기이며, 위상은 동일하다. 즉, 중성선 전류는 3상 선전류의 벡터 합이며 이는 곧 영상분 전류의 3배인 $3I_0$가 흐른다는 것을 알 수 있다. 또한 정상분과 역상분의 크기는 정확히 정상분이 역상분의 2배임을 알 수

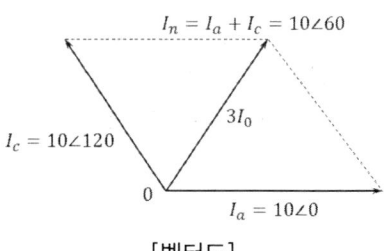

[벡터도]

있다. 또한 $I_a$를 구해보면

$$I_a = I_0 + I_1 + I_2$$
$$= (3.333 \angle 60) + (6.667 \angle 0) + (3.333 \angle -60)$$
$$= 10 \angle 0 [A]$$

가 되어 정확함을 알 수 있다.

다음은 잘못된 풀이의 예이다. 참고하기 바란다.

b상이 단선될 경우 각 상전류의 크기와 위상이 변하고 a, c상에는 선간전압이 걸리며 임피던스는 2배가 된다.

$$I_a' = \frac{\sqrt{3} E_a \angle -60}{2Z} = \frac{\sqrt{3}}{2} I_a \angle -60 = -I_c'$$

대칭분 전류는

$$I_0 = \frac{1}{3}(\dot{I_a} + \dot{I_b} - \dot{I_c}) = 0 [A] \quad \therefore I_n = 0$$

$$I_1 = \frac{1}{3}(\dot{I_a'} + a\dot{I_b'} + a^2\dot{I_c}) = 5 [A]$$

위 문제 풀이는 Y결선의 중성점이 접지되어 있는데도 접지되어 있지 않은 것으로 판단하고 계산한 것으로 보인다. 그러나 지문은 중성점이 접지되어 있고 b상이 단선된 것이다. 따라서 단선 고장이라 하더라도 완전 접지인 경우 건전상 상전압, 선간 전압의 위상은 변하지 않는다. 만약, 중성점이 접지되어 있지 않다면 이때의 중성점 잔류전압은

$$V_n = V_a + V_b + V_c = V_a + V_c = (1 + a^2)V_a$$
$$= \left(1 - \frac{1}{2} + j\frac{\sqrt{3}}{2}\right)V_a = \left(\frac{1}{2} + j\frac{\sqrt{3}}{2}\right)V_a = V_a \angle -60°$$

이 되어 크기는 동일하지만 위상이 60°를 가진 전압이 중성점 전압으로 나타나게 된다. 이때 중성점을 접지하게 되면 이 전압은 0이 되어야 하므로 당연히 잔류전압 만큼의 전압강하가 나타나야 하고 이 전압강하에 해당하는 만큼의 영상전류가 흐르게 된다. 이와 비슷한 문제를 살펴보자.

**문제** 다음 그림과 같은 평형 3상 전원에 부하가 연결되어 있을 경우 다음을 구하시오.
(단, 선간전압 $V_{ab} = 480\angle 0[V]$이고 부하 임피던스는 $18 + j10[\Omega]$으로 한다.)

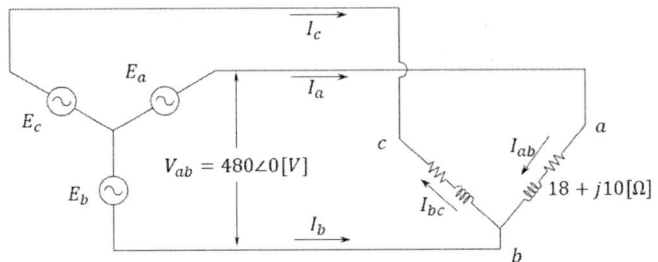

1) 부하전류 $I_{ab}$, $I_{bc}$
2) 각 선의 선전류 $I_a$, $I_b$, $I_c$
3) 선전류의 영상, 정상, 역상전류

**풀이**

1. 부하전류

$$I_{ab} = \frac{V_{ab}}{Z_L} = \frac{480\angle 0}{18+j10} = 23.31\angle(-29.05)[A]$$

$$I_{bc} = \frac{V_{bc}}{Z_L} = \frac{480\angle -120}{18+j10} = 23.31\angle(-149.05)[A]$$

2. 선전류

$I_a = I_{ab} = 23.31\angle(-29.05)[A]$

$I_b = I_{bc} - I_{ab} = 23.31\angle(-149.05) - (23.31\angle -29.05) = 40.38\angle 180.95[A]$

$I_c = -I_{bc} = -23.31\angle(-149.05) = 23.31\angle 30.95[A]$

3. 대칭분전류

$$I_0 = \frac{1}{3}\{I_a + I_b + I_c\}$$

$$= \frac{1}{3}\{(23.31\angle -29.05) + (40.38\angle 180.95) + (23.31\angle 30.95)\} = 0$$

$$I_1 = \frac{1}{3}\{I_a + aI_b + a^2I_c\} = 26.92\angle -59.06[A]$$

$$I_2 = \frac{1}{3}\{I_a + a^2I_b + aI_c\} = 13.46\angle 60.96[A]$$

이 문제에서 보듯이 비록 3상 전원이 평형이라 할지라도 부하가 V결선에서는 불평형을 피할 수 없다. 역상분 전류가 정상분 전류의 50[%]이며 이때의 전류 불평형률도 $(I_2/I_1)\times 100[\%]$에서 50[%]가 된다. 그렇다면 변압기를 V결선하고 부하를 △결선을 하여 전력을 공급하고 있다면 불평형은 발생하는지 검토해 본다. 이 방식은 단상 변압기 3대로 △결선하여 운전 중 1대 고장 시 이를 제거하여 운전하는 방식으로 공급전력만 감소할 뿐 회로 전체에는 아무런 문제가 없다.

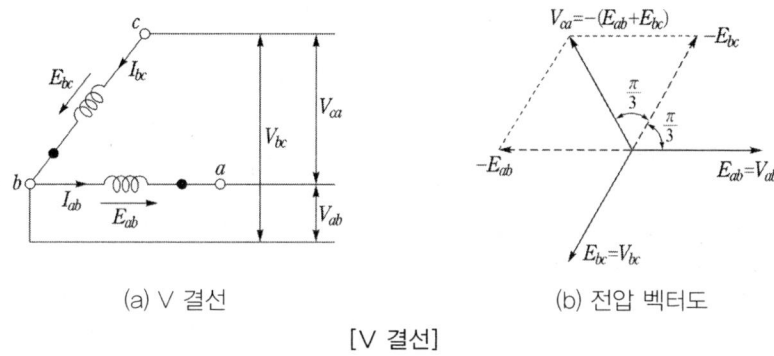

(a) V 결선     (b) 전압 벡터도

[V 결선]

그림은 변압기의 V결선과 전압 벡터도를 보인 것으로 다음 그림과 같이 이 변압기의 V결선에 △결선의 부하를 접속하였다고 가정하고 회로를 해석해 본다.

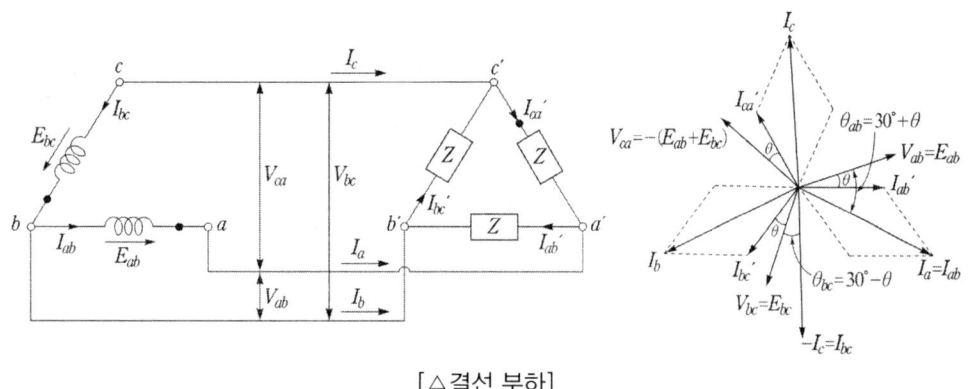

[△결선 부하]

그림에서 $a-c$간에는 전원은 없으나 두 점간 전위차가 존재하므로 기전력은 $E_{ab}$와 $E_{bc}$의 합과 위상이 반대인 전압이 유기된다. 즉,

$$V_{ca} = -(E_{ab} + E_{bc})$$

이 되어 V결선의 각 선간전압은 △결선의 경우와 동일하게 된다. 그림에서 각 선전류와 △결선인 부하의 각 상전류는 다음과 같다.

$$I_a = I_{ab}' - I_{ca}', \quad I_b = I_{bc}' - I_{ab}', \quad I_c = I_{ca}' - I_{bc}'$$

이므로 전원측 전류와 비교하면

$$I_{ab} = I_a, \quad I_{bc} = -I_c$$

가 된다. 한편, 3상 전력은

$$P = V_{ab}I_{ab}\cos\theta_{ab} + V_{bc}I_{bc}\cos\theta_{bc}$$

이 된다. 여기서, $E_{ab} = V_{ab} = E$, $I_{ab} = I$로 두면

$$P = EI\cos\left(\frac{\pi}{6} + \theta\right) + EI\cos\left(\frac{\pi}{6} + \theta\right)$$

이 되고 $\cos(\alpha \pm \beta) = \cos\alpha\cos\beta \mp \sin\alpha\sin\beta$를 적용하면

$$P = EI\left(\cos\frac{\pi}{6}\cos\theta - \sin\frac{\pi}{6}\sin\theta + \cos\frac{\pi}{6}\cos\theta + \sin\frac{\pi}{6}\sin\theta\right)$$

$$= EI \times 2 \times \frac{\sqrt{3}}{2}\cos\theta = \sqrt{3}\,EI\cos\theta$$

한편, 변압기의 V결선은 반드시 △결선에서만 1대를 제거하고 V결선으로 운전이 가능하다. 만약, Y결선에서 중성점을 접지하지 않았다 하더라도 1대를 제거 후 V결선으로 운전이 불가능하다.

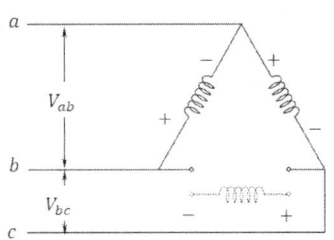 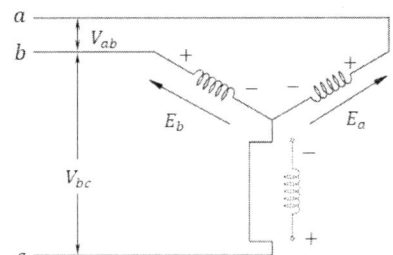

[△결선과 Y결선에서의 1대 제거]

위 그림에서와 같이 △결선에서는 변압기 1대만 제거하면 별다른 조치 없이 공급이 가능하나 Y결선은 1대 제거시 제거한 상의 단자를 두 변압기의 공통점에 연결하여야 한다. 그림의 △결선에서는 변압기 권선의 공통점이 각각 (+), (−)가 연결되어 있는 반면 Y결선에서는 (−)가 공통점에 연결되어 있다. 만약 Y결선에서 한 대를 제거하여 V결선 형태로 전압을 인가하였다면 이때의 벡터도는 다음과 같다.

그림에서 $E_a = V_{ca}$, $E_b = V_{bc}$이므로

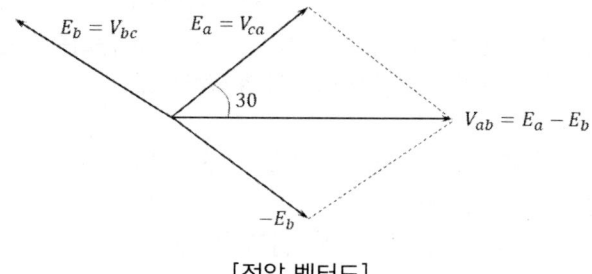

[전압 벡터도]

위 벡터도에서 보듯이 각 선간전압의 크기도 다를 뿐만 아니라 변압기를 제거하지 않은 상의 위상이 120°를 유지하지 못하고 30°의 위상차를 보이고 있어 대단히 불평형이 심함을 알 수 있고 결과적으로 Y결선에서 1대를 제거한 후 중성점에 연결하더라도 V결선으로의 운전은 불가능하다.

### 108-2-6

다음과 같은 단선도에서 유도전동기가 직입 기동하는 순간, 전동기 연결모선의 전압은 초기전압의 몇 [%]가 되는지 계산하시오.

〈계산조건〉
1) 각 기기들의 per unit 임피던스는 100[MVA] 기준으로 한다.
2) 변압기 손실은 무시한다.
3) 각 모선의 초기전압은 100[%]로 가정한다.

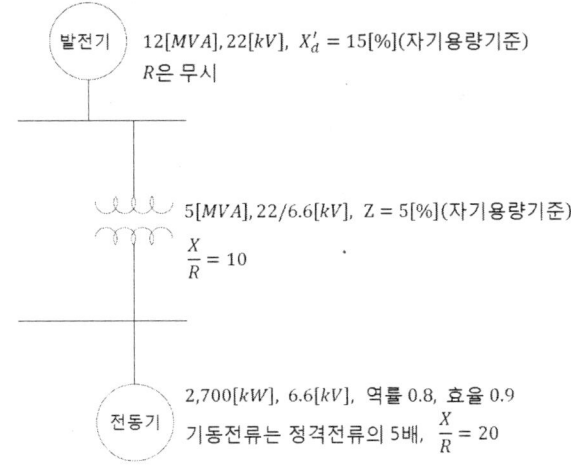

**해설**

이 풀이는 기동 역률을 감안하지 않고 단순히 부하전류에 기동계수를 곱하여 계산한 것이다.

### 1. 임피던스 환산(100[MVA] 기준)

① 발전기

$$X_g = \%X_g \times \frac{P_n}{P_s} = 15 \times \frac{100}{12} = 125[\%] = j1.25[\text{pu}]$$

② 변압기

$$Z_t = 5 \times \frac{100}{5} = 100[\%] = 1.0[\text{pu}]$$

$(X/R) = 10$이므로 $\theta = \tan^{-1}10 = 84.3°$

$$R_t = Z\cos\theta = 1 \times \cos 84.3 = 0.0993[\text{pu}]$$
$$X_t = Z\sin\theta = 1 \times \sin 84.3 = j0.995[\text{pu}]$$

따라서 $Z_t = 0.0993 + j0.995[\text{pu}]$

③ 전동기 단자에서 본 전원측 임피던스

$$Z_m = 0.0993 + j(1.25 + 0.995) = 0.0993 + j2.245 = 2.247 \angle 87.47[\text{pu}]$$

## 2. 기동시 전동기 모선전압

① 전동기 기동전류는

기동시 역률은 $X/R = 20$에서

$$\cos\theta_s = \cos\tan^{-1}20 = 0.05$$

$$I_{ms} = \frac{2,700}{\sqrt{3}\times 6.6\times 0.8\times 0.9}\times 5\times(\cos\theta_s - j\sin\theta_s)$$
$$= 1,640\times(0.05 - j0.9987) = 82 - j1,638[A]$$

이를 [pu]값으로 고치면

$$I_{ms} = \frac{82 - j1,638}{\frac{100\times 10^3}{\sqrt{3}\times 6.6}} = 0.009375 - j0.1873[pu]$$

② 전압강하

$$\Delta V = Z_m I_{ms} = (0.0993 + j2.245)\times(0.009375 - j0.1873)$$
$$= 0.42 + j0.00245[pu]$$

이므로 기동순간 전압은

$$V_m = 1.0 - (0.42 + j0.00245) = 0.5787[pu] = 57.87[\%] \text{ [84]}$$

---

[84] 위 해설은 지문의 $X/R$비를 감안한 것이다. 변압기의 $X/R = 10$, 전동기의 $X/R = 20$ 이므로 $X \gg R$로 두면 저항을 무시하고 계산해 본다.

## 1. 임피던스 환산(100[MVA] 기준)

① 발전기

$$X_g = \%X_g \times \frac{P_n}{P_s} = 15\times\frac{100}{12} = 125[\%] = j1.25[pu]$$

② 변압기

$$Z_t = 5\times\frac{100}{5} = 100[\%] = j1.0[pu]$$

③ 전동기 단자에서 본 전원측 임피던스

$$Z_m = j(1.25 + 1.0) = j2.25\angle 87.47[pu]$$

## 2. 기동시 전동기 모선전압

① 전동기 기동전류

기동시 역률은 $X/R = 20$에서

$$\cos\theta_s = \cos\tan^{-1}20 = 0.05$$

이므로 역률을 0으로 보면 기동시 전류는

$$I_{ms} = \frac{2{,}700}{\sqrt{3} \times 6.6 \times 0.8 \times 0.9} \times 5 \times (-j\sin\theta_s) = -j1{,}640[\text{A}]$$

이 계산은 기동 역률을 무시하고 부하전류에 기동 배수를 곱한 것으로 이를 [pu]값으로 고치면

$$I_{ms} = \frac{-j1.640}{\dfrac{100 \times 10^3}{\sqrt{3} \times 6.6}} = -j0.1875[\text{pu}]$$

② 전압강하

$$\Delta V = Z_m I_{ms} = (j2.25) \times (-j0.1875) = 0.4218[\text{pu}]$$

이므로 기동순간 전압은

$$V_m = 1.0 - 0.4218 = 0.578[\text{pu}] = 57.82[\%]$$

한편 다음과 같이 전력으로 계산해 본다. 기동시 역률이 0에 근접하므로 무효전력만을 감안하면

$$Q_s = \frac{2{,}700}{0.8 \times 0.9} \times 5 \times (-j\sin\theta_s) = -j18{,}750[\text{kVar}]$$

이를 [pu]값으로 고치면

$$Q_{s[pu]} = \frac{18{,}750}{100 \times 10^3} = 0.1875[\text{pu}]$$

$$\Delta V = \frac{XQ_s}{V_m} = \frac{2.25 \times 0.1875}{1.0} = 0.4218[\text{pu}]$$

따라서 기동순간 전압은

$$V_m = 1.0 - 0.4218 = 0.578[\text{pu}] = 57.82[\%]$$

### 110-1-13
다음 회로에서 스위치 SW를 닫기 직전의 전압 $V_{oc}$[V]와 a-b점에서 전원측을 쳐다본 등가 임피던스($Z_{eq}$), 스위치 SW를 닫은 후 $Z$에 흐르는 전류[A]를 구하시오.

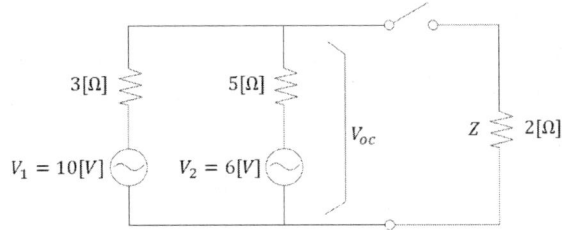

**해설**

1. $V_{oc}$

   $V_{oc}$는 테브난의 등가전압으로 다음과 같이 밀만의 정리로 구한다.

   $$V_{oc} = \frac{\sum YV}{\sum Y} = \frac{\frac{10}{3}+\frac{6}{5}}{\frac{1}{3}+\frac{1}{5}} = \frac{\frac{68}{15}}{\frac{8}{15}} = 8.5[\text{V}]$$

2. $Z_{eq}$

   $Z_{eq}$는 테브난의 등가임피던스로 전압원을 단락하면

   $$Z_{eq} = \frac{3 \times 5}{3+5} = 1.875[\Omega]$$

3. SW를 닫은 후 $Z$에 흐르는 전류

   테브난의 등가회로도는

   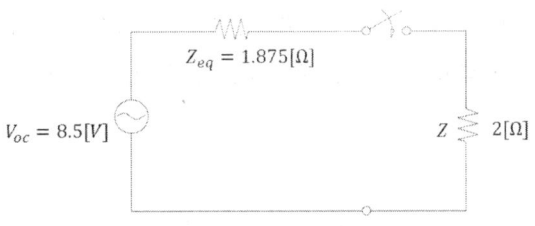

   [테브난의 등가회로도]

   가 되므로 전류는

   $$I = \frac{V_{oc}}{Z_{eq}+Z} = \frac{8.5}{2+1.875} = 2.19[\text{A}]\ ^{85)}$$

**85)** 만약 지문에서 부하에 흐르는 전류만을 구하라고 했다고 가정하여 여러 가지 방법으로 전류를 구해 보자.

### 1. 밀만의 정리

먼저 밀만의 정리로 구해본다. 이것은 그림에서 $Z$의 단자전압만을 구하면 쉽게 해결되지만 주의 할 것은 이때의 단자전압은 테브난의 정리와 달리 SW를 닫았을 때의 전압이라는 것이다.

$$V_{ab} = \frac{\sum YV}{\sum Y} = \frac{\frac{10}{3} + \frac{6}{5}}{\frac{1}{3} + \frac{1}{5} + \frac{1}{2}} = 4.387 [\text{V}]$$

이므로 부하전류는 부하의 단자전압을 $Z$로 나누면 되므로

$$I = \frac{V_{ab}}{Z} = \frac{4.387}{2} = 2.19 [\text{A}]$$

가 되어 앞서와 동일하다.

### 2. 노튼의 정리

다른 방법으로 회로의 전압원을 전류원으로 변환한 노튼의 정리로 구해보자. 전압원 $V_1$과 $V_2$를 전류원으로 대치시키면

$$I_1 = \frac{V_1}{R_1} = \frac{10}{3} = 3.33 [\text{A}]$$

$$I_2 = \frac{V_2}{R_2} = \frac{6}{5} = 1.2 [\text{A}]$$

따라서 전체 전류원은 $I = 3.33 + 1.2 = 4.53 [\text{A}]$가 된다. 이제 전압원을 전류원으로 대치시켰으므로 저항도 직렬을 병렬로 대치시킨다. 이렇게 되면 전류원에 대하여 $R_1$, $R_2$, $Z$는 서로 병렬이 되므로 $Z$에 흐르는 전류를 쉽게 구할 수 있다.

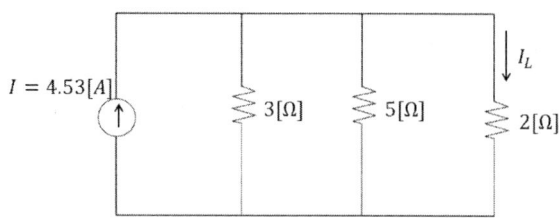

[전압원의 전류원으로 변환]

이 경우 저항과 임피던스의 병렬이므로 어드미턴스로 해석이 한결 쉽다. 즉,

$$I_L = I\left(\frac{Y_L}{Y_1 + Y_2 + Y_L}\right) = 4.53 \times \left(\frac{\frac{1}{2}}{\frac{1}{3} + \frac{1}{5} + \frac{1}{2}}\right) = 2.19[\text{A}]$$

### 3. 회로망 이론

다른 방법으로 회로망 이론을 동원해 본다. 지문의 회로에서 부하 임피던스를 전압원 안쪽으로 다시 배치하고 폐회로에 전류방향을 그리면 다음과 같다.

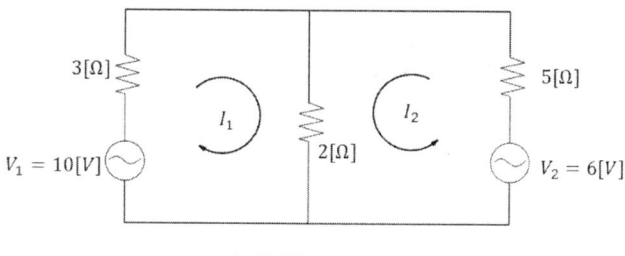

[변형한 회로망]

이제 이 회로망에서 전압방정식을 세운다.

$$3I_1 + 2I_1 + 2I_2 = 10, \quad 5I_1 + 2I_2 = 10$$
$$5I_2 + 2I_2 + 2I_1 = 6, \quad 2I_1 + 7I_2 = 6$$

이를 연립하여도 되지만 간단히 행렬을 이용한 크래머 공식으로 풀어 본다.

$$I_1 = \frac{\begin{vmatrix} 10 & 2 \\ 6 & 7 \end{vmatrix}}{\begin{vmatrix} 5 & 2 \\ 2 & 7 \end{vmatrix}} = \frac{70 - 12}{35 - 4} = 1.87[\text{A}]$$

$$I_2 = \frac{\begin{vmatrix} 5 & 10 \\ 2 & 6 \end{vmatrix}}{\begin{vmatrix} 5 & 2 \\ 2 & 7 \end{vmatrix}} = \frac{30 - 20}{35 - 4} = 0.322[\text{A}]$$

$$I = I_1 + I_2 = 1.87 + 0.322 = 2.19[\text{A}]$$

가 되어 모든 방법이 동일한 결과를 낳는다. 이 문제를 중첩의 원리로도 해석해 보기 바란다.

### 110-2-6

아래 그림에서 송전선의 F점에서의 3상 단락용량을 구하시오.
단, $G_1$, $G_2$는 50[MVA], 22[kV], 리액턴스 20[%], 변압기는 100[MVA], 22/154[kV], 리액턴스 12[%], 송전선의 거리는 100[km]로 하고 선로 임피던스는 $Z = 0 + j0.6\,[\Omega/\text{km}]$라고 한다.

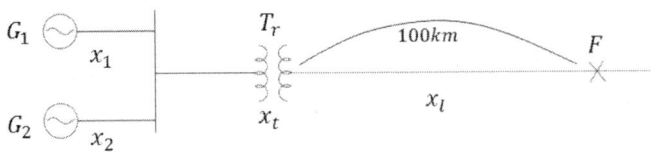

**해설**

**1. 100[MVA]기준 임피던스 환산**

$$x_1 = x_2 = j20 \times \frac{100}{50} = j40[\%]$$

$$x_g = \frac{j40}{2} = j20[\%]$$

$$x_t = j12[\%]$$

$$x_l = \frac{ZP_n}{10\,V^2} = \frac{j0.6 \times 100 \times 100 \times 10^3}{10 \times 154^2} = j25.3[\%]$$

**2. 단락용량**

$$P_s = \frac{100 P_n}{\%Z} = \frac{100 \times 100}{j(20 + 12 + 25.3)} = 174.5[\text{MVA}] \text{ [86]}$$

---

[86] 다음과 같이 단락전류를 구해서 단락용량을 구해본다.

$$I_s = \frac{100 I_n}{\%Z} = \frac{100 \times \frac{100 \times 10^3}{\sqrt{3} \times 154}}{57.3} = 654[\text{A}]$$

$$P_s = \sqrt{3}\,V I_s = \sqrt{3} \times 154 \times 654 = 174.5[\text{MVA}]$$

이제 옴법으로 한번 구해본다.

$$x_1 = x_2 = \frac{\%x \cdot 10\,V^2}{P} = \frac{20 \times 10 \times 154^2}{50 \times 10^3} = j94.864[\Omega]$$

발전기는 병렬이므로

$$x_g = \frac{94.864}{2} = j47.432[\Omega]$$

$$x_t = \frac{12 \times 10 \times 154^2}{100 \times 10^3} = j28.46[\Omega]$$

$$x_l = j60[\Omega]$$

단락전류는

$$I_s = \frac{E_a}{jx} = \frac{154 \times 10^3/\sqrt{3}}{j(47.432 + 28.46 + 60)} = 654 \angle (-90)[A]$$

가 되어 앞서와 동일하다. 이처럼 옴법은 고장위치에 따라 고장직전 전압으로 환산하여야 하는 불편함이 있어 잘 사용되지 않고 어느 전압에서이든지 기준용량에 대한 비율만 적용하면 되는 %법, 단위법이 많이 사용된다.

### 113-1-9

그림과 같이 3상 평형부하에 중성선 $O-O'$ 에는 전류가 흐르지 않음을 수식으로 설명하시오.

$$i_1 = I_m \sin wt, \quad i_2 = I_m \sin\left(wt - \frac{2\pi}{3}\right), \quad i_3 = I_m \sin\left(wt - \frac{4\pi}{3}\right)$$

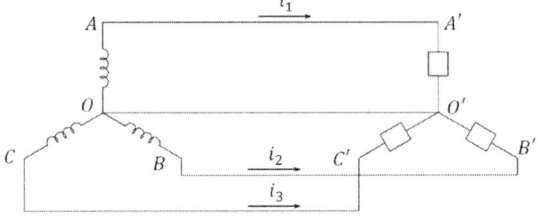

**해설**

대칭좌표법으로 해석하기 위해 다음과 같이 전류를 실효값과 극좌표 형식으로 변환한다.

$$i_1 = I_m \sin wt = \frac{I_m}{\sqrt{2}} \angle 0° = I \angle 0°[A]$$

$$i_2 = I_m \sin\left(wt - \frac{2\pi}{3}\right) = \frac{I_m}{\sqrt{2}} \angle (-120°) = I \angle (-120°)[A]$$

$$i_3 = I_m \sin\left(wt - \frac{4\pi}{3}\right) = \frac{I_m}{\sqrt{2}} \angle (-240°) = I \angle (120°)[A]$$

중성선 $O-O'$ 에 흐르는 전류는 KCL에 따라 3상의 벡터 합이 흐르므로

$$\begin{aligned} I_{O-O'} = 3I_0 &= i_1 + i_2 + i_3 = I \angle 0° + I \angle (-120°) + I \angle (120°) \\ &= I + a^2 I + aI = (1 + a^2 + a)I = \left(1 - \frac{1}{2} - j\frac{\sqrt{3}}{2} - \frac{1}{2} + j\frac{\sqrt{3}}{2}\right)I \\ &= 0[A] \end{aligned}$$

여기서, $a$ : Vector Operator [87]

---

**87)** 또는 다음과 같이 오일러 공식을 동원해도 된다.

$$i_1 = I \angle 0° = I(\cos 0 + j \sin 0) = I$$

$$i_2 = I \angle (-120°) = I(\cos(-120) + j\sin(-120)) = -\frac{1}{2}I - j\frac{\sqrt{3}}{2}I$$

$$i_3 = I \angle (120°) = -\frac{1}{2}I + j\frac{\sqrt{3}}{2}I$$

이를 더하면

$$I_{O-O'} = i_1 + i_2 + i_3 = I - I = 0[A]$$

### 113-2-3

그림과 같은 저압회로의 F점에서의 1선 지락전류와 3상 단락전류를 구하시오.
(단, 전원측 용량 100[MVA] 기준으로 하고 선로의 임피던스는 무시하며 1선 지락의 고장저항은 5[Ω]이다)

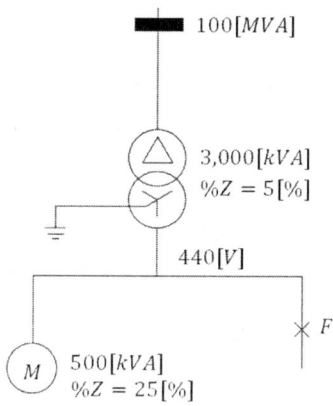

**[해설]**

#### 1. 대칭분 임피던스

1) 임피던스 환산(100[MVA] 기준)

   전원측 임피던스 $\%Z_{s1} = \dfrac{100 P_n}{P_s} = \dfrac{100 \times 100}{100} = j100[\%]$

   변압기 임피던스 $\%Z_{t1} = 5 \times \dfrac{100}{3} = j166.7[\%]$

   전동기 임피던스 $\%Z_{m1} = 25 \times \dfrac{100}{0.5} = j5,000[\%]$

2) 정상분 임피던스 및 역상분 임피던스

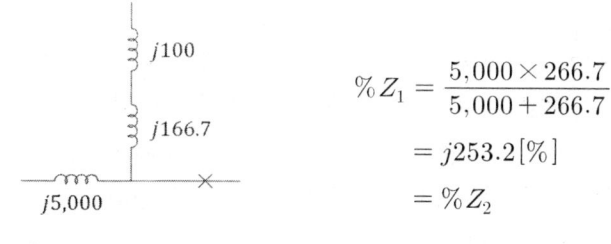

$$\%Z_1 = \dfrac{5,000 \times 266.7}{5,000 + 266.7} = j253.2[\%] = \%Z_2$$

[정상분 임피던스도]

3) 영상분 임피던스

   ① 변압기는 2차측이 중성점 접지 방식이므로 변압기 임피던스는 영상분에 포함되고 변압기의 1차측이 △결선이므로 전원측 임피던스는 무시된다.

   ② 전동기는 기본적으로 △결선이므로 전동기 임피던스는 영상분 임피던스에

포함되지 않는다.
③ 지락점 저항은 $I_g = 3I_0$라는 영상분의 3배의 전류가 흐르므로 3배 취급한다.

```
     ⌇j100
     ⌇
     ⌇j166.7
     ⌇
─────╱╲╱╲─────┬─────
     j5,000   ⌇3R_f
              ⌇
              ╳
```

[영상분 임피던스도]

$\%Z_0 = j166.7 [\%]$

$\%R_f = \dfrac{R_f P_n}{10 V^2} = \dfrac{5 \times 100 \times 10^3}{10 \times 0.44^2} = 258,264 [\%]$

(옆의 그림에서 각 단자의 개방에 주의할 것)

### 2. 고장전류

1) 단락전류

$$I_s = \dfrac{100 I_n}{\%Z_1} = \dfrac{100 \times \left(\dfrac{100 \times 10^3}{\sqrt{3} \times 0.44}\right)}{j253.2} = -j51,813 [A]$$

2) 1선 지락전류

$$I_g = \dfrac{300 I_n}{\%Z_1 + \%Z_2 + \%Z_0 + \%3R_f}$$

$$= \dfrac{300 \times \left(\dfrac{100 \times 10^3}{\sqrt{3} \times 0.44}\right)}{j(253.2 \times 2) + j166.7 + 3 \times 258,264} = 50.8 [A] \text{ [88]}$$

---

[88] 전동기, 발전기 등과 같은 회전기에서는 정상 임피던스와 역상 임피던스가 다르다. 그러나 일반적으로 $Z_1 \fallingdotseq Z_2$로 보면 실용상 문제가 없어 동일하게 취급하였으나 정확한 지문은 제시했어야 한다. 여기서, 고장점 지락저항은 비록 5[Ω]일지라도 %임피던스에서는 정상, 역상에 비해 매우 크다. 따라서 실용적으로는 이 지락점 저항만 고려하여 계산해도 무방하다.
그러나 기술사 시험에서는 이런 식으로 접근하지 말기 바라고 저항과 리액턴스도 구분하여 계산하기 바란다. 만약, 변압기 결선이 1차측이 Y결선으로 중성점 접지이고 2차측이 △결선이라면 이때는 변압기 임피던스와 전원측 임피던스 및 전동기 임피던스는 영상분 임피던스에 포함되지 않고 오로지 지락점 저항만 해당된다.

### 113-3-2

그림과 같은 회로에서 지상역률 0.75로 유효전력 10[kW]를 소비하는 부하에 병렬로 콘덴서를 설치하여 부하역률을 0.9로 개선하고자 한다. 콘덴서를 설치하여 역률을 0.9로 개선하였을 경우 부하전압은 220[V]로 유지하기 위한 전원측 전압 $V_s$를 계산하시오.

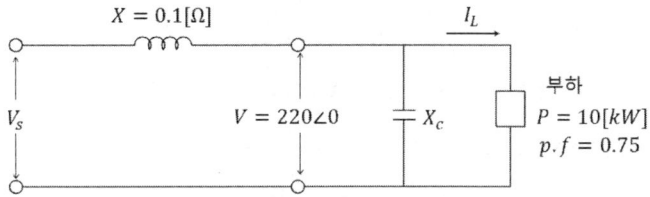

**해설**

### 1. 역률개선 후 전류

1) 역률개선 전 전력

$$P_1 + jQ_1 = 10 + j10 \times \tan\cos^{-1}0.75 = 10 + j8.82[\text{kVA}] \quad \cdots\cdots (1)$$

역률개선용 콘덴서 용량

$$Q_c = P(\tan\theta_1 - \tan\theta_2) = 10(\tan\cos^{-1}0.75 - \tan\cos^{-1}0.9)$$
$$= -j3.96[\text{kVar}] \quad \cdots\cdots (2)$$

역률개선 후 전력은 (1)-(2)하면

$$P_2 + jQ_2 = 10 + j(8.82 - 3.96) = 10 + j4.86[\text{kVA}]$$

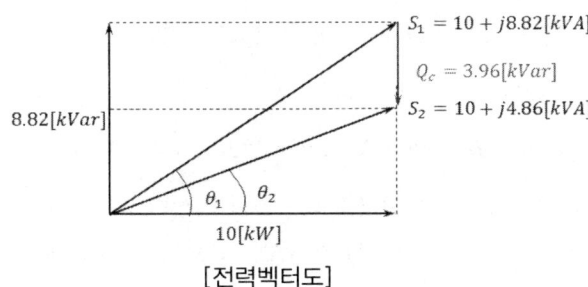

[전력벡터도]

2) 역률개선 후 부하전류

$$I = \frac{(P_2 + jQ_2)^*}{V_r} = \frac{P_2 - jQ_2}{V_r} = \frac{10 - j4.86}{0.22} = 45.5 - j22.1[\text{A}]$$

### 2. 송전단 전압

$$V_s = V_r + ZI = 220 + (j0.1) \times (45.5 - j22.1) = 222.2 \angle 1.17°[\text{V}]^{89)}$$

**89)** 한편, 다음과 같이 계산해 보면 어떨까? 부하전류를 복소수로 나타내지 말고 절댓값으로만 계산해 본다.

$$I = \frac{P}{V\cos\theta} = \frac{10}{0.22 \times 0.9} = 50.505[\text{A}]$$

전압강하는

$$\Delta V = I(R\cos\theta + X\sin\theta) = 50.505 \times 0.1 \times \sin\cos^{-1}0.9 = 2.2[\text{V}]$$

따라서 송전단 전압은

$$V_s = V_r + \Delta V = 220 + 2.2 = 222.2[\text{V}]$$

이 되어 동일한 값이 나온다. 이제 이 두 계산의 차이점을 벡터도를 그려 확인해 본다.

[전압 벡터도]
(a) 복소수로의 계산     (b) 약산식으로의 계산

그림 (a)에서는 전압의 상차각을 알 수 있을 뿐만 아니라 벡터적 합성이라는 것을 알 수 있고 (b)는 스칼라적 합이라는 것을 알 수 있다. 위의 경우는 송전단 전압과 수전단 전압의 위상차가 너무 적어 결과적으로 계산에서는 차이가 나지 않지만 위상차가 큰 경우에는 상당한 차이가 난다. 예를 들어 위 계통에서 선로 리액턴스를 $j2[\Omega]$으로 두고 동일한 상황에서 계산해 본다.

① 벡터적 계산
$$V_s = V_r + ZI = 220 + (j2.0) \times (45.5 - j22.1) = 279.43 \angle 19°[\text{V}]$$

② 약산식 계산
$$V_s = V_r + I(R\cos\theta + X\sin\theta) = 220 + (50.505 \times 2 \times \sin\cos^{-1}0.9) = 264.03[\text{V}]$$

가 되어 상당히 큰 차이가 있다. ②의 계산방법은 $\Delta V \ll V_r$, $\delta ≒ 0$, 선로 임피던스가 매우 적은 경우에만 적용할 수 있다. 이상의 내용을 벡터도로 그리면 다음과 같다.

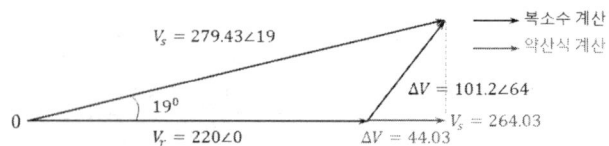

이상에서 보면 당연히 ①의 계산이 정확하다는 것을 알 수 있다. 본인은 이와 같은 이유로 약산식의 방법을 잘 사용하지 않는다.

### 115-1-13

다음 회로에서 단자(a, b) 왼쪽의 테브난(Thevenin) 등가회로를 그리고, 부하전류를 구하시오.(단, 부하저항 $R_L = 8[\Omega]$)

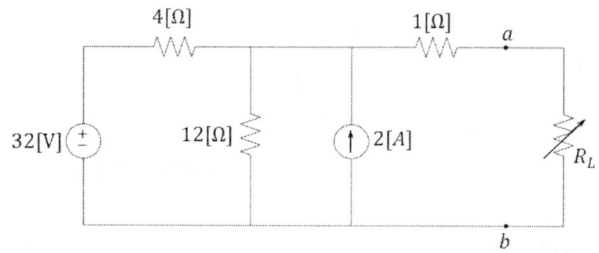

**해설**

#### 1. 테브난의 등가 회로

1) 테브난의 등가 저항

전류원을 전압원으로 고치면

$$V_2 = 12 \times 2 = 24[V]$$

가 되고 $12[\Omega]$은 $V_2$에 직렬 연결한다. 전압원을 개방하고 a-b에서 본 등가 임피던스는

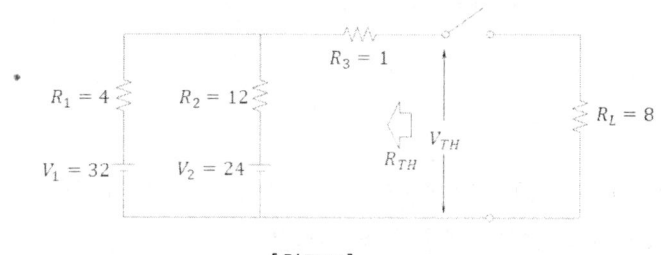

[회로도]

전압원을 단락하고 본 전원측 저항은

$$R_{TH} = 1 + \frac{4 \times 12}{4 + 12} = 4[\Omega]$$

2) 테브난의 등가 전압

$$V_{TH} = \frac{V_1 Y_1 + V_2 Y_2}{Y_1 + Y_2} = \frac{\frac{32}{4} + \frac{24}{12}}{\frac{1}{4} + \frac{1}{12}} = 30[V]$$

따라서 테브난의 등가회로는

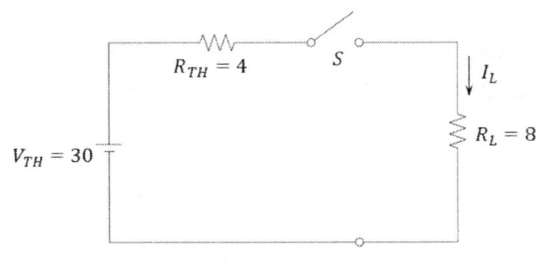

[테브난의 등가회로도]

## 2. 부하전류

테브난의 정리에 의해 S를 닫을 경우 부하전류는

$$I_L = \frac{V_{TH}}{R_{TH} + R_L} = \frac{30}{4+8} = 2.5[\text{A}] \text{ [90]}$$

---

[90] 부하전류만을 구한다고 가정하고 풀이의 회로도에서

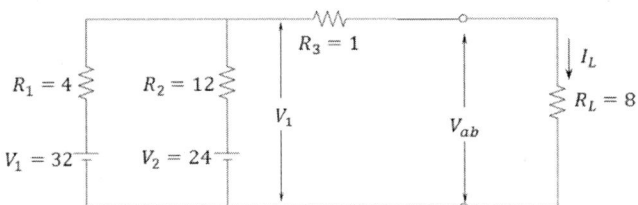

위 그림에서는 단자전압 $V_{ab}$만 구하면 부하전류는 쉽게 구할 수 있다. 먼저 직렬 연결된 1[Ω]과 8[Ω]에 걸리는 전압을 $V_1$이라면

$$V_1 = \frac{\frac{32}{4} + \frac{24}{12}}{\frac{1}{4} + \frac{1}{12} + \frac{1}{9}} = \frac{10}{0.444} = 22.5[\text{V}]$$

8[Ω]에 걸리는 전압 $V_{ab}$는 KVL에 따라

$$V_{ab} = \frac{8}{1+8} \times 22.5 = 20[\text{V}]$$

따라서 부하전류는

$$I_L = \frac{V_{ab}}{R_L} = \frac{20}{8} = 2.5[\text{A}]$$

이 외에도 중첩의 원리, 회로망이론 등 다양한 방법들이 있으니 스스로 계산해보기 바란다. 한편 위의 해설에서 전류원을 전압원으로 변환하였는데 이에 대해 알아본다.

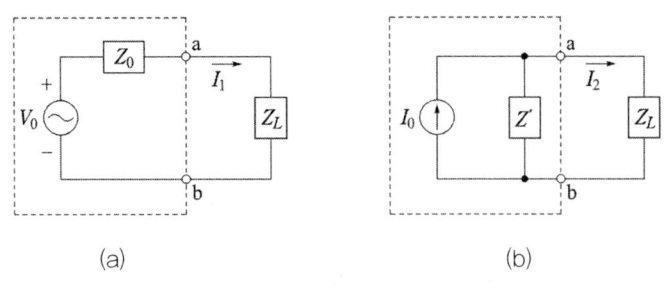

[전원의 등가 변환]

회로 해석시 전압원은 전류원으로 전류원은 전압원으로 등가 변환하면 회로의 해석이 간편해지는 경우가 많다. 그림 (a), (b)에서 부하에 흐르는 전류는

$$I_1 = \frac{V_0}{Z_0 + Z_L}, \quad I_2 = I_0 \cdot \frac{Z'}{Z' + Z_L}$$

이므로 단자 a-b에 대해 등가가 되기 위해서는 $I_1 = I_2$가 되어야 하므로

$$\frac{V_0}{Z_0 + Z_L} = I_0 \cdot \frac{Z'}{Z' + Z_L}$$

이 되고 $Z_L$에 대해서 전개하면

$$(V_0 - Z'I_0)Z_L + (V_0 - Z_0 I_0)Z' = 0$$

이 되며, $Z_L$과 무관하게 위 식이 성립하기 위해서는

$$V_0 - Z'I_0 = 0, \quad V_0 - Z_0 I_0 = 0$$

이 되므로 결국 전원의 등가변환이 이루어지기 위해서는

$$Z' = Z_0, \quad I_0 = \frac{V_0}{Z_0}$$

가 된다. 즉, 전압원을 전류원으로 변환할 때는 노튼의 정리처럼 임피던스는 전류원에 병렬로 연결하면 된다.

### 116-1-4
다음 그림에서 $t=0$에서 스위치 S를 닫는 순간 과도전류 $i(t)$를 구하시오.

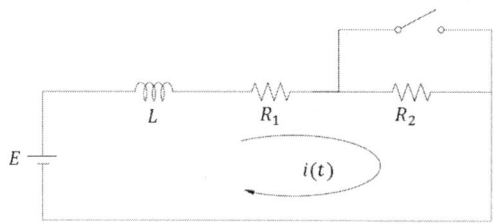

**해설**

스위치 S를 닫기 전에 정상상태에서의 전류는 $X_L = 0$이므로 정상상태에서의 전류 $I_0$는

$$I_0 = \frac{E}{R_1 + R_2}[\text{A}]$$

스위치를 닫은 후에는 $R_2$는 단락되고 정상전류와 과도전류로 구분되는데 이때의 정상전류는

$$i_s = \frac{E}{R_1}[\text{A}]$$

과도전류는 전압 $E=0$으로 두면 구할 수 있고 전압방정식은

$$L\frac{di_t}{dt} + R_1 i_t = 0, \quad L\frac{di_t}{dt} = -R_1 i_t, \quad \frac{di_t}{dt} = -\frac{R_1}{L}i_t \quad \cdots\cdots (1)$$

$$i_t = k e^{-\frac{R_1}{L}t}$$

전체 전류 $i$는

$$i = i_s + i_t, \quad i = \frac{E}{R_1} + k e^{-\frac{R_1}{L}t} \quad \cdots\cdots (2)$$

$t=0$일 때 $i=0$이므로

$$\frac{E}{R_1 + R_2} = \frac{E}{R_1} + k e^0$$

따라서 적분상수

$$k = -\frac{R_2 E}{(R_1 + R_2)R_1}$$

이므로 이를 식(2)에 대입하면 전체 전류는

$$i = \frac{E}{R_1}\left(1 - \frac{R_2}{R_1 + R_2} e^{-\frac{R_1}{L}t}\right)[\text{A}]$$

### 116-2-6

3상 유도전동기가 4극, 50[Hz], 10[HP]로 전부하에서 1,450[rpm]으로 운전하고 있을 때 고정자 동손은 231[W], 회전손실은 343[W]이다. 다음을 구하시오.
1) 축 토크
2) 유기된 기계적 출력
3) 공극 전력
4) 회전자 동손
5) 입력 전력
6) 효율

**해설**

#### 1. 축 토크

일반적으로 각속도와 토크의 곱은 기계적 출력이다. 전동기 토크를 $\tau[\text{N} \cdot \text{m}]$, 회전수를 $n[\text{rps}]$, 각속도 $w = 2\pi n[\text{rad/s}]$로 두면 기계적 출력 $P_0[\text{W}]$는

$$P_0 = w\tau = 2\pi n\tau [\text{W}] \quad \cdots\cdots (1)$$

$$\therefore \tau = \frac{P_0}{2\pi n} = \frac{60}{2\pi} \cdot \frac{P_0}{N}[\text{N} \cdot \text{m}] = \frac{1}{9.8} \cdot \frac{60}{2\pi} \cdot \frac{P_0}{N}[\text{kg} \cdot \text{m}] \quad \cdots\cdots (2)$$

여기서 $P_0 = 10[\text{Hp}] = 7,460[\text{W}]$ 이므로 수치를 대입하면

$$\tau = \frac{1}{9.8} \cdot \frac{60}{2\pi} \cdot \frac{7,460}{1,450} = 5.01[\text{kg} \cdot \text{m}] = 49.13[\text{N} \cdot \text{m}]$$

#### 2. 유기된 기계적 출력

기계적 출력은 축동력과 풍손 및 마찰손 등을 포함한다. 따라서

$$P_m = P_0 + 회전손실 = 7,460 + 343 = 7,803[\text{W}]$$

#### 3. 공극 전력

슬립 $s$는

$$s = \frac{N_s - N}{N_s} = \frac{\frac{120f}{p} - N}{\frac{120f}{p}} = \frac{\frac{120 \times 50}{4} - 1,450}{\frac{120 \times 50}{4}} = 0.03333$$

공극전력은

$$P_{ag} = \frac{P_m}{1-s} = \frac{7,803}{1 - 0.033} = 8,069[\text{W}]$$

## 4. 회전자 동손

$$P_{2c} = s \times P_{ag} = 0.033 \times 8,069 = 266 [\text{W}]$$

## 5. 입력전력

$$P_i = P_{ag} + 고정자 철손 + 고정자 동손 = 8,069 + 231 = 8,300 [\text{W}]$$

## 6. 전동기 효율

$$\eta = \frac{출력}{입력} \times 100 = \frac{P_0}{P_i} \times 100 = \frac{7,460}{8,300} \times 100 = 89.88 [\%]$$

## 116-4-4

저항과 누설리액턴스 값이 $0.01+j0.04[\Omega]$인 1,000[kVA] 단상변압기와 저항과 누설리액턴스 값이 $0.012+j0.036[\Omega]$인 500[kVA] 단상변압기가 병렬운전한다. 부하가 1,500[kVA]일 때 각 변압기의 부하분담을 구하시오.(단, 부하는 지상역률 0.8이고 2차측 전압은 같다고 가정한다.)

### 해설

지문을 회로도로 그리면

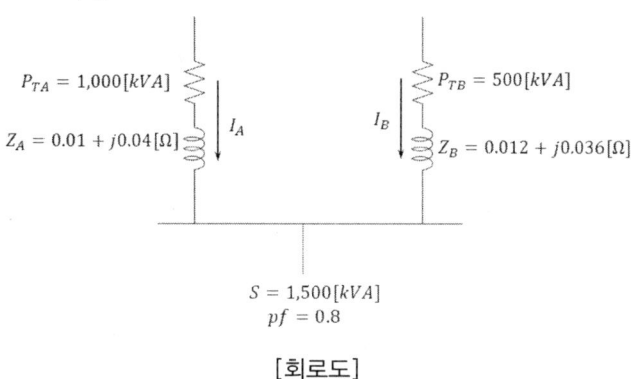

[회로도]

부하전력은

$$S = P + jQ = 1,500 \times 0.8 + j1,500 \times 0.6 = 1,200 + j900 [kVA]$$

임피던스는

$$Z_A = 0.01 + j0.04 = 0.04123 [\Omega]$$
$$Z_B = 0.012 + j0.036 = 0.03975 [\Omega]$$

2차측 전압은 동일하므로 전류는 임피던스에 반비례하므로 분담 전력은

$$P_A = \frac{Z_B}{Z_A + Z_B} \times S$$
$$= \frac{0.012 + j0.036}{(0.01 + j0.04) + (0.012 + j0.036)} \times (1,200 + j900)$$
$$= 592.3 + j408.3 = 719.4 [kVA] \quad \cdots\cdots (1)$$

$$P_B = \frac{Z_A}{Z_A + Z_B} \times S$$
$$= \frac{0.01 + j0.04}{(0.01 + j0.04) + (0.012 + j0.036)} \times (1,200 + j900) \quad \cdots\cdots (2)$$
$$= 607.7 + j491.7 = 781.7 [kVA] \quad \cdots\cdots (3)$$

가 되므로 $B$변압기가 과부하가 된다. 따라서 이 경우에는 변압기 용량인 1,500[kVA]의 부하는 걸 수 없으므로 식(2)에서 과부하가 되지 않도록 부하 $S$를 조정하면

$$P_B = \frac{Z_A}{Z_A+Z_B} \times S' = \frac{0.01+j0.04}{0.022+j0.076} \times S' = 0.521 S' = 500$$

$$\therefore S' = 960 [\text{kVA}]$$

따라서

$$P_A = 500[\text{kVA}]$$
$$P_B = S' - P_A = 960 - 500 = 460 [\text{kVA}] \text{ [91]}$$

---

**91)** 지문에서 보면 부하의 역률이 0.8이다. 그렇다면 변압기가 분담하는 부하의 역률은 어떤지 살펴보자. 식(1), (3)에서 분담부하의 역률은

$$\cos\theta_A = \frac{592.3}{592.3+j408.3} = 0.8233 \angle -34.6°$$

$$\cos\theta_B = \frac{607.7}{607.7+j491.7} = 0.777 \angle -39.98°$$

가 되어 부하의 역률 0.8과 다르게 부하를 분담한다. 한편 변압기 임피던스의 $X/R$비는

$$\left(\frac{X}{R}\right)_A = \frac{0.04}{0.01} = 4, \quad \left(\frac{X}{R}\right)_B = \frac{0.036}{0.012} = 3$$

이 되어 다르다. 이는 부하분담이 피상전력인 [kVA]는 동일하더라도 이 $X/R$비에 따라 유무효전력의 분담이 달라진다는 것을 의미하며 변압기 병렬운전 조건 중 $X/R$가 동일할 것이란 말을 대변해주고 있다. 한편 이 문제를 %임피던스로 환산하여 계산해 본다. 기준용량을 1,000[kVA]로 두면

$$\%Z_A = \frac{ZP}{10V^2} = \frac{(0.01+j0.04) \times 1,000}{10V^2} = \frac{1+j4}{V^2} = \frac{4.1231}{V^2}[\%]$$

$$\%Z_B = \frac{(0.012+j0.036) \times 1,000}{10V^2} = \frac{1.2+j3.6}{V^2} = \frac{3.795}{V^2}[\%]$$

변압기 부하분담은

$$P_B = \frac{\%Z_A}{\%Z_A + \%Z_B} \times S = \frac{1+j4}{2.2+j7.6} \times 1,500 = 781[\text{kVA}]$$

식(3)과 동일한 값이 된다. 이상에서 부하분담은 자기용량기준 %임피던스가 적은 쪽이 먼저 과부하가 된다. 다음 예제를 풀어보자.

**문제** 다음과 같이 변압기 2대를 병렬운전하고 있다.

$$T_{r.a} = 1,000[\text{kVA}] \quad x_a = 4[\%]$$
$$T_{r.b} = 1,500[\text{kVA}] \quad x_b = 4.5[\%]$$
$$L_1 = 1,000[\text{kW}] \quad p.f = 0.85$$
$$L_2 = 500[\text{kW}] \quad p.f = 0.9$$

1) 부하가 위와 같을 때 변압기 부하분담은 어떻게 되는가?
2) 변압기를 과부하 시키지 않고 걸 수 있는 최대 부하는?
3) 부하를 점차 증가시키면 어느 변압기가 먼저 과부하가 되는가?

**풀이**

임피던스를 $T_{r.b}$를 기준용량으로 하면

$$\%Z_a' = 4 \times \frac{1,500}{1,000} = 6[\%], \quad \%Z_b' = 4.5[\%]$$

부하전력은

$$L_1 = P_1 + jQ_1 = 1,000 + j1,000(\tan(\cos^{-1}0.85)) = 1,000 + j620$$
$$L_2 = P_2 + jQ_2 = 500 + j500(\tan(\cos^{-1}0.9)) = 500 + j242$$

따라서 합계전력 $P = L_1 + L_2 = 1,500 + j862 = 1,730[\text{kVA}]$

부하분담은

A변압기 $\quad P_a = P \times \left(\dfrac{\%Z_b'}{\%Z_a' + \%Z_b'}\right) = 1,730 \times \left(\dfrac{4.5}{6+4.5}\right) = 741[\text{kVA}]$

B변압기 $\quad P_b = P \times \left(\dfrac{\%Z_a'}{\%Z_a' + \%Z_b'}\right) = 1,730 \times \left(\dfrac{6.0}{6+4.5}\right) = 989[\text{kVA}]$

과부하 시키지 않고 걸 수 있는 최대부하는 자기용량기준 %Z가 적은 쪽이 정격이 될 때까지 먼저 부담하므로

$$P_a = 1,000[\text{kVA}]$$

B변압기는 최소%Z와 최대 %Z의 비만큼 부담하므로

$$P_b = 용량 \times \frac{4}{4.5} = 1,333[\text{kVA}]$$

따라서 전체 최대부하는

$$P_{\max} = 1,000 + 1,333 = 2,333[\text{kVA}]$$

먼저 과부하가 되는 변압기는 자기용량기준 %Z가 적은 쪽이 먼저 정격이 되므로 A변압기가 먼저 과부하가 된다.

### 117-1-1

3상4선식 공급방식의 전압강하 계산식 $e = \dfrac{k \times L \times I}{1,000 \times A}$ [V]에서 전선의 재질이 구리(Cu), 알루미늄(Al)인 경우 $k$값을 각각 구하시오.
($k$ : 계수, $A$ : 전선의 단면적[mm$^2$], $L$ : 전선의 길이[m], $I$ : 전류[A])

**해설**

#### 1. 재질이 구리인 경우

$X ≒ 0$, $\cos\phi ≒ 1$로 두면 전압강하 $e = V_s - V_r = kRI$ 에서

$$R = \left(\rho \dfrac{L}{A}\right)$$

을 대입하면

$$e = \left(k\rho \dfrac{LI}{A}\right)$$

연동선의 표준저항율은 $\dfrac{1}{58}$[Ω/m－mm$^2$]이고, 퍼센트 도전율 $C = 97$[%]이므로

$$\rho = \left(\dfrac{1}{58} \times \dfrac{100}{C}\right) = \left(\dfrac{1}{58} \times \dfrac{100}{97}\right)$$

여기서, $\rho$ : 고유저항률, $C$ : %도전율
이므로

$$e = kRI = \left(k \times \dfrac{1}{58} \times \dfrac{100}{97}\right)\left(\dfrac{LI}{A}\right) = 0.0178 \times \left(\dfrac{LI}{A}\right) = \left(\dfrac{17.8}{1,000A}\right)LI\,[\text{V}]$$

여기서, $e$ : 상전압강하
따라서 $k_{cu} = 17.8$이 된다.

#### 2. 재질이 알루미늄인 경우

알루미늄선의 표준저항율은 $\dfrac{1}{35}$[Ω/m－mm$^2$]이고, 퍼센트 도전율 $C = 61$[%]이므로

$$e = kRI = \left(k \times \dfrac{1}{35} \times \dfrac{100}{61}\right)\left(\dfrac{LI}{A}\right) = 0.04683 \times \left(\dfrac{LI}{A}\right) = \left(\dfrac{46.84}{1,000A}\right)LI\,[\text{V}]$$

$k_{al} = 46.84$

## 117-1-8 전력용 변압기의 최대효율 조건을 설명하시오.
($\eta$ : 효율, $P$ : 변압기 용량, $\cos\theta$ : 역률, $m$ : 부하율, $P_i$ : 철손, $P_c$ : 동손)

**해설**

변압기은 효율은

$$\eta = \frac{출력}{입력} = \frac{출력(P)}{출력(P) + 손실(P_l)} = \frac{V_2 I_2 \cos\theta}{V_2 I_2 \cos\theta + P_i + P_c}$$

여기서, $P_i$ : 철손, $P_c$ : 동손($I_2^2 R$)

$$R = \frac{R_1}{a^2} + R_2 (2차측으로 환산한 저항)$$

이므로 위식을 다시 쓰면

$$\eta = \frac{V_2 I_2 \cos\theta}{V_2 I_2 \cos\theta + P_i + I_2^2 R}$$

위 식의 분모, 분자를 변수인 $I_2$로 나누면

$$\eta = \frac{V_2 \cos\theta}{V_2 \cos\theta + \frac{P_i}{I_2} + I_2 R}$$

이 된다. 여기서 최대 효율이 되기 위해서는 식의 분모가 최소가 되어야 하는데 $V_2 \cos\theta$는 일정하므로 결국 $(\frac{P_i}{I_2} + I_2 R)$가 최소가 되어야 한다. 이를 $I_2$에 대해 미분하면

$$\frac{dy}{dI_2} = \frac{d}{dI_2}(P_i I_2^{-1} + I_2 R) = -P_i I_2^{-2} + R = -\frac{P_i}{I_2^2} + R = 0$$

이므로

$$R = \frac{P_i}{I_2^2} \quad \therefore P_i = I_2^2 R = P_c = 동손$$

이 되어 철손과 동손이 같을 때 최대효율이 된다.

### 117-1-13

다음 회로에서 저항 $R_1$, $R_2$에 흐르는 전류 $I_1$, $I_2$를 구하시오.

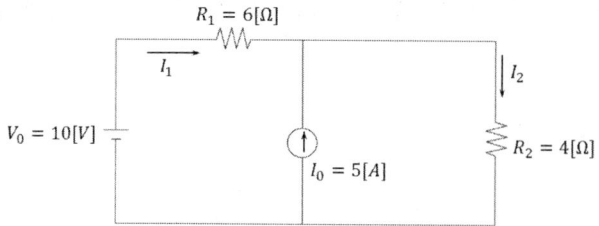

### 해설

중첩의 원리로 풀면 다음과 같다. 전류원을 개방하면

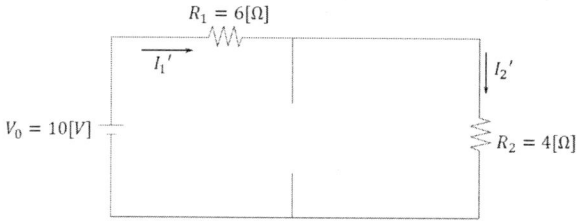

[전류원 개방회로]

$$I_1' = I_2' = \frac{V_0}{R_1 + R_2} = \frac{10}{6+4} = 1.0[\text{A}]$$

전압원을 단락하면

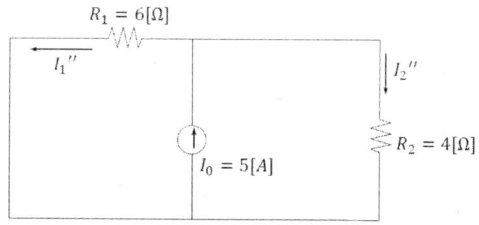

[전압원 단락회로]

$$I_1'' = I_0 \times \frac{R_2}{R_1 + R_2} = 5 \times \frac{4}{6+4} = 2[\text{A}]$$

$$I_2'' = I_0 - I_1'' = 5 - 2 = 3[\text{A}]$$

중첩의 원리에 의해

$$I_1 = I_1' + I_1'' = 1 - 2 = -1[\text{A}] \, (I_1''\text{은 } I_1'\text{과 반대방향})$$

$$I_2 = I_2' + I_2'' = 1 + 3 = 4[\text{A}]$$

이 되어 $I_1$은 화살표의 반대방향으로 1[A]가 흐른다.

### 117-2-4 다음 회로에서 전력계(Wattmeter)에 나타난 전력을 구하시오.

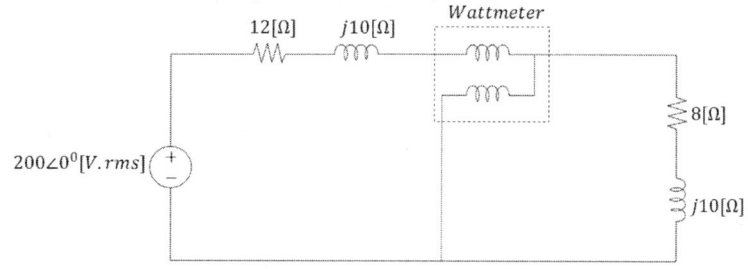

**해설**

전류코일에 흐르는 전류와 전압 코일에 걸리는 전압을 구하면 쉽게 구할 수 있다.
전체 전류는

$$I = \frac{V}{Z} = \frac{200}{(12+j10)+(8+j10)} = 5 - j5 = 7.07 \angle -45^0 [A]$$

전압코일에 걸리는 전압은 KVL에 따라

$$V_m = 200 \times \frac{8+j10}{(12+8)+j(10+10)} = 90 + j10 [V]$$

또는

$$V_m = V - \Delta V = 200 - (5-j5) \times (12+j10) = 90 + j10 [V]$$

전력은

$$W = V_m I^* = (90+j10) \times (5+j5) = 400 + j500 [VA]$$

이므로 유효전력 $P = 400[W]$가 된다.[92]

---

92) 다른 방법으로 계산해 본다.

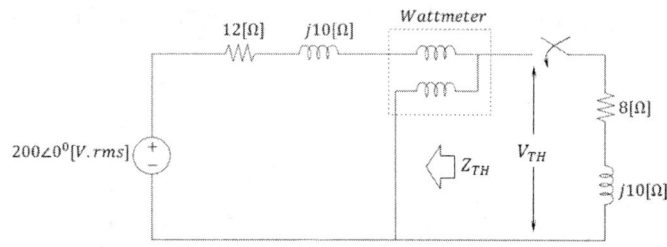

[테브난의 등가회로도]

테브난의 정리에서 부하단을 개방하고 본 테브난의 등가전압과 등가 임피던스는

$$V_{TH} = 200[\text{V}], \quad Z_{TH} = 12 + j10[\Omega]$$

이므로

$$I = \frac{V_{TH}}{Z_{TH} + Z_L} = \frac{200}{20 + j20} = 5 - j5 = 7.07 \angle (-45°)[\text{A}]$$

소비전력은

$$P = I^2 R_L = 7.07^2 \times 8 = 400[\text{W}]$$

다른 방법으로

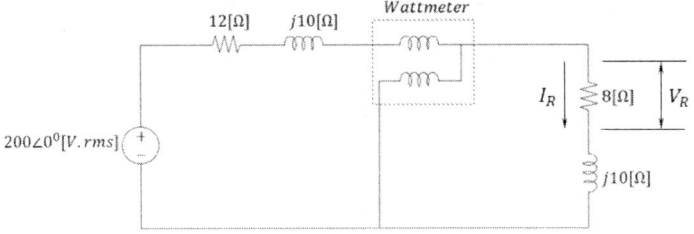

또는 부하단 저항에 걸리는 전압을 구하면

$$V_R = 200 \times \frac{8}{20 + j20} = 56.57 \angle (-45°)[\text{V}]$$

소비전력은

$$P = \frac{V_R^2}{R} = \frac{56.57^2}{8} = 400[\text{W}]$$

또는

$$I_R = \frac{V_R}{R} = \frac{56.57 \angle (-45°)}{8} = 7.07 \angle (-45°)[\text{A}]$$

$$P = I_R^2 R = 7.07^2 \times 8 = 400[\text{W}]$$

참고로 전압코일이 다음과 같이 전류코일 전원측에 연결되어 있다면 어떻게 될까?

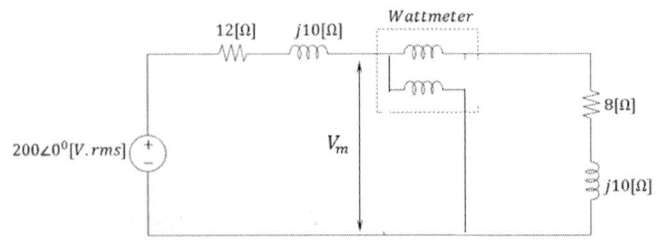

위 그림에서 전압코일에는 부하의 단자전압과 더불어 전력계의 전류코일의 전압까지 더해지게 된다. 따라서 전력계는 순수한 부하의 소비전력과 전류코일의 소비전력의 벡터합 중 실수성분을 검출하게 되어 오차가 발생하게 된다. 즉, 전압코일은 전류코일 이후 부하단의 단자에 연결되어 있어야 만이 정확한 전력을 검출할 수 있다. 전력량 측정에 대한 다음 예제를 풀어보자.

**문제** 그림과 같이 부하변동이 없는 평형 3상 회로에서 전력계의 절환개폐기 S를 사용하여 $c_0$ 및 $b_0$측에 접속할 때 전력계의 지시치가 각 각 $P_1$, $P_2$[W]라면 3상 전력 $P$[W]와 부하 역률을 구하시오.

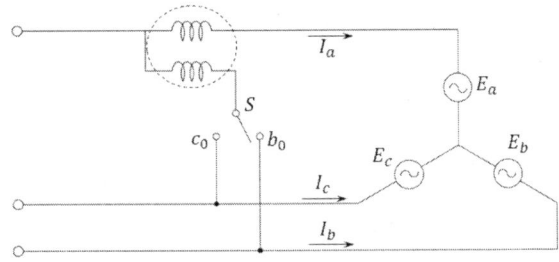

**풀이**

1. 벡터도와 위상
   ① 선간전압 $E_{ab}$는 상전압 $E_a$보다 30° 앞선다
   ② 선전류 $I_a$는 상전압 $E_a$보다 $\phi$만큼 뒤진다.

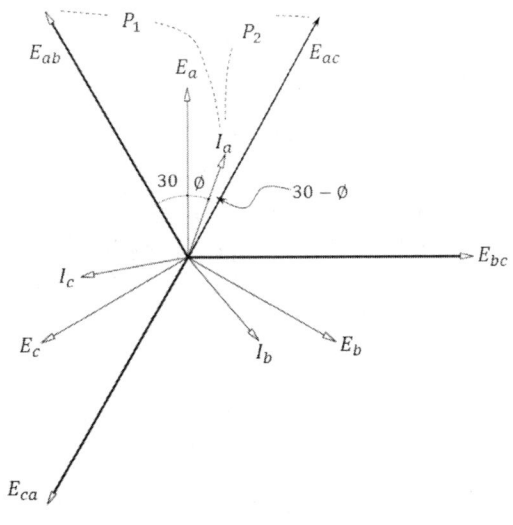

[벡터도]

## 2. 3상 전력

그림의 결선도에서 S를 $c_0$ 측에 접속할 때 전력을 $P_1$, S를 $b_0$ 측에 접속할 때 전력을 $P_2$ 이므로

$$P_1 = E_{ac} I_a \cos(30 - \phi) \quad \cdots\cdots (1)$$

$$P_2 = E_{ab} I_a \cos(30 + \phi) \quad \cdots\cdots (2)$$

3상 전력은

$$P = P_1 + P_2 = E_{ac} I_a \cos(30-\phi) + E_{ab} I_a \cos(30+\phi)$$

$E_{ab} = E_{ac} = E$ (선간전압), $I_a = I$ (선전류)라면

$$P = \sqrt{3} EI \cos\phi \, [\text{W}] \quad \cdots\cdots (3)$$

## 3. 역률

식(1)-(2) 하면

$$P_1 - P_2 = E_{ac} I_a \cos(30-\phi) - E_{ab} I_a \cos(30+\phi)$$

$$= EI \sin\phi \, [\text{Var}] \quad \cdots\cdots (4)$$

식(3), 식(4) 에서

$$\cos\phi = \frac{P_1 + P_2}{\sqrt{3}\,EI}, \quad \sin\phi = \frac{P_1 - P_2}{EI}$$

$\tan\phi = \dfrac{\sin\phi}{\cos\phi}$ 이므로

$$\tan\phi = \frac{\sin\phi}{\cos\phi} = \frac{\dfrac{P_1 - P_2}{EI}}{\dfrac{P_1 + P_2}{\sqrt{3}\,EI}} = \sqrt{3} \times \frac{P_1 - P_2}{P_1 + P_2}$$

따라서, $\cos\phi = \dfrac{1}{\sqrt{1+\tan^2\phi}} = \dfrac{1}{\sqrt{1 + (\sqrt{3}\dfrac{P_1-P_2}{P_1+P_2})^2}} = \dfrac{P_1 + P_2}{2\sqrt{P_1^2 - P_1 P_2 + P_2^2}}$

### 119-1-6
다음 회로의 부하전류를 중첩의 정리를 이용하여 부하전류 $I_L[\text{A}]$을 구하시오.

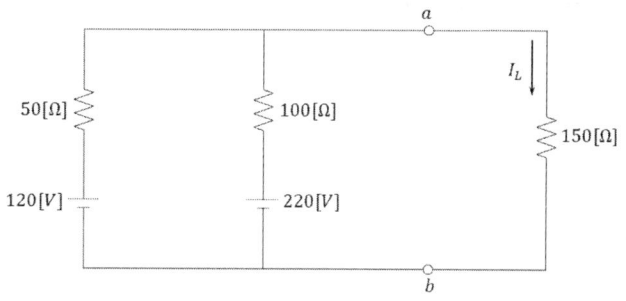

**해설**

전압원 두 개를 각각 분리하여(전압원 단락) 회로도를 그리면

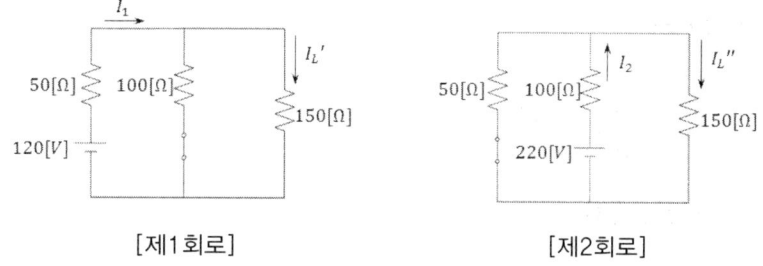

[제1회로]   [제2회로]

제1회로에서

합성저항  $R_{T1} = 50 + \dfrac{100 \times 150}{100 + 150} = 110[\Omega]$

전체전류  $I_1 = \dfrac{120}{R_{T1}} = \dfrac{120}{60} = 2[\text{A}]$

부하전류  $I_L' = I_1 \times \dfrac{100}{100 + 150} = 2 \times \dfrac{100}{100 + 150} = 0.8[\text{A}]$

제2회로에서

합성저항  $R_{T2} = 100 + \dfrac{50 \times 150}{50 + 150} = 137.5[\Omega]$

전체전류  $I_2 = \dfrac{220}{R_{T2}} = \dfrac{220}{137.5} = 1.6[\text{A}]$

부하전류  $I_L'' = I_2 \times \dfrac{50}{50 + 150} = 1.6 \times \dfrac{50}{50 + 150} = 0.4[\text{A}]$

따라서 부하전류는 중첩의 원리에 의해

$I_L = I_L' + I_L'' = 0.8 + 0.4 = 1.2[\text{A}]$

## 119-3-2

그림과 같은 회로에서 인덕터 $L$에 흐르는 전류가 교류전원 전압 $E$와 동상이 되기 위한 $R_1$값을 구하시오.

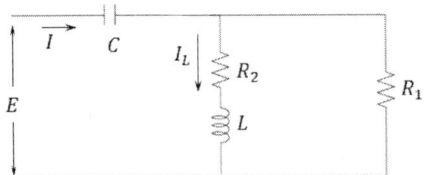

### 해설

**1. 합성 임피던스**

$$Z = \frac{1}{jwC} + \frac{R_1(R_2 + jwL)}{R_1 + R_2 + jwL} = \frac{R_1R_2 + jR_1wL}{R_1 + R_2 + jwL} - j\frac{1}{wC}$$

**2. 전체전류**

$$I = \frac{E}{Z} = \frac{E}{\dfrac{R_1R_2 + jR_1wL}{R_1 + R_2 + jwL} - j\dfrac{1}{wC}}$$

**3. $L$ 방향의 전류**

$$I_L = I \times \frac{R_1}{R_1 + R_2 + jwL} = \left(\frac{E}{\dfrac{R_1R_2 + jR_1wL}{R_1 + R_2 + jwL} - j\dfrac{1}{wC}}\right) \times \frac{R_1}{R_1 + R_2 + jwL}$$

$$= \frac{E \cdot R_1}{R_1R_2 + jR_1wL - j\dfrac{R_1 + R_2 + jwL}{wC}}$$

$$= \frac{E \cdot R_1}{R_1R_2 + jR_1wL - \dfrac{jR_1 + jR_2 + wL}{wC}}$$

분모를 통분하면

$$I_L = \frac{E \cdot R_1}{wC(R_1R_2 + jR_1wL) - jR_1 + jR_2 + wL}$$

$$= \frac{E \cdot R_1}{wCR_1R_2 + jw^2R_1LC - jR_1 + jR_2 + wL}$$

실수부와 허수부를 분리하면

$$I_L = \frac{E \cdot R_1}{(wCR_1R_2 + wL) + j(w^2R_1LC - R_1 + R_2)}$$

허수부가 0이면 전압과 동상이므로

$$(w^2R_1LC - R_1 + R_2) = 0$$

위 식을 $R_1$으로 나누면

$$(w^2LC - 1 + \frac{R_2}{R_1}) = 0, \quad 1 + \frac{R_2}{R_1} = w^2LC, \quad \frac{R_2}{R_1} = w^2LC - 1$$

$$\therefore R_1 = \frac{R_2}{w^2LC - 1}[\Omega]$$

가 된다.

## 121-3-1

누전차단기에 대하여 다음을 설명하시오.
1) 전류동작형 누전차단기의 설치목적, 동작원리, 종류
2) 다음에 주어진 회로에서 Motor A에 접촉 시 인체에 흐르는 전류를 산출한 후 누전차단기를 선정하시오.

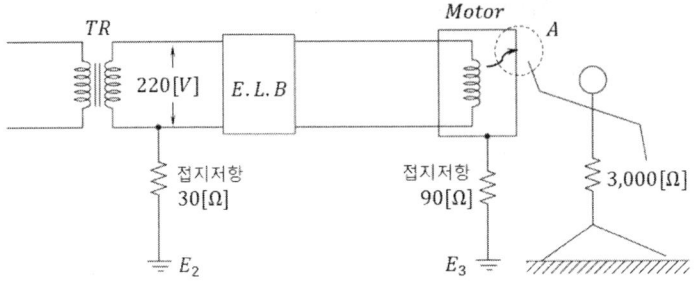

### 해설

#### 1. 전류동작형 누전차단기

----- 생략 -----

#### 2. 누전차단기 선정

1) 인체 통전전류

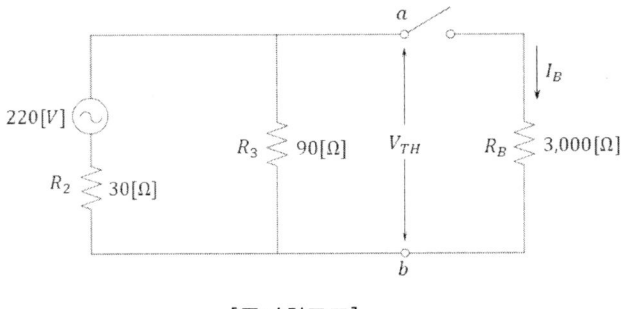

[등가회로도]

테브난의 등가전압은 $R_3$에 걸리는 전압이므로

$$V_{TH} = \frac{R_3}{R_2 + R_3} V = \frac{90}{30 + 90} \times 220 = 165 [\text{V}]$$

전압원을 단락한 테브난의 등가저항은

$$R_{TH} = \frac{R_2 R_3}{R_2 + R_3} = \frac{30 \times 90}{30 + 90} = 22.5 [\Omega]$$

이므로 인체 접촉(SW on)시 통전전류는

$$I_B = \frac{V_{TH}}{R_{TH}+R_B} = \frac{165}{22.5+3{,}000} \times 10^3 = 54.6[\mathrm{mA}] \quad \cdots\cdots \text{ (1)}$$

가 되어 전격의 한계인 50[mA · s]를 넘어서서 위험하게 된다.[93]

2) 누전차단기 선정

----- 생략 -----

---

**93)** 인체 통전전류는 다음과 같이 계산할 수도 있다.

그림의 회로도에서 SW가 닫혀있는 상태(인체 접촉)에서 인체 저항은 $R_B$에 걸리는 전압인 $V_{ab}$를 밀만의 정리로 구한다.

$$V_{ab} = \frac{\sum YV}{\sum Y} = \frac{Y_1 V_1}{Y_1+Y_2+Y_3} = \frac{\frac{220}{30}}{\frac{1}{30}+\frac{1}{90}+\frac{1}{3{,}000}} = 164[\mathrm{V}]$$

이때 통전전류는

$$I_B = \frac{V_{ab}}{R_B} = \frac{164}{3{,}000} = 54.6[\mathrm{mA}]$$

## 著者 略歷

### 李 國 贊

- 1986년~　　한국전력공사 부산울산지역본부
- 2002년~　　㈜테크프로 기술연구소
- 2011년~현재　㈜이아이에스글로벌 기술연구소
　　　　　　　OO기술사학원 발송배전기술사 강의
- 2015년~현재　강산평생교육원 원장

### 著書

- 발송배전기술사 시리즈 I 송전공학(엔트미디어)
- 발송배전기술사 시리즈 II 배전/발전/계통공학(엔트미디어)
- 마스터 발송배전기술사(엔트미디어)
- 발송배전기술사 기술계산 문제해설(전기박사)
- 건축전기설비기술사 기술계산 문제해설(전기박사)

### 資格

- 발송배전 / 전기응용 / 전기안전기술사

---

판 권
소 유

---

# 건축전기설비기술사
# 기술계산 문제해결

발　　행 / 2021년 3월 2일

저　　자 / 이 국 찬
펴 낸 이 / 이 지 연
펴 낸 곳 / 엔트미디어
주　　소 / 서울시 강서구 강서로 47-8 302호
　　　　　(화곡동 평인빌딩)
전　　화 / (02) 2608-8339
팩　　스 / (02) 2608-8314
등록번호 / 제839-91-00430호

낙장 및 파본된 책은 구입서점이나 본사에서 교환해 드립니다.

---

ISBN : 979-11-89728-50-2　13560
값 / 40,000원

이 책의 어느 부분도 엔트미디어 발행인의 승인문서 없이
사진 복사 및 정보 재생 시스템을 비롯한 다른 수단을 통해
복사 및 재생하여 이용할 수 없습니다.